スペシャルティコーヒー物語

最高品質コーヒーを世界に広めた人々

マイケル・ワイスマン

日本語版監修・解説
旦部幸博

久保尚子 訳

楽工社

毎朝、私のためにコーヒーを淹れ、
一緒に飲んでくれるジョン・メルンガイリスに捧ぐ

本書に寄せられた書評・推薦の言葉

スペシャルティコーヒーの世界は、あなたが思う以上に、個性豊かな人々の力で牽引されている。著者ワイスマンの旅の案内人となるのは、コーヒー業界の起業家として現在も尊敬を集める三人の男たち——カウンター・カルチャーのピーター・ジュリアーノ、インテリジェンシアのジェフ・ワッツ、スタンプタウンのデュエン・ソレンソンだ。読者は、この三人の「英雄」に導かれながら、ワイスマンと一緒に超高級コーヒーの驚くほど複雑な世界を理解していくことになる。

——アン・ジンマーマン（フード・ライター）

食と旅について書かれた著作として、最高傑作の部類に入る一冊。

——『ニューヨーク・マガジン』

スペシャルティコーヒーに関する本のなかでも、とくに大きな反響を呼び、物議を醸《かも》した本書は、業界の状況が変わっても、今なお読む価値のある良書である。本書を読めば、誰もがコーヒーについて語らいたくなるはずだ。

——sprudge.com（コーヒー専門Webメディア）

この物語には、いったいどんな価値があるのか？　著者ワイスマンは、本書に登場するコーヒー業界人のことを、スペシャルティコーヒーの新世界を旅する探検家だと述べている。彼らは業界の開拓者として、農家から直接コーヒーを調達するために何年もかけて信頼関係を築いてダイレクト・トレード（直接取引）を成立させたり、完全な透明性を確保することによってコーヒー消費者の意識向上に尽力したり、パナマのエスメラルダ・スペシャルのような超高級コーヒーを市場に導入したりしながら、道を切り開いてきた。コーヒーに興味があり、より深く学びたいと願うすべての人に推奨したい。コーヒー業界に関わる人にとっては、間違いなく必読の書だろう。

——ritualcoffee.com.au
（コーヒー専門店 Ritual Coffee Tasmania のWebサイト）

現在のスペシャルティコーヒー業界の主役ともいえる男たちの後を追いかけていった著者ワイスマンは、エキゾチックな街から今後の発展が期待される地域まで旅を重ね、一杯の匠《たくみ》のコーヒーのなかに隠された世界を巧妙に紐解いていく。

——『パブリッシャーズ・ウィークリー』

スペシャルティコーヒー物語

最高品質コーヒーを世界に広めた人々

目次

※年齢・肩書きは取材当時のものである。
※写真、イラスト、地図、本文（）内の文字サイズが小さな注、側注は、原著にはない日本語版独自のもの。

スペシャルティコーヒー物語

最高品質コーヒーを世界に広めた人々

謝辞

これは愛の物語である。あの日、私は取材に出かけ、そして恋に落ちた。スペシャルティコーヒーに――いや、スペシャルティコーヒーの世界の住人たちに魅せられたのだ。コーヒーを愛する彼らは懐《ふところ》が深く、じつに気持ちのよい人たちだった。まさかこんなにも素晴らしい出会いが待っていようとは、取材前には想像もしていなかった。なかでも、カウンター・カルチャー・コーヒーのピーター・ジュリアーノとインテリジェンシア・コーヒー&ティーのジェフ・ワッツは、コーヒーについて無知だった私がうるさくついて回るのを許してくれた。私がアフリカで体調を崩した時には、心配もしてくれた。最初は教え教わる関係だったが、今では二人とも私の大切な友人だ。彼らの店で働く多くのスタッフとも知り合うことができた。また、オレゴン州ポートランドのスタンプタウン・コーヒー・ロースターズでも、デュエン・ソレンソン、アレコ・チグニス、マット・ラウンズベリー、ステファン・ヴィックをはじめとする革命児たちが、私を快く迎え入れてくれた。お世話になったすべての人に、心より感謝申し上げる。

同様に、米国スペシャルティコーヒー協会（SCAA）のリック・ラインハート会長にも大変感謝している。コーヒーの世界を旅するあいだ、現実的な意見を聞かせてくれる相談役として、また飲み仲間として、力を貸していただいた。

スペシャルティコーヒーには、非凡な人々を惹《ひ》きつける力があるようだ。ずば抜けた秀才、向こう見ずな冒険家、際立った優良企業。私が出会った人たちは、みな賢く、大胆で、優れた事業に参加している。私は彼らから多くを学び、大ファンになった。サラ・アレン、アンドリュー・バーネット、リンジー・ボルジャー、ウィレム・ブート、ティム・キャッスル、ニック・チョウ、ジョニー・コリンズ、ゾライダ・コリンズ、キム・クック、E・J・ドーソン、ウェンディ・デ・ヨン、リビー・エヴァンズ、ブレント・フォーチュン、ボブ・フルマー、シャンナ・ジェルマン、ダニエレ・ジョヴァヌッチ、カイル・グランヴィル、デイブ・グリズウォルド、ドン・ホリー、ジョージ・ハウエル、マーク・インマン、ニック・カービー、トニー・コネクニー、リカルド・コイナー、ウィルフォード・ラマスタス、テッド・リングル、シリン・モアイヤド、K・C・オキーフ、アン・オタウェー、ヘザー・ペリー、レイチェル・ピーターソン、ダニエル・ピーターソン、プライス・ピーターソン、スーザン・ピーターソン、リック・ペイサー、ジョエル・ポラック、デイヴィッド・ロシュ、ステファン・ロジャース、マリア・ルイス、ティム・シリング、メノ・シモンズ、トリッシュ・シェイエ（ロスギブ）、ブレット・スミス、ポール・ソンガー、スージー・スピンドラー、アンディ・トリンドル、ステファン・ヴィック、ライアン・ウィルバー、ダグ・ゼール、本当にありがとう。

本書は、厳しい姿勢で本作りに取り組む献身的な人々の「努力の結晶」でもある。

マルリー・ラソフ・エージェンシーのマルリー・ラソフは、クライアントだった私を上手におだててくれた。私がフード・ライターに転身したときに、自分の友人でありエージェント仲間でもあるクイーン・リテラリー・エージェンシーのリサ・クイーンを紹介してくれたのも彼女だ。リサはとても聡明で、協調性がある。私の頭がパンクしそうになると、いつもそばで助けてくれた。考えが行き詰まり、方向性を見失ったときには、リサの同僚であるエージェント・編集者のエレノア・ジャクソンが出口を指し示してくれた。

ジョン・ワイリー&サンズの編集者、リンダ・イングロイアは、本書のタイトルを考え、内容を肉づけし、完成へと導いた。リンダはどこの編集者よりも情報の正確さや文学性を大切にし、本の質にこだわる。制作担当編集者のエイミー・ザルコス、装丁デザイナーのスザンヌ・サンウー、クリエイティブディレクターのタイ・ブランシュ、本体デザイナーのリー・ゴールドスタイン、広報マネジャーのデビッド・グリーンバーグとマイケル・フリードバーグとのやり取りも真剣そのものだった。同社のチームメンバーには心よりの感謝を捧げたい。私の意見にも耳を傾けてもらえるよう尽力してくれたドッティ・ジェフリーズにも深く感謝している。

それから、私の親しい友人たちにも感謝したい。大学一年のときからの友人でジャーナリスト仲間のキャロル・ハイモウィッツ。狭い業界において安心して秘密を打ち明け笑い合える友、マーシャ・アドラー。家族ぐるみで親しくしているライター仲間のダイアナ・アルトマン。創作に誰よりも精通し、大胆な構想力を発揮するリズ・ラーマン。よき理解者でいてくれて、ありがとう。

故郷の友、ローダ・ベア、シンシア・ファイデン-ウォルシュ、リチャード・ウォルシュ、キャシー・クライトマン、アリソン・フェン、ゲイブ・スキナー、ブリジェット・ヴィンクスニンスは、最悪のときも最良のときも私を見守り、やり遂げるまで応援してくれた。社会科学者の目と芸術家の感性を持ち合わせたイーサン・ウォルシュにも感謝している。

ライターの端くれとして、コーヒーをテーマにした本を書く気にさせてくれたジェフ・ベイリー、私の話に耳を傾け、「あなたなら書ける」と背中を押してくれたパッツィー・シムスには、とくに感謝している。また、この企画の持ち込みを受け入れてくれたジョン・カフカにも深謝する。本書を世に出すことができたのは、彼のおかげである。

そして、かけがえのない家族。母、フローレンス・ワイスマンには感謝してもしきれない。愛情にあふれた賢い女性であり、ライターが学びえる最も重要な教えを授けてくれた――秘密は耳を傾ける者に明かされるのだと。子どもたちにも感謝している。結婚して親子になった子も、生まれてきてくれた子も、みな私の生き方を受け入れ、それぞれに自分の人生を生きている。私が冒険の旅に出ていたこの一年、いつも味方でいてくれたことが何より誇らしく、感謝の念でいっぱいだ。私たち家族を温かく支えてくれるスティーブ・ローゼンスタインにも、同じ思いを抱いている。そして、私のパートナーであり、親友でもある、ジョン。いつも、本当にありがとう。

最後にもう一人、本書にかける中年女性の突発的な熱意に奇特にも賛同してくれた、いとこのデール・ティコイアンにも感謝を捧げたい。旅の道中、ずっと天国から見守ってくれてありがとう。

プロローグ

　私がコーヒーに恋したのは、二〇〇五年一〇月、ある晴れた日の朝だった。場所は地元ワシントンDC。コーヒー愛好家に衝撃を与えた「マーキーコーヒー」のテラス席で、なめらかなカプチーノを口に含んだ時のことだ。その朝、私はダウンタウンを米国会議事堂方面へと足早に抜け、マーキーコーヒーのニック・チョウのもとを訪れた。ニューヨークタイムズ紙向けにコーヒー業界の若き起業家に関する記事を書くため、インタビューに来たのだ。当時三一歳のニックは、毛先をとがらせた流行りの髪型で現れた。私は二〇代前半からコーヒーを飲むようになり、専門店で買った豆を自宅で丁寧に挽《ひ》いて飲むようにしていたのだが、私が飲んでいたのは、熱湯にカフェインが溶け出しただけの代物だったようだ。ニックに出会うまで、コーヒーをこんなに真剣に味わったことはなかったし、職人が丹精込めて栽培・精製・焙煎・抽出して生み出す飲み物だということにも、まったく気づいていなかった。それまでは、苦く「ない」コーヒーが「美味しい」コーヒーだと思っていた。

　この取材で私は、最高ランクのコーヒーを焙煎して尊敬を集めている小さな企業を追いかけた。そうした企業のほとんどは、コーヒー業界末端の小さな専門店だった。私は、まだ三〇代の若き起業家に数多く会い、話を聞き、そして驚かされた。彼らは人を惹《ひ》きつける魅力にあふれ、権威になびくことなく熱狂的にコーヒーを愛している。その入れ込みようは、私が過去に取材したどのハイテク起業家も太刀打ちできないほどだった。コーヒーの世界や事業について尋ねると、彼らはコーヒーこそが世界で最も魅惑的な食品であり、無限の可能性を秘めた広大な未開の領域であるということを私にわからせようと、全身全霊で語りかけてきた。

彼らが仕入れ、焙煎し、販売するコーヒーは、業界内で「スペシャルティコーヒー」と呼ばれている。コーヒーは、赤道沿いに地球を一周するように帯状に広がる山脈地域の約五〇ヵ国で栽培されている。そのうち、ラテンアメリカ、アフリカ、アジアの地元農家が伝統的農法で特別に手をかけて育てる、選び抜かれた「匠《たくみ》の」コーヒー、それが「スペシャルティコーヒー」である。

そんな彼らが揃《そろ》って興奮気味に語る最高級のコーヒー豆があった――エスメラルダ・スペシャルだ。パナマの小さなコーヒー農園が栽培するこの豆は、華々しく登場し、コーヒーを愛する起業家たちの心と財布を摑《つか》んで離さなかった。恐ろしく高価なのだ。エスメラルダ・スペシャルについて学ぶうちに、私はこの豆をスペシャルティコーヒー業界のトレンドの「象徴」として見るようになった。コーヒー業界の変革を進める人々の姿をここまではっきりと映し出す存在は他にない。多くの人が究極の品を追い求める時代に、エスメラルダ・スペシャルは「スペシャルティコーヒーの最高峰」の名をほしいままにしていた。スペシャルティコーヒーのバイヤーたちのあいだでも、世界で最もエキゾチックで最も高価なコーヒー豆だと言われていた。

エスメラルダ・スペシャルは、すべてにおいて型破りだった。生産地も味わいも、木の外観までもが大方の予想を裏切っていた。パナマ産のこのコーヒーが表舞台に登場するまで、スペシャルティコーヒー業界の人間に限らずコーヒー愛好家はみな、地上で最も高値の付くコーヒーはケニアの山の斜面かハワイの火山で育つものと信じていた。ところが、エスメラルダ・スペシャルは世界最小規模のコーヒー産地であるパナマのボケテ地域で生まれた。それも、急勾配《こうばい》すぎるし風も強すぎる、と言ってたいていの農家が見向きもしなかった土地で。もちろん、エスメラルダ・スペシャルに恐ろしいほどの高値が付きはじめてからは、誰もそう言わなくなった。二〇〇五年には、生豆でポンド（四五四グラム）あたり二一ドル、焙煎豆でその約二倍という、当時の史上最高値が付いた。翌年には一般相場の五〇倍、約五〇ドルとなり、消費者はポンドあたり一〇〇ドル以上を支払うことになった。二〇〇七年には一三〇ドルになり、小売価格は二〇〇ドル以上になった。そんな高価な豆をいったい誰が買い、誰に売るのか。

エスメラルダの物語は、醜いアヒルの子が美しい白鳥になって羽ばたく童話のようだ。と同時に、上の世代の目には馬鹿げて見えるほど深く狂おしく大胆にコーヒーを愛する新世代バイヤーたちの物語でもある。稀少だからこそ人々に渇望された。珍しくて貴重なものを売買すれば大金を稼げる可能性があるため、拝金主義者も寄ってきたし、流行に敏感な若いバイヤーも飛びついた。

本書の主人公となるスペシャルティコーヒービジネス界の三〇代の男たちも、エスメラルダにすっかり魅了されている。その強く華やかな香り、フルーツや草花を思わせるフレーバーはもちろん、謎めいた起源にも心を奪われている。その愛は理屈では説明できないし、ビジネスだけが目的でもない。当然、商売としての旨みも多少は絡む。「高値」の花だからこその刺激もある。しかし、最上級のコーヒービジネスの仕掛け人として、エスメラルダを入り口に、味わい深い稀少なコーヒーに喜んで金を払う愛飲家を育てようともしている。

彼らがコーヒーの価格を意図的に上げようとしているのは確かだ。スペシャルティコーヒー産業の将来はうまく値上げできるかどうかにかかっている、と彼らは言う。従来の「安く仕入れて高く売る」モデルを採用する気はない。そのやり方では、コーヒー農家をはじめ、スペシャルティコーヒーに関わる人々の生き血を吸うことになってしまう。彼らはあくまで、コーヒー流通に関わるすべての人を潤《うるお》すために稼ごうとしている。エスメラルダ・モデルは「高く仕入れて高く売る」モデルなのだ。

エスメラルダを高値で競《せ》り落とす若手バイヤーは、自分たちのことをコーヒーの「サードウェーブ（第三の波）」と呼び、業界の革命児を自任する。本書は、完璧なコーヒーを追求する彼らとの旅の様子を綴《つづ》ったものだ。パナマではともにエスメラルダ・スペシャルを味わい、ブルンジでは新たなスペシャルティ産業の誕生を目撃し、エチオピアでは伝説のコーヒー発祥の地を探索した。数十のコーヒー農園を訪れ、数千年前から続く先祖の暮らしを守りながら生活する農家の人々に会う一方で、ハリウッドスタイルの贅沢な暮らしを満喫するコーヒー業界人にも出会った。ニカラグアでは、コーヒーを味わい格付けするプロフェッショナルの「カッピング」を学び、世界的に有名なコーヒーコンテスト優勝者の技を目の当たりにした。米国内でも、ノースカロライナ州ダーラム、シカゴ、ロサンゼルス、オレゴン州ポートランド、そして私自身の地元ニューヨークで、コーヒー界の「上流生活」を垣間見た。全米および世界各地の競技大会に挑む若きバリスタたちの技と情熱にも圧倒され、魅了された。競技大会は一大イベントだ。二〇〇七年八月に東京で開催されたワールド・バリスタ・チャンピオンシップ（WBC）では、会場とオンライン中継で合わせて数千～数万人の観客が勝負の行方を見守った。地元に戻ってからも、私は時代の最先端をゆくカフェを訪れた。人気のヴィンテージスニーカー「チャックテイラー」を履《は》いたおしゃれな細身の男性が、一台一万一〇〇〇ドルもする艶《つや》やかな高性能マシン「クローバー」でエスプレッソを淹れ、ラテアートを描いて出してくれた。

なんともすごい体験だった。

コーヒーへの興味に加え、コーヒーを愛する人々への好奇心が私を突き動かした。若き起業家たちは巨大な舞台に立っていた。コーヒーは石油の次に取引量の多い商品であり、全世界の年間取引額は数千億ドルに達する。

彼らは本当に業界に革命を起こせるのか。ポンドあたり一二ドル、一五ドル、二〇ドル、ときに四〇ドル――コーヒー豆には実際にそれだけの価値があるのだと、市場を納得させることができるのか。コーヒー農家は世界で最も貧しい暮らしを強いられている。だが、コーヒーの質にこだわり、農家の暮らしを改善すれば、「現状を変えられる」「次代はもっと良くなる」と彼らは言う。その言葉は実証されるのか。事業のためと言って大金をドブに捨てるような勘違い屋のひとりよがりではないのか。それとも、彼らは「本物」なのか――映画製作の世界やソフトウェア業界でも、突如として現れた一握りの才能あふれる集団が産業全体を一変させてきたではないか。

そのような大きな問いに取り組む前に、まずは、コーヒーという飲み物についてもっと知る必要がある。真っ先に思い出すのは、ニック・チョウが淹れてくれたカプチーノだ。あの日、チェック柄のバミューダパンツにサンダルという服装で現れたニックは、私が取材した他のコーヒー業界人とは違っていた。完璧なコーヒー豆を求めて世界の果てまで旅するようなことはない。バイヤー（買付人）でもロースター（焙煎業者）でもないからだ。彼はあくまでカフェのオーナーであり、バリスタである。客にコーヒーを淹れるのが好きで、コーヒーがこんなにも美味しい飲み物だったとは、と客に思ってもらえるような一杯を目指している。一流シェフがそうであるように、ニックも高い技術力によって難しい目標を事もなげに達成してみせる。ニックにとってエスプレッソマシンは、名ギタリストのエリック・クラプトンにとってのギターのようなものだ。

最初にコーヒーを勧められたとき、私はカフェイン抜きのコーヒーを頼んだ。

「そう言わずに本物を飲んでみなよ」

ニックは訳知り顔で笑みを浮かべ、手早く準備にかかり、全乳とカウンター・カルチャーのエスプレッソブレンド「トスカーノ」でダブルショットのカプチーノを作ってくれた。

地方大会のバリスタ・チャンピオンであるニックは、コーヒー機器ブランド「ラ・マルゾッコ」のマシンの前に立ち、ステンレス製のピッチャーにシングル量のミルクを注ぎ入れ、そこから集中力と精度を高め、エスプレッソブレンドの豆をグラインダーで挽き、粉をポルタフィルターで受け、タンピングして粉を押し固めた。その日も朝からフル稼働していたエスプレッソマシンは十分温まっていて、いつでも使える状態だった。ニックは素早くポルタフィルターをマシンに取り付け、ボタンを押した。ぴったり華氏二〇〇度（摂氏九三・三度）のお湯が八・五バールで加圧されて通過していく。濃褐色のエスプレッソがグループヘッドを通り、前もって温められた白磁のカップに滴《したた》り落ちる。

エスプレッソショットがカップに落ちるあいだに、ニックはスチームノズルのチップ（ノズル先端に付ける金具）をミルクにそっと浸した。ノズル位置が深すぎると気泡が大きくなり、なめらかな泡にならない。ニックはミルクピッチャーに指を添えたまま、ステンレスが熱くなっていくのを感じ取り、泡立てから旋回にスイッチを切り替えた。

二五秒経過。ミルクもエスプレッソも完成だ。ニックはマシンの電源を切り、スチームノズルの泡をさっと拭き取った。

左手にカップ、右手にミルクピッチャーを持ってこちらに向き直る。エスプレッソの表面には

「クレマ」と呼ばれる香り豊かな黄金色の泡が浮かんでいる。さあ、ここからが見せ場だ。ニックはピッチャーをクルクルと旋回させながら一〇センチちょっと持ち上げると、左手のカップを少し傾け、そこにミルクを注いだ。泡ではなくミルクが先にカップに落ちる。それからピッチャーをカップに近づけ、小刻みに動かすと、なめらかな泡の筋がコーヒーの表面に描き出されていった。ウェーブが重なり、折り返され、カップの中央に模様が現れた。

完璧な舌触りの黄金色の泡と、スチーム噴射でしっかり泡立ったミルクが混じり合い、カップの中に針葉樹の葉の模様が浮かぶ。「ロゼッタ」と呼ばれるこのデザインは、私が人生初の「本物」のコーヒーをゆっくり堪能するあいだ、ずっと残っていた。

そのミルク入りコーヒーは砂糖のように甘く、クリームのように濃厚だった。砂糖もクリームも使われていないはずなのに不思議である。ミルクとコーヒーが一緒になると、カシミアのように贅沢な質感になり、キャラメル、チョコレート、ヘーゼルナッツの風味が後を引く。

「こんなの初めて」

「ほとんどのコーヒーは偽物だからね」

ニックは朗《ほが》らかに答えた。後で知ったことだが、バリスタたちはこのようなコーヒー体験を「ゴッドショット（神の一杯）の瞬間」と呼ぶ。バリスタの技が見事に結実した稀有《けう》な体験。私はニックの横で至福の一杯を味わい、天にも昇る心地だった。ニックは最高級のコーヒーを扱うビジネスについて早口で語った。ワシントンDCのランドマークになるような贅沢なコーヒー店を開くのが夢だと言う。彼が目指すのは、農園や生産地の特徴を引き出した完璧な一杯のコーヒーに客が喜んで一〇ドル以上を払うような、高級感あふれる魅惑的な店だ。

マーキーコーヒーでのあの一杯が、コーヒー王国への扉を開いた。私はウサギの後を追ったアリスのようにコーヒーの世界に迷い込み、スペシャルティコーヒーの物語の虜《とりこ》になってしまった。もしかしたら、まだその夢から覚めていないのかもしれない。

第1章

スペシャルティコーヒー業界の人々

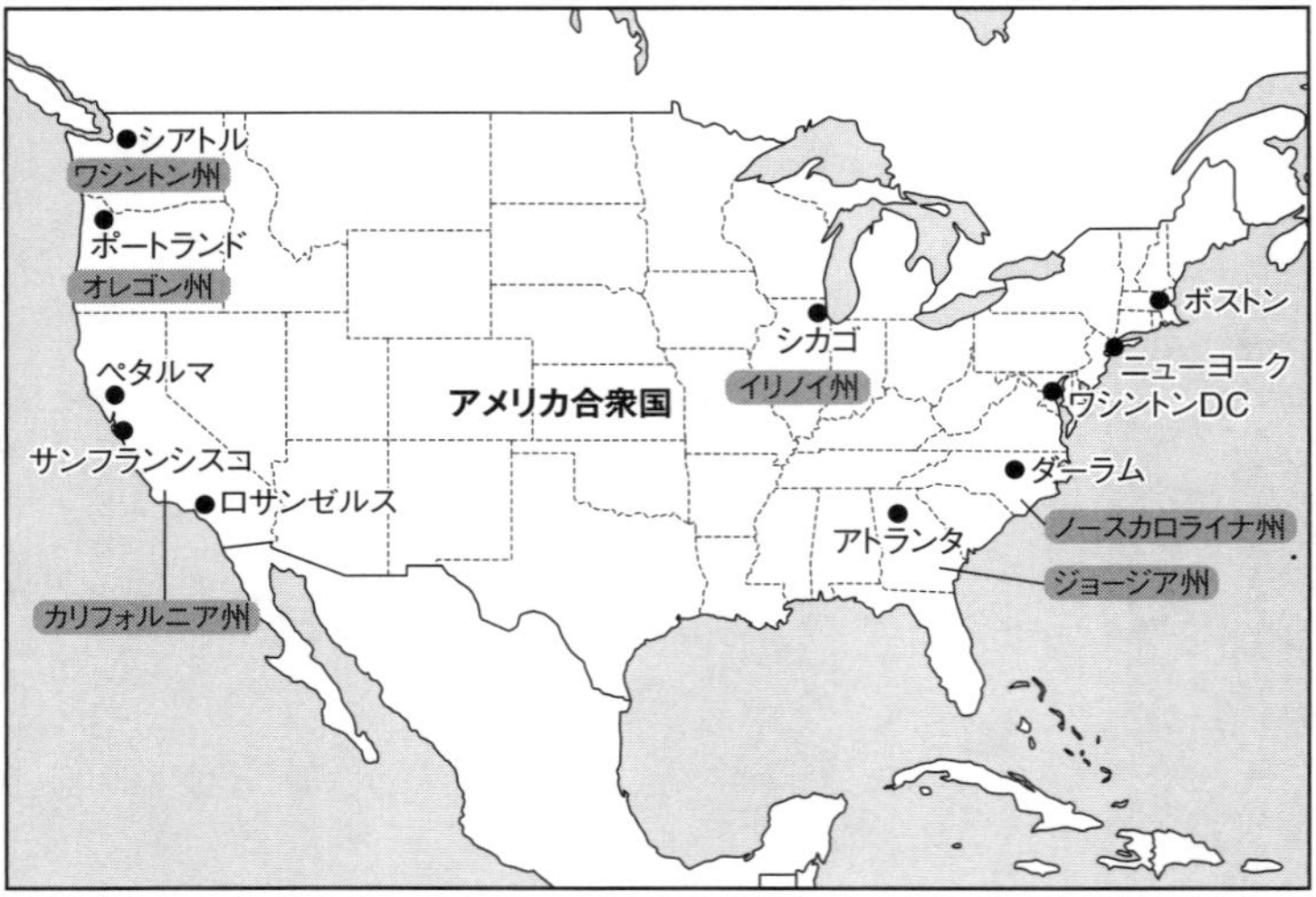
シアトル
ワシントン州
ポートランド
オレゴン州
ペタルマ
サンフランシスコ
ロサンゼルス
カリフォルニア州
アメリカ合衆国
シカゴ
イリノイ州
ボストン
ニューヨーク
ワシントンDC
ダーラム
ノースカロライナ州
アトランタ
ジョージア州

ノースカロライナ州ダーラムを拠点とするカウンター・カルチャー・コーヒーのオーナー、ピーター・ジュリアーノは、スペシャルティコーヒーの急成長を支える「サードウェーブ」の人々について、実社会とうまく折り合いが付けられずにトラブルを起こすような少々イカれた偏執狂の集まりだ、と語った。彼自身も例外ではなく、米国社会ではマイノリティに属する。

「カレッジでは音楽を専攻し、メキシコ北部のアコーディオン音楽の神髄を極めようと何年も費やした。その後、今度はカクテルにはまり、得体の知れないアルコールの収集に数千ドルをつぎ込んだ。部屋に誰かが遊びに来れば、一九三四年流のマティーニを作ってもてなしたものさ」

　それから、シカゴを拠点とするインテリジェンシア・コーヒーのジェフ・ワッツや、オレゴン州ポートランドを拠点とするスタンプタウン・コーヒーのデュエン・ソレンソンを引き合いに出し、「ほら、あいつらも普通じゃないだろ？」と言って眉を動かした。

　ピーターの言うとおりだ。スペシャルティコーヒー界のトップ層は、細部に固執する人間ばかりだ。加減を知らず、どこまでも突き進む。エスプレッソマシンの温度測定器を調整するにも、五年の歳月をかけて完璧なプロトコール（規定手順）を見つけ出す。上質のコーヒーを上質のワインに例えて語り、熟成したブルゴーニュワインに含まれる無数の微量成分を識別するワインマスターのように、数百種類あるコーヒーの香り成分のなかからグアテマラの香りを構成するフレーバーとアロマ[※1]を嗅ぎ分ける。

　テイスティング――コーヒー業界で行われる標準化された手順は「カッピング」と呼ばれる――

を行うにしても、彼らは一〇種や二〇種のコーヒーでは満足しない。ロースター（焙煎家）としてもリテーラー（小売業者）としてもスペシャルティコーヒー界を代表するインテリジェンシアのジェフ・ワッツは、コーヒー業界人の教養について次のように語った。「僕は二〇〇種でも二〇〇〇種でも、とにかくたくさんのコーヒーをカッピングしたいんだ。フレーバーやアロマのニュアンスについて知りうることは何でも知っておきたいし、他のこともっと知りたい」

ジェフに限らない。スペシャルティコーヒー業界の人間は見返りを求めずに情熱を注ぐ。そして、見返りも十分に得ている。業界トップの面々のキャリアを見ればわかる。「スペシャルティコーヒーは、こだわればこだわっただけ得るものがある。そこが素晴らしいんだ」とピーターは言う。「もてる才能をすべて駆使しなければならない。だからこそ、僕みたいにたまたまこの業界に迷い込んだ人間も、どこまでも成長することができるんだ」

サードウェーブコーヒーに携わる人々のなかには、スペシャルティコーヒーを生み出したのは自分だと言わんばかりの人も多いが、それは違う。スペシャルティコーヒーは、広範なコーヒー産業の高級部門として一九六〇年代前半にはすでに登場し、以来、絶えず進化してきた。

米国におけるコーヒーの歴史は長いが、一七七三年、英国の植民地政策に憤慨した愛国者的集団が九万トンの高価な茶葉をボストン港に投げ捨てた「ボストン茶会事件」以降とくに、酒類に次いで愛飲されるようになった。

初期の米国入植者は、地元の社交場だったコーヒーハウスでコーヒーを飲むことが多かった。豆は自家焙煎されるか、業者や食料雑貨店で焙煎したての紙袋詰めの豆が買われた。この頃のコーヒーには上質なアラビカ種の豆が使用されていた。エチオピア起源のアラビカ種は、イエメンで商業的に栽培され、その後一五〜一六世紀にイスラム世界全土に広がった。一七世紀に入ると、コーヒーは欧州に持ち込まれ、間もなく冒険家たちの手で新大陸「アメリカ」に運ばれた。

一九世紀には、米国の主婦の多くが新鮮な焙煎豆を買い求めるようになった。食料雑貨店では日々、自家焙煎が行われ、どこの町にも都市にも自家焙煎コーヒー店があった。ところが二〇世紀前半には、コーヒーも他の食料品と同じく産業化の犠牲となる。経営統合、技術革新、標準化の波に呑まれ、国内大手ブランドの真空缶入りコーヒーがスーパーマーケットの棚に並び、盛んに宣伝されるようになった。そして第二次世界大戦後、最悪の時期を迎える。インスタントコーヒー時代の到来である。インスタント製品が「次代の新製品」として受け入れられた頃には、米国人の舌は粗悪なコーヒーの味にすっかり慣らされ、価格に厳しい大量販売業者がロブスタ種と呼ばれる安価で低質なコーヒー豆を自社のブレンドに採用しはじめても、誰も意に介さなくなっていた。

経済歴史学者マーク・ペンダーグラストの著書『コーヒーの歴史』（河出書房新社）では、この時期の米国コーヒー業界の「歩み」を端的に表した言葉として、一九五九年の全米コーヒー協会の総

※1　「アロマ」は飲食物から感じる香りで、特に鼻孔から吸い込んだ時に感じる香りを意味する。「フレーバー」は口に含んだ時に鼻へと抜ける呼気《こき》から感じる香りで、しばしば味覚と嗅覚が混ざった感覚になる。「フレグランス」は特に繊細なよい香りを意味し、花などにも用いる。

会に出席した匿名参加者の評言を引用している。「どんな商品でも、品質を少し落として安く売るのは、やってできないことではない」

ところが一九六〇年代になると、美食家の反撃が始まった。缶詰のインゲン豆とキャンベルの缶入りクリームオブマッシュルームスープで作るインスタントなフランス鍋料理よりも、料理研究家ジュリア・チャイルドの本格フランチがもてはやされるようになり、コーヒー業界でも、ネスカフェをはじめとする「カフェイン入り飲料」が主流のなか、スペシャルティコーヒーが誕生した。

ファーストウェーブ（第一の波）

コーヒー業界の人々は歴史家には向かないらしく、何を基準に誰をどのウェーブに分類するのか、議論はまとまっていない。それでも、若手のコーヒー業界人はみな、何の疑いもなく、自分はサードウェーブの人間であり、スペシャルティコーヒーの主役だと考えている。

コーヒー業界に「ウェーブ」という考え方を持ち込んだコーヒー・コンサルタントのトリッシュ・ロスギブによれば、ファーストウェーブに属する人々とは、第二次世界大戦前後に「粗悪なコーヒーを当たり前の存在にした人々――低質なインスタントコーヒーを生み出し、ブレンドによってコーヒーのニュアンスを消失させ、価格を史上最安値まで引き下げた人々」である。

セカンドウェーブ（第二の波）

トリッシュによれば、セカンドウェーブは一九六〇年代後半に始まり、一九九〇年代にかけて拡大した。また、第二次世界大戦後にカリフォルニア州に定住した北欧移民もセカンドウェーブに含まれる。コーヒー中心の暮らしを送る彼らが移住してきたことで、コーヒーのロースティング（焙煎）、テイスティング、ソーシング（調達・仕入れ）に関する旧世界の知識が持ち込まれた。

一九六六年にサンフランシスコに最初の店舗を構えたピーツ・コーヒーの創業者アルフレッド・ピートや、カリフォルニア州北部を拠点とするクヌッセン・コーヒーの創業者兼社長エルナ・クヌッセンも、そのような移民の一人である。特定の「アペラシオン」[※2]で栽培されたコーヒー豆の呼称として「スペシャルティコーヒー」という言葉を生み出したのも、クヌッセンだった。アペラシオン・ワインと同じで、スペシャルティコーヒーの場合も、特別な地理的条件が生む特徴的な微小気候[※3]が特有のフレーバープロファイル（フレーバーの特徴）を育むのだという。

ピートやクヌッセンだけではない。ニューヨークにあるギリーズ・コーヒーのドン・シェーンホルト、カリフォルニア州ロングビーチにあるリングル・ブラザーズ・コーヒーのテッド・リングル、スターバックスのケビン・ノックス、ボストンのコーヒー・コネクションのジョージ・ハウエルと

※2　アペラシオン
原産地名を冠する呼称のこと。コーヒーでは「ブルーマウンテン」「エチオピア・イルガチェフェ」などの産地銘柄名がこれに相当する。
※3　微小気候
特定の農園や畑の区画単位の、極めて狭い地域に特徴的な気候のこと。ミクロクリマ。

いったセカンドウェーブの起業家たちが、米国内で相次いでスペシャルティコーヒー事業を創業した。米国のコーヒー愛飲家に、世界各国の味の違いがわかる質の高いコーヒーを紹介したのである。一九八二年、セカンドウェーブの業界人が集まり、米国スペシャルティコーヒー協会（ＳＣＡＡ）を設立した。そして、彼らが見守るなか、スペシャルティコーヒーは米国コーヒー業界で急成長を遂げ、二〇〇七年には売上高は一二〇億ドルを超えた。

セカンドウェーブの寵児《ちょうじ》、スターバックスが登場したのもこの時期だった。スターバックスの一号店は一九七一年にシアトルで開店し、アルフレッド・ピートが深煎りした高品質のコーヒーを販売した。間もなく店舗は六店舗に増えたが、焙煎は自家焙煎にこだわった。スターバックス・コーヒーはチェーン店としてその後も緩やかに成長していたが、一九八七年、ハワード・シュルツに買収され、転機を迎える。二〇〇六年には世界中に一万二五〇〇店舗を展開し、総売上高は七八億ドルに達した。スターバックスの報告によれば、各店舗の売上高も一五期連続で五％以上の伸びを示した。ところが二〇〇七年、過度の急成長（数百軒規模の新規店舗など）が負担となり、年末には株価が急落し、店舗の閉鎖も相次ぎ、ビジネス戦略の見直しを迫られた。

サードウェーブ（第三の波）

トリッシュによれば、サードウェーブは一九九〇年代半ばに、スターバックスが推進する「グルメ」コーヒーの産業化に対する反動として登場した。サードウェーブの人々はカフェ文化の自動化を嘆いていた。事業主というよりスケートボーダーのような服装を好む「既存社会への反逆者」ではあったが、彼らを見た目で判断しては重要な点を見落とすことになる。みな、他のカフェを、なかでもスターバックスを凌《しの》ぐ腕をもち、その腕を頼りに自ら事業を興して勝ち抜いてきた強者《つわもの》たちだ。実際、コーヒー小売業を営む若手経営者は、どこに店を出しても近隣のスターバックス店舗と競合することになる。そんな状況で事業を継続するには、スターバックスよりも良質のコーヒー豆を売り、スターバックスよりも美味しいコーヒーを淹《い》れなければならなかった。

サードウェーブの人々は、「グローバル世代」と呼ばれた最初の世代でもある。彼らが社会に出た時、職場はすでにテクノロジーによる変貌を遂げ、海外旅行にも安く行けるようになっていた。上の世代とは旅に出る頻度も仕方も違う。バックパックを背負い、サンダルを履き、ハンモックで眠るような気楽な旅を好み、トラックに六時間揺られて体力を消耗するような旅も厭《いと》わない。

そのような若き起業家たちは、「現地で」仕入れた知識に基づき、独自のやり方でコーヒーバイヤーとしての事業を展開している。米国におけるスペシャルティコーヒー事業の可能性を広げるには、生産者側に軸足を置いた状態で、生産者から消費者へとつながる「コーヒー供給チェーン」を見なければならない、と彼らは主張する。農家が抱える問題に目を向けたのは、サードウェーブの人々が最初ではない。ずいぶん前から認識はされていた。しかし、実際に何度も足を運び、遠く離れた場所からでも農家の人々と気軽に連絡を取り合うようになったのは、この世代が最初である。コーヒー栽培の現場に赴《おもむ》き、スペシャルティコーヒーの基準を満たすよう作物の品質改良を手伝わなければならない、と彼らは言う。そしてそれを実行しているのだ。

サードウェーブの人々がコーヒー業界に入った一九九〇年代後半には、深刻な金融危機がコーヒー農家を襲っていた。

コーヒー農家は世界中に二億～二億五〇〇〇万軒あるといわれるが、大半は数エーカー(一エーカー＝約四〇〇〇平方メートル)未満の小規模な家族経営農家である。ここ三〇年ほどのあいだに幾度も経済的危機に見舞われ、数億ドルが失われた。世界銀行によれば、コーヒーの価格は一九七〇年代以降、平均で実質年三％の下降を続けている。かつては子どもに学費を仕送りする余裕のあった農家も、今では家族を食べさせるだけで精一杯。最悪の場合、それさえもままならない。

このように繰り返し押し寄せる激動の波は、さまざまな事象がいくつも重なって引き起こされる。他の作物市場と同様、コーヒー市場にも景気の循環がある。そしてコーヒーの樹木が成長するまでには何年もかかるという事実が、そのような好不況の波をさらに増幅させる。コーヒーの価格が上昇すれば、農家は植樹を増やすが、木が成長する頃には価格は下がりはじめており、下降市場に過剰な量の商品が流れ込む。こうなると価格は下落するだけではすまない――崩壊する。

二〇世紀の大半を通じて、生産国と消費国は、景気の波による影響からの回復期間を短縮するべく協力してきた。国際コーヒー協定（ＩＣＡ）の下、国際的に合意された生産割当量、上限価格、市場介入に従ってコーヒーを生産し、取り引きすることにしたのである。ところが、一九八〇年代に入るとコーヒーの価格は劇的に高騰し、ＩＣＡは破られる。ブラジルのコーヒー農家は当時、ポンドあたり一・四〇ドルから一・五〇ドルを稼ぎ、世界中の多くの農家が、これから黄金期が始まるに違いないと考えた。だが、それは見込み違いだった。一九九〇年代初頭に価格はポンドあたり一ドルを切ったが、もはやＩＣＡは機能しなかった。

その後、一九九〇年代後半から二〇〇〇年代前半にかけて、低品質コーヒーがブラジルとベトナムから国際市場に過剰になだれ込み、再び価格破壊が起きた。高品質のコーヒーまでもが農家の生産コストを大幅に下回るポンドあたり五〇セントで取引されるようになり、間もなく消費国のコーヒー愛飲家はこの低価格を当たり前だと思うようになった。

数百万人ものコーヒー農家とその家族が、想像を絶する厳しい事態に直面している。アフリカとアジアの農家のなかには、世界でも最低水準の暮らしを強いられている人々もいる。ラテンアメリカの農家が置かれた状況もほぼ同様である。

世界中で数百万の小規模農家が、コーヒー業界からの完全撤退を余儀なくされている。中央アメリカでは、数万の小規模農家がコーヒーの代わりに欧米市場向けの花を栽培するようになった。世界有数の高値を付けるコーヒーを栽培するケニアでも、農家たちはコーヒーの木を引っこ抜き、代わりにお茶の木を植えている。

何世代にもわたってコーヒー栽培を生業《なりわい》としてきた農家がコーヒーを栽培しなくなると、生産国で都市化が加速するなど、悲劇の連鎖が起きた。世界でも最高級とされるコーヒーの大半は、大規模農園やプランテーションではなく小規模農園で栽培されていたため、コーヒー愛飲家は楽しみを奪われることになった。

スペシャルティコーヒー市場の急速な拡大は、将来に希望の見えないなか、暗闇に差す一筋の光となっている。自分のところで育てたコーヒーをスペシャルティコーヒーとして売ることができれば、単なる作物栽培以上の収入を得ることができる。スペシャルティコーヒー市場に参入できれば、栽培にかけた額以上の稼ぎが得られ、借金まみれの生活から抜け出すことができる。ニカラグア、グアテマラ、ルワンダのコーヒー栽培家にとって、「スペシャルティコーヒー」のラベルは、確実に配当を得られる金券のようなものなのだ。

スペシャルティコーヒーとして販売するには、規定の基準を満たさなければならない。訓練を積んだテイスターが確立された手順に従って判定を下す。スペシャルティコーヒーの認定を受けるには、一〇〇点満点で八〇点以上の評価を得る必要がある。好ましい特徴を有し、大きな欠陥がないことを示す格付けである。

この二〇年間、北米、欧州、アジアの一部地域で、スペシャルティコーヒーの需要は劇的に拡大している。米国では現在、消費されるコーヒーの約三〇％に「スペシャルティコーヒー」の標記がある。ＳＣＡＡによれば、二〇〇六年には一万五五〇〇軒のカフェ、三六〇〇軒の売店、二九〇〇軒のコーヒー屋台で、一九〇〇人の焙煎家や小売業者がスペシャルティコーヒーを販売した。そのような小売業者には、スターバックス、ピーツ・コーヒー、カリブコーヒー、グリーン・マウンテン・コーヒー、アレグロ・コーヒー（ホールフーズの子会社）の他に、多くの小規模会社が含まれる（実際には年間一二〇億ドルの売上の半分以上をスターバックスの米国事業部が占めた）。

本書では、このようなスペシャルティコーヒーの品質ピラミッドの上層に位置する企業を取り上げる。いずれの企業も、プロ・テイスターのあいだでも消費者のあいだでもスターバックスのコーヒーより上質であると認識されている最高品質のコーヒーばかりを、プライドをもって販売している。年間売上高は一〇億ドルに満たず、米国のスペシャルティコーヒー市場全体のわずか約八％にすぎないが、その影響力は実際の数字以上に大きい。

ダンキン・ドーナツなどのドーナツ店で販売されるコーヒーはSCAAの売上統計には含まれない。マクドナルドも同様である。しかし両社とも、スペシャルティコーヒーの専門店が何をやろうとしているのか、はっきりと意識している。二〇〇八年前半、マクドナルドは一部の店舗にエスプレッソマシンを設置してスペシャルティドリンクを提供することにより、スターバックスに勝負を挑むことを公表した。これにより年間一〇億ドルの売上が期待された。

コーヒー業界のトレンドを左右するのは、最高級クラスの小規模企業である。業界の人々は、この事実をジョークにして面白がっている。最も要求の厳しいスペシャルティ企業の経営者が実は社会のルールを曲げて進んできた「外れ者」だということを知っているからだ。それでも、間違いなく一流焙煎企業の若き経営者である彼らには、上の世代が見逃してきたものが見えている。スペシャルティコーヒーによってもたらされる価値は、飲み物としての価値や経済的な価値に留まらない。サードウェーブのリーダーたちは「可能性は無限だ」と信じている。スペシャルティコーヒーがどこまで大きく成長するのかは誰にもわからない、と言うのだ。拡大していくスペシャルティコーヒーの価値を、コーヒー事業に携わるすべての利害関係者、なかでもコーヒー農家のために役立てること、それが、業界を揺り動かし突き進む若きリーダーたちの使命となっている。

ルワンダが世界的に評価の高いスペシャルティコーヒーの生産地へと生まれ変わる際に中心的役割を果たした陰の立役者である個人コーヒー・コンサルタントのアン・オタウェーは、本書が追いかけるスペシャルティ界トップ企業の経営者たち――ピーター・ジュリアーノ、ジェフ・ワッツ、デュエン・ソレンソン――のことを「スペシャルティコーヒー界のビル・ゲイツ、ポール・アレン、スティーブ・ジョブズ」だと言う。「二〇年後、私たちは今を振り返って言うでしょう。『まさか、あんなに小さかったあの会社が、こんな大企業になるとはね』って」

将来何が起こるにしても、本書に登場する三人が今現在、スペシャルティコーヒー業界の躍進に大きく貢献しているのは疑いようのない事実だ。業界内で他のメンバーからリーダーと目《もく》され、進むべき方向を示すことを期待されている。彼らが扱う商品は、焙煎豆もコーヒーも最高級品だ。ブログを介して集うコーヒーマニアや愛飲家たちも、まるでロックスターを追いかけるように彼らの動向に注目している。そう、彼らはコーヒー界のスターなのだ。

ピーター・ジュリアーノ

カウンター・カルチャー・コーヒーのピーター・ジュリアーノ

「コーヒーに出会うまで、僕は自分の居場所を見つけられずにいた。自分に合う場所を探そうとシチリア島に渡り、最初の妻と一緒に日本に移った。でも、合う場所はなかった。スペシャルティコーヒーにたどり着けたことを幸運に思っているよ」

ピーター（取材当時、三七歳）は、スペシャルティコーヒー業界のリーダーであり、ノースカロライナ州ダーラムを拠点に東海岸で展開する焙煎企業カウンター・カルチャーの共同オーナーだ。身長は約一七五センチ、額が広く、黒縁の眼鏡をかけている。最近、かなりの減量に成功して腹まわりがスッキリした。運動の成果ではなく、食生活の改善によるものだそうだ。プロとしての実力と公正な態度が評価され、二〇〇四年、ピーターは史上最年少でSCAAの一三人の役員の一人に選ばれた。つまり、SCAA元役員による横領事件が世間を騒がせた時には、事態を収拾させたSCAAリーダーの輪のなかにいた。ピーターと数人のコーヒー業界人で一年かけてSCAAの財務を見直し、根底から改めた。その努力のおかげで、犯人は刑務所に送られることになり、混乱していたSCAAの組織は再び前進できるようになった。

ピーターは、スペシャルティコーヒー界では早口・多弁で有名である。カラフルな画像を使って巧みに物語を展開する。口頭であろうと紙上であろうとコーヒーについて業界を代表し雄弁に語るピーターの能力には、デュエンやジェフなどスペシャルティ業界で名を馳《は》せる面々も脱帽である。またピーターは、コーヒー生産地をめぐる旅の途上で数々の逸話を残している。メキシコ・チアパス州では、コーヒー農家に相手にされないどころかピストルを向けられ、町から追い出された。ニカラグアではパーティーの夜に中庭のテラスで寝てしまい、目覚めた時にはスルスルと滑りよってきた大きな毒蛇に、今まさに頭にかぶりつかれる寸前だった。ペルーでは、マチュピチュ近くの山陰でコーヒーを栽培しているという村まで遠路はるばる一五時間かけて歩いて行った。

ピーターは米国カリフォルニア州ロングビーチで数世代が同居するシチリア系の大家族に囲まれて育った。毎週、日曜の夕食に集まり、代々伝わる家庭料理について誰のレシピがより正統かを議論するような家族だった。祖父母とはイタリア語で話し、レストランの厨房でスペイン語を磨き、コーヒー業界ではあまり役に立たないが日本語もそこそこ話せるそうだ。

ピーターは父親に似てアウトドアが好きで、家族でよくサイクリング、ハイキング、サーフィン、ゴルフ、テニスなどを楽しんだ。母親は、民族音楽や土着文化を愛し、歌や演奏の楽しさを教えてくれた。おかげでピーターは、アコーディオンなど六種類の楽器を演奏できる。

ピーターが一二歳の時に、両親は中産階級家庭が多く住むカリフォルニア州南部のエルドラド・ヒルズに移り住んだ。当初ピーターは、自分も周りの裕福な家庭の子たちのように有名私立学校風の子どもになるのだと思っていた。だが、それも束の間。どうやら自分の母親は高級ブランドのピンクのスカートやワニ革の小さなバッグで身を飾るタイプの人間ではないらしい、と気づく。そして、従兄弟のヴィニーに連れられてロサンゼルスでサークル・ジャークス、ブラック・フラッグ、X（エックス）のコンサートを見た時のこと。「いやあ、最高にパンクだった。すごかったよ。自分もパンクに生きようって決めたんだ。まだ幼かったけど、他に進む道なんてなかった。ニュージャージー州によくいるような田舎じみた裕福なイタリア人として生きていくなんて、僕にはできっこない。でもカリフォルニアにはそういうイタリア人しかいなかった。パンクが僕の道を照らしてくれたおかげで、僕は自分が何者なのか見失わずにすんだんだ」

高校卒業後の夏、ピーターはコーヒーショップで働きはじめた。「ある日、いつものようにその店で友達とたむろしていたら、店員の一人が時間になっても店に現れなかったらしく、気づいたら僕はエプロンを着けさせられていた。そのカフェで働いている女の子が、オールドファッションとドクターマーチンのブーツできめていてかっこよかったんだけど、その子が僕に近づいてきて、からかうように言ったんだ。『エステート・ジャワが好き』って。もちろん調べた。わかったのは、ジャワ島には高品質のアラビカ種を栽培しているエステート（大規模農園）が四つあるということ。彼女と話すためには、僕もコーヒーに詳しくなるしかなかった」

「僕はもとから雑学好きだったから、どんな些細な情報も面白く感じられたし、エスプレッソの知識はイタリア系アメリカ人である僕の心を刺激した。そして、バリスタという職業は、表舞台に立って人を楽しませるのが好きな僕の性分に合っていた。お店で客にコーヒーを淹れる時、僕はコーヒーに関する変わった話を客に聞かせて楽しませた。そのすべてが経験になった。今もそうやって経験を積んでいるところさ」

ピーターは、サンディエゴ州立大学で音楽学を学びながら、カフェ・コーヒー焙煎企業のパニカン（Pannikan）で働いた。この仕事は、同じことをひたすら繰り返さなければならない。それこそピーターの得意とするところで、その能力は大学でも発揮された——頭脳明晰で、学ぶことが大好きで、二人の教師の間に生まれた子でありながら、どうしても単位が取れなかった。それでも、ピーターはいつだって自らを教育者だと考えていた。コーヒー業界に身を投じてからも、つねに情報を発信し、教えたがった。入社当初の目標は、バリスタやコーヒー販売員のトレーナーになることだった。しかし二四歳になる頃には、トレーナーではなく、八店舗を抱えるコーヒー企業の統括マネジャーになっていた。「すぐに後悔したよ。まったく向いていないんだ」

「会社の創業者は僕に経営を任せたがっていた。でも僕はコーヒーの仕事がしたかった。夜になると内緒でコーヒーを淹れた。ボスは僕がカッピングの練習をするのを嫌がった。そんなことに時間を使わせたくなかったんだ。だから僕は夜にそっとオフィスに戻り、八～九種類のコーヒー豆を用意して、カッピングした。店で売っているコーヒーのことをもっと知っておきたかったから。でも、ある晩ついにボスに見つかり、クリップボードを投げつけられたよ」

二〇〇〇年、三〇歳のピーターのコーヒー業界歴は一三年になっていたが、本当にやりたい仕事はまだできていなかった。当時ピーターは、アリスという名の女性と付き合っていた。二人目の奥さんになる人だ。そのアリスが、通学のためにノースカロライナ州に引っ越すことになった。ピーターは彼女と一緒に東海岸に移りたかった。カフェ・モト（Moto）という焙煎企業を経営しながら、SCAAでボランティアのコーヒートレーナーを務めることで「教えたい」欲求を満たしていたピーターは、協会の活動に積極的に関わりながら、ノースカロライナ州で自分を雇ってくれるところがないか、尋ねまわった。すると、ある人物から、カウンター・カルチャーのフレッド・ハウクに電話するように言われた。さっそく電話すると、ちょうど引退を考えていたハウクはこう言った。

「ピーター、君は運命を信じるかい？」

ハウクと、パートナーのブレット・スミスは、ピーターをカウンター・カルチャーのロースター（焙煎家）として雇うことにした。ブレットはMBAを持つビジネス寄りの人間である。当時のカウンター・カルチャーは地方の小さな卸売業者で、年商約一〇〇万ドルで頭打ちの状態だった。しかしその後、焙煎業者として急成長し、二〇〇七年には年商七〇〇万ドルに迫り、ハイ・エンドのコーヒー焙煎業者がひしめくニューヨークから、南はダーラムさらにはアトランタまで、中部大西洋沿岸地域一帯で徐々に注目を集めるようになる。ピーターは今では同社の共同オーナーだ。

カウンター・カルチャー入社直後から、ピーターは「コーヒーの原点」を訪ねる機会を窺《うかが》いはじめた。長らく情熱を注いできた「コーヒー」が実際に栽培されている様子を、自分の目で見たかったのだ。「コーヒー農園を訪れる日のことを、もう何年も前から夢見ていた。コーヒー農園の風景や匂いまで勝手に思い描いたりして」

「コーヒーへの興味が高じて、僕は自分でも農業をやってみた。カリフォルニアの自宅で前庭の草をむしり、縦三メートル、横一〇メートルほどの菜園を作った。手作りで鶏小屋を建て、鶏を飼った。台所ではビールと酢を醸造し、トマトの缶詰も作った」

「家庭菜園は僕にとって貴重な体験だった。自分の畑で育てたレタスを食べた時、レタスとは何か、初めて理解できた気がした――味が濃かったんだ。僕は古い品種ばかりを育てた。トマト、ニンジン、鶏卵、チャードの本来の味を知りたかったからね。そして思った。コーヒーについても、農園で味わい匂いを嗅げば、何か得るものがあるはずだと。コーヒーノキの果実を搾ったジュースや葉も、コーヒーのような味がするのだろうか、なんてことをよく考えたもんさ」

「コーヒーの生産や農業技術に関する本は、何冊も読んだよ」と言うピーターだが、コーヒーチェリー（コーヒーノキの果実）から外皮と果肉を取り除いて豆の状態にする工程（パルピング）のことや、パルピング後も豆の表面に残る粘質物（ミューシレージ）を取り除くために豆を発酵させてから次の工程に進むといったコーヒー精製プロセスのことは、すぐには理解できなかったそうだ。「何がどう関係しているのか、本当のところが理解できていなかった。ドイツ語から英語に訳された本を読んでいたからわかりにくかったのかもしれない。一九九〇年代には、正確な情報はあまり出回っていなかったからね」

そしてピーターは、ついに「コーヒーをめぐる旅」に出る。最初の旅の目的地はニカラグアだった。環境活動家のアメリカ人夫婦がニカラグア・サンラモン市のコーヒー農家を支援するために組織したグループの活動に同行させてもらったのだ。サンラモン市の農家は、味はともかく、農学的にも環境学的にも健全な栽培法を実践していた。カウンター・カルチャーでは以前からこの地区の豆を買い付けており、ピーターは品質を何とか改善したいと考えていた。後年、当初の予想より時間はかかったものの、ピーターは試行錯誤のすえにその目標を達成した——サンラモン市のコーヒーは二〇〇七年、コーヒーの品質を審査するカップ・オブ・エクセレンスでトップ一〇入りを果たした。

この最初の旅で、ピーターは初めてコーヒーノキを目にした。見つけた瞬間、車を止めてくれとドライバーに頼んだそうだ。「僕は車を降り、果実を口に含み、葉を噛み、それから、畑のなかをしばらくうろついた。コーヒーチェリーは、コーヒーの味ではなかった。とてもジューシーで、スイカのジュースを思わせるかすかな甘みのなかに、ジャスミンのような香りがほのかに漂う。人を酔わせるような甘さと花のような香り。間違いなく、スイカやメロンのようなウリ科の果実の特徴だった」と、ピーターは思い出すように言った。

「チェリーの中を見ると、ジューシーな果肉（パルプ）の層は、外皮と内果皮（パーチメント）の間に一ミリほどしかなかった。プラムのように、種の表面に果肉がくっついて残った。しかも果肉には粘り気があり、コーヒーの種を覆う内果皮から果肉をはぎ取るには相当な力が必要だった」

「それから丸一週間、僕は毎日、朝から晩まで現地の人と一緒にコーヒーチェリーを摘《つ》み、果肉除去（パルピング）を手伝い、豆を発酵させた。当時の僕は、発酵に無数のやり方があることも、それが産地ごとにコーヒーの味が大きく異なる理由の一つであることも知らなかった。ある朝、僕は散歩がてら別のコーヒー農園まで歩き、そこの農家がコーヒーの世話をする様子を一時間ほど眺めていた。すると、本で読んでいた細かな知識を急に思い出した。そこで僕は、農家の人に次々と質問した。本によれば、発酵は水槽のなかで行われることになっているのに、ニカラグアで出会った農家の人たちは、誰もそうしていなかった。彼らのやり方が間違っているのか、それとも彼ら独自の発酵技術を用いているのか、はっきりさせようと思ったんだ」。実際、産地ごとに独自の精製技術が発達しているのだが、当時のピーターは、そんなことは思ってもみなかった。「あの頃の僕は生意気だったと思うよ。大して知りもしないのに、カッピングについても農業技術についても、つねに誰かと知識を競おうとしていたからね」

column

コーヒーの豆知識

コーヒー豆は、コーヒーノキ属の樹木が産する赤い果実（コーヒーチェリー）の種子を乾燥させたものだ。コーヒーノキは、農園や森林で生長する。一般に、標高が高いほど良質のコーヒーが採れる。コーヒーノキを育てる際には施肥《せひ》（有機肥料または化学肥料）と剪定《せんてい》が必要である。また、生長周期の特定の時期には適度な量の日照と雨が必要になる。コーヒーチェリーの成熟速度にはばらつきがあるので、摘み取り作業者は農園を何度も往復して、赤く完熟したチェリーだけを手摘みで作業しなければならない。

ラテンアメリカでは、摘み取った実を機械にかけて外皮と果肉の大部分を除去（パルピング）したあと、水洗式（水を使っても使わなくても、そう呼ぶ）という方式で精製するのが一般的であり、この過程で発酵が生じる。コーヒー豆は、二つの豆がくっついた状態で内果皮（パーチメント）に覆《おお》われており、発酵（水洗）中に内果皮の表面に残った粘質物（ミューシレージ）が分解される。また発酵によってコーヒーのフレーバーも変化する。水洗技術は農家ごと、地方ごとに異なり、一～三日以上かかる。発酵槽の建設費は極端に高額ではないため、多くの場合、村や農協など小さなグループ単位で設備を所有している。水洗後は豆をしっかり乾燥させる。乾燥棚に並べたり、セメントで固められたパティオ（中庭テラス）に広げて天日干しにしたり、乾燥機を使ったりと、世界中の農家がそれぞれに独自の乾燥技術を用いている。乾燥機も、薪《まき》式、ガス式のほか、脱穀工程で出るコーヒーの内果皮を燃焼させる方式や、剪定されたコーヒーの木の枝を燃料に用いる方式など多岐にわたる。この工程にも日数がかかる。雨が降れば、豆がカビや菌によるダメージを受け、台無しになってしまうこともある。

乾燥後は、ドライミルで脱穀を行う。この工程で、コーヒー豆を覆っていた薄い内果皮がはぎ取られる。その後、コーヒー豆はサイズや質ごとに手作業または機械で選別される。選別された豆は清潔な袋に詰められ、乾燥した場所に貯蔵される。一〜二ヵ月間ほど寝かせば、サンプル検査の準備完了である。豆は工程が進むほど軽くなっていき、最後の脱穀工程を終えた豆の重量は、当初の約二〇％になる。この後、焙煎中にさらに一五％ほどが失われる。

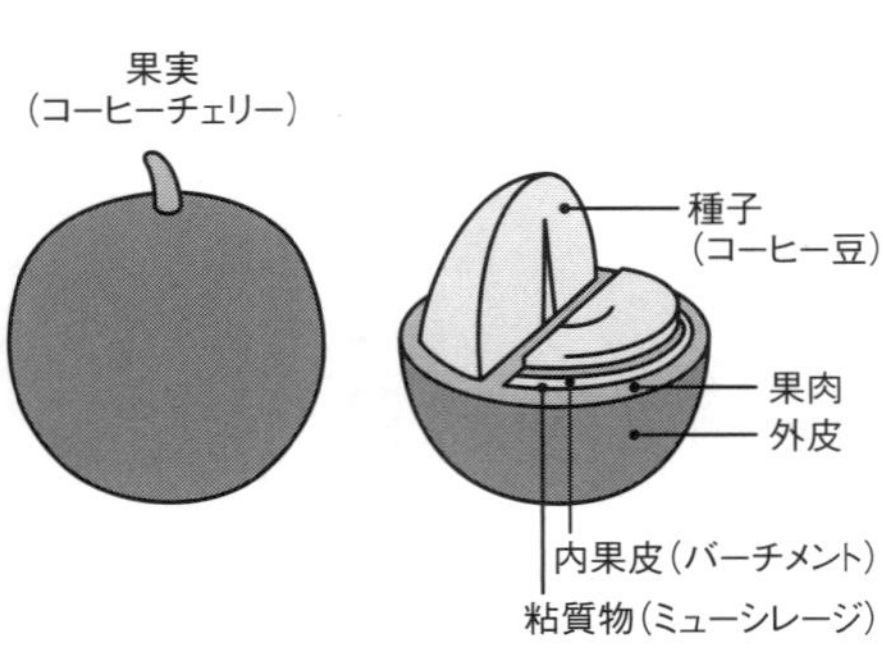

ピーターがニカラグアを旅していたちょうどその頃、二つの大きな進展があった。ピーターだけでなくサードウェーブ業界のすべての人にとって、そのキャリアに大きく影響する進展だ。ひとつは、ＳＣＡＡのメンバー内に、焙煎業者の団体を自分たちの手で組織する必要があるという理解が生まれていたことだ。この動きは、のちにロースターズ・ギルドへと発展する。そしてほぼ同じ頃、ボストンのコーヒー・コネクションのジョージ・ハウエルを中心とするスペシャルティコーヒー業界の凄腕たちが、ラテンアメリカでスペシャルティコーヒーの品評会を開催することを思いついた。品評会で入賞したコーヒーは、ケニアの有名なコーヒー・オークションに倣《なら》い、オークション方式でオンライン販売された。この品評会はカップ・オブ・エクセレンス（ＣＯＥ）として知られるようになり、ニカラグア、グアテマラ、ホンジュラス、エルサルバドル、コロンビアの小さな栽培業者や、ピーターのようにこれらの国の農家と直接交流する機会がありコーヒーの品質改善に関心を寄せていたサードウェーブコーヒー業界の人々に、「スペシャルティコーヒー」の概念を広めた。

ロースターズ・ギルドが誕生していなかったら、スペシャルティコーヒー産業がこれほどの広がりをみせたかどうか怪しいところだ。二〇〇一年にギルドが形成されたことで、サードウェーブ世代は活気づいた。選ばれしコーヒー焙煎家でグループを作り、第二次世界大戦を境に失われた手作業による焙煎技術の再発見を目標とした。それまで米国の若い焙煎家たちは暗中模索の状態だった。師匠から学び、先輩から技を盗めるような環境はなかった。「焙煎に関する僕らの知識には、まったく根拠がなかった。焙煎工程の科学的な理解はほとんど進んでいなかったから」とピーターは言う。そんななかで、ピーターはあっという間にギルドのリーダー的存在になった。その時のことを、四〇代後半になったSCAA会長のリック・ラインハートはこう振り返る。最初の会合で、まとめ役を務めていたドン・ホリーが途中退出を余儀なくされた。「忘れもしません。あの時、その空白にピーターが躍り出たのです。彼はまるで舞台上の人気俳優のように、すっと立ち上がり、何をなすべきかを熱く宣言したのです。『さあ、みんなで力を合わせれば、ミュージカルだって上演できますよ』といった調子です。唐突に仕切り出したので罵声《ばせい》を浴びていましたが、彼にはまわりを巻き込んで前進させるだけのエネルギーがありました」

その時のことを、ピーター本人はこう振り返った。「あの最初の失態の後、長袖のスポーツウェアを着た男が寄ってきて自己紹介を始めたんだ」。インテリジェンシア・コーヒーのジェフ・ワッツだった。「まだ二七歳ぐらいだったが、コーヒーへの入れ込みようはすごかった。僕らは互いの会社のことを話し、たくさん質問し合った。こいつとは長く一緒にいられそうだと感じたのを覚えているよ」

インテリジェンシア・コーヒーのジェフ・ワッツ

インテリジェンシアは、二〇〇七年には年商一二〇〇万ドルに迫り、一流のスペシャルティコーヒー焙煎企業のなかでも最も影響力のある企業になっていた。シカゴとロサンゼルスに立派な焙煎工場を有し、両都市に小売店も出店しつつ、中西部とロサンゼルスを中心に全米で卸売業を積極的

ジェフ・ワッツ

に展開していた。

　バラ色の頬、濃い眉、強いくせ毛の黒髪――ジェフ・ワッツ（三四歳）は、スペシャルティコーヒー業界では有名人だ。業界内の誰よりも長く、それこそ一年の大半を路上で過ごし、快適で平穏な生活はもとより、ときに正気さえも犠牲にしながら、最高のコーヒーを求めて旅をしている。彼が所属するインテリジェンシアは、一流焙煎業者のなかでも飛び抜けて高級なコーヒーを買い付け、そうすることで特別な地位を築いている。つまりジェフは、コーヒーと旅に大金を費やすことで有名なのだ。毎年九ヵ月ほどを海外で過ごし、高額な旅費と携帯電話のローミング料金を会社に支払わせていた。

　ジェフは狙ったコーヒーを競《せ》り落とすためなら、いくらでも払う。会社が出してくれるかどうかは関係ない。同業者の多くは、これを無謀としか見ていない。だが、金遣いは荒くても、ジェフの精力的な働きとコーヒーに関する深い知識こそがインテリジェンシアの成長を支える牽引力になっていることを否定する者はいないだろう。だからこそ、インテリジェンシアの創業者兼CEOのダグ・ゼールは、誰が何と言おうとジェフを支持した。スペシャルティコーヒーのバイヤー（買付人）として世界で最も有名なジェフが、業界内で称賛され、話題にされ、妬《ねた》まれ、陰口を叩かれる理由もそのあたりにある。

ダグ・ゼールはイノシシのように、いや、日本の新幹線のように駆け抜ける男だ。行く手を阻《はば》もうとしても無駄である。障害物を避けようともせず突進してくるだろう。人前で話す時も、機関銃のようにしゃべりまくる。単語の羅列ではなく、主語と動詞の整った話し方で、すべての話題をトップスピードで網羅する。スターバックスが表舞台に登場した一九九〇年代前半にビジネス界から消えていった小さなカフェについて、ダグは「小さな店が経営に行き詰まったのは、経営の仕方がまずかったからです」と述べ、自分の店の経営があらゆる点でスターバックスよりも優れている理由を続けた。「うちの店では、三ヵ月間の資格認定プログラムでトレーニングを受けたバリスタが、すべて手作業でエスプレッソを淹れ、美しいラテアートを描きます。他所とは比べものになりません」

一方、ジェフは、ダグとはまったく別のやり方で問題に切り込んでいく。少し遠回りしながら、ゆっくりと考えを温めていく。関連する複数のアイデアを糸のように手繰り寄せ、より合わせ、頃合を見て一気に核心に迫る。ジェフは買付のためにラテンアメリカや東アフリカを何度も訪れている。その旅の様子について電話取材を重ねるうちに、私もいつしか、緩急をつけてタイピングすることを覚えた。

例えば、オーガニック認定[※4]コーヒーに対する消費者の関心の高まりについてコメントを求めた時、ジェフは二〇分間ぶっ通しで話し続け、質問を挟む隙さえ与えなかった。アフリカのコーヒーの樹木は収穫量が少なく、ラテンアメリカの樹木の三分の一程度だという話をしたあと、その理由を彼なりに分析して語った。さらに、「コーヒーをめぐる最大の問題は、貧困問題だ」と続けた。コーヒー生産地域では、貧しさゆえに環境汚染が広がっている。「燃費の悪い安ストーブを使うせいで一〇倍量の薪が燃やされ、トラックの修理代がないせいで有害な排気ガスが放出され続けている」

ジェフの独り語りは止まらない。今度はコーヒーの栽培方法を説明しはじめた。どの化学肥料が使えて、どの化学肥料が使えないのか。持続可能な農法でもオーガニック認定されるとは限らないし、理論上はオーガニックでも環境を害する場合もあると言う。

コーヒーの栽培学、コーヒーの持続可能性、コーヒーの化学、コーヒーの経済学――ジェフの話は尽きなかった。ジェフの取材に使ったノートには、コーヒー産業に関するありとあらゆる知識が

※4　オーガニック認定
アメリカ合衆国では一九九〇年よりオーガニック農産物食品生産法（OEPA）に基づき認定されている。三年以上農薬・化学肥料不使用の農場で栽培、添加物不使用、全工程で第三者機関のチェックを受けるなどの基準がある。

メモされた。ジェフとピーターは、私にとって「コーヒー大学」のような存在だった。ただし、ジェフの講義は、要点をわかりやすく伝えて学生の心をつかむようなものではなく、腰を据《す》えて取り組むべき噛みごたえのあるものだった。

ジェフは話の内容も難しいが、それ以前に、話を聞かせてもらうまでが難しい。人付き合いが苦手だと言うだけあって少々複雑な性格で、何を考えているのかわかりにくい。そんな彼も、野球帽をかぶっている時だけは青く澄んだ目をキラキラさせてわかりやすい性格になる。その目の奥には、悲しみと、才能の煌《きらめ》きと、意志の強さが垣間見えた。

悲しみは、生まれ持った気質だろうか。もしかしたら、一一歳の時に脳腫瘍《しゅよう》で父親を亡くしたせいかもしれない。彼の父親はビジネスマンで、裕福ではなかったが、手厚い保険に入っていた。おかげで残された家族がお金に困ることはなかった。しかし母親は失意の底から長らく抜け出せず、ジェフと弟は放置された。ジェフは学校では良い子で成績も良かったが、ワイルドな性格は早くから顔をのぞかせていた。まだ車の免許を取れる年齢ではないのに母親の車でシカゴの街へと繰り出し、クラブに入りびたり、音楽を聴き、薬物に手を出した。

父親は息子たちの教育費も残してくれていた。ジェフはカリフォルニアに引き戻され、カリフォルニア大学バークレー校で哲学と言語学とドイツ語を学んだ。一九九二年、オーストリアのウィーンに半年間留学してドイツ文学を学び、ウィーンの薄暗く煙たいコーヒーハウスに魅了された。そこはウィーンの街の知識人が集う社交場だった。

ジェフは、エスプレッソとドリップコーヒーの中間を思わせる深く濃いウィーンのコーヒーそのものも好きだったが、コーヒーを淹れる時の儀式のような厳格さも好ましく思っていた。彼が足しげく通ったカフェでは、正装のウェイターが陶器の小さなカップに入ったコーヒー――エスプレッソと同量程度――を銀のお盆に載せて運び、グラスの水と白布のナプキンとビスケットを添えてサーブしてくれた。

一九九二年の秋、ジェフはバークレーに戻った。ちょうどその頃、カリフォルニア北部でもコーヒーに熱い視線が注がれ始めていた。バークレーの大学周辺では、もう何十年も前からピーツ・コーヒーのアルフレッド・ピートがスペシャルティコーヒーの焙煎と販売を手掛けていたが、ここに来て、零細の焙煎企業が自前で焙煎機を導入し、独自の焙煎方法を確立し、店を構えはじめた。「それまで、僕にはコーヒーの顔が見えていなかった。小さな焙煎業者が次々に開店してはじめて、ようやく僕は、コーヒーの美味しさが豆の鮮度やバリスタの才能だけで語れるものではないことに気づいた」と、ジェフは当時を振り返った。

一九九五年に大学を卒業すると、ジェフは二匹の犬を連れてホンダ・シビックに乗り、米国を横断した。当時まだ学生だった恋人と一緒に暮らすため、シカゴに向かったのだ。彼女が卒業したら二人でカリフォルニアに戻るつもりだった。ところがその彼女と別れてしまい、仕事と犬の散歩より他にやりたいこともなかったので、夜は二つのバンドに参加してドラムを叩いた。ジャズとロックの即興演奏を得意とするバンドと、西アフリカの打楽器を使うバンドだった。

そんななか、ある朝、犬の散歩中に、スペシャルティコーヒー企業の新装開店を知らせる広告が目に入り、その瞬間、この新店舗で店員として働こう、とひらめいたそうだ。インテリジェンシアの面接を受けに来たジェフを見て、ダグ・ゼールと彼の妻と、ビジネスパートナーのエミリー・マンジェは、最初この若者がこの会社でうまくやっていけるかどうか危ぶんだという。普通なら絶対に雇わないタイプの人間だった。質の良いものを愛する気持ちはあるのに、自分の服装にはまったく気を遣わない。

「彼らは僕のカリフォルニア出身らしい、平和を愛するのんびりとした性格を心配していたようだ。髪を腰まで伸ばし、瞑想の類に傾倒していたから。二年ほどして、ダグと初めてバスケットコートで勝負した時、僕は一歩も引かず、二人で激しい肉弾戦を演じた。それを見たエミリーは、僕にも闘争心があったのかと衝撃を受けていたよ」

こうして一九九五年、インテリジェンシアは、シカゴで急速に高級住宅地化していたレイクビュー地区の大通りに一店舗目となるカフェ焙煎店を出した。焙煎機はカフェ店内に置かれた。ジェフは、最初のうちはバリスタとして働いていたが、間もなくその熱意が買われ、ダグから焙煎の仕方を教わるようになった。ちょうどその頃、店の客からは、焙煎機から漂う酸っぱい匂いについて苦情が聞かれるようになっていた。焙煎前のコーヒー豆の香りはあまり良いものではないからだ。そこでジェフは夜中に焙煎を行い、日中は店内で働くようになった。「コーヒー豆の袋の上で眠り、朝起きて店を開けるのが日課だった」そうだ。そうこうするうちに、ジェフは豆の卸売を一人で任されるようになった。

一九九八年、ジェフは岐路に立っていた。このままインテリジェンシアに残るべきか、カリフォルニアに戻って学校に行き、哲学か微生物学を学び直すべきか。ダグとエミリーの前で決断の時を迎えていた。「僕は彼らに言ったよ。会社に出資させてほしいって。もし僕を必要としてくれているなら、従業員ではなくオーナーの一人としてここで働かせてほしいんだって。彼らは考えてくれた。そして、僕に株を持たせてくれた」とジェフは語った。父親が残してくれたお金がまだあったので、インテリジェンシアに二万ドルを出資し、株の一五%を所有するオーナーになることができた。その後、彼は副社長に就任した。

共同オーナーになった頃から、ジェフはコーヒーのカッピングにも力を入れはじめた。「それまでもテイスティングは行っていたけれど、クラプス社製の家庭用コーヒーメーカーを八台導入し、サンプルの簡単な数値測定でつねに同量のコーヒーを使っていることを確認しながら、各マシンで違う種類のコーヒーを淹れてみてはどうかと思って。家庭用のコーヒーメーカーはもとからブレが大きいので、そうやって味を比べようとすること自体、まったく馬鹿げたやり方なのだけど、うちの豆を買って帰るお客と同じ方法で淹れて味を確かめたかったんだ」

インテリジェンシアでは、四〜五社の輸入業者からコーヒーを仕入れている。なかでも貿易業者のティム・キャッスルは知識が豊富で、インテリジェンシアを訪れては、社員たちに正式なカッピングの仕方を教えてくれていた。

「コーヒーが必要になると、ティム・キャッスルかロイヤル社かボルカフェ社か、とにかくいつもコーヒーを供給してくれている輸入業者に電話した。上等なグアテマラがほしい、コスタリカがほしい、ケニアがほしい、と言いさえすれば、彼らがサンプルを取り寄せて送ってくれる。彼らはうちとの取引を喜んでくれていた。僕らはコーヒーについて徹底的に調べ、供給してくれた業者にフィードバックを返していたから。それでも僕らの仕事が運任せであることに変わりはなかったけれど」

「コーヒー豆は四万ポンドのコンテナ単位で大型船に搭載されて生産地から運ばれてくる。輸入業者がサンプルとして送ってくるのは、各コンテナから少量ずつ抜き取ってブレンドしたものだ。大規模農園なら、その年の全収穫物かもしれないし、数多くの小規模農園が一ヵ月かけて収穫した豆の場合もある。特定の農園で特定の日や特定の週に収穫された豆だけをテイスティングすることはできない。送られてくるサンプルは、必ず、大量の積荷から採取される」

「しばらくして、僕らは立ち位置を間違えているんじゃないかと思いはじめた。コーヒーには何百、何千もの顔があるのに、僕らは決して見ることができない。今、見えていないものを見るには、コーヒーが栽培されている現場を訪ねるしかないんじゃないか。そんな思いが日増しに僕の心のなかで大きくなっていた」

ダグ・ゼールとエミリー・マンジェは、二〇〇〇年に生産地を初訪問した時のことを、写真を見せながら話して聞かせてくれた。ジェフは居ても立ってもいられない気持ちだった。そして数ヵ月後、チャンスが訪れる。コーヒーに関する三冊の本の著者として知られるケネス・デイヴィッズが、グアテマラのコーヒー農園をめぐるツアーの参加者を募っていたのだ。ジェフは申し込んだ。コーヒーを買うためではなく、学ぶためだった。

「そこで何が起きているのかを見たかった。生産地を見たことのない焙煎業者にとって、最初の旅は聖地巡礼のような意味をもつ。コーヒーの虜《とりこ》になっている者がコーヒー農園で作業するのは、愛する妻の実家を訪れ、そこで妻がどのように育ってきたのかを深く知ろうとする行為に似ている。初めてコーヒーの木のそばに立ち、コーヒーの実を摘んだ瞬間は、夢を見ているようで感無量だった」

そうやってコーヒーが栽培される様子を見たあとは、「今度は、コーヒーの違いについて考えるようになった」と言う。グアテマラ周辺を車で見て回れば、ほんの数日で、気候も土壌もエリアごとにまったく異なることに気づく。西へ車を走らせサンマルコスまで来てみると、霧が立ち込めていた。土壌は粘土質の赤土で、標高が高く、雨の日が多く、緑がうっそうと茂っている。別方向のウエウエテナンゴでは切り立った斜面がいくつも見られ、湿度も気温もサンマルコスより低い。小さな国のなかだけで、これほどの多様性が見られるとは。「この時点でもう僕はキツネにつままれたような気分だった。コーヒーについて知るべきことがあまりにも多くて。シカゴにいてはわからなかったことだらけなんだ」

ジェフは帰国後もコーヒーについて学び続けた。ロースターズ・ギルドの初回の研修合宿は、二〇〇一年にオレゴン州フォレストグローブで開催された。約一〇〇人が集い、そのなかにジェフの姿もあった。参加者の内訳は、経験豊富なメンバーと業界に新規参入した若いメンバーが半々だった。「最初の集まりでは、何度も何度もカッピングをした」とジェフは言う。「指導してくれたのはリック・ラインハートだった。当時、僕のカッピング歴は二年ほどで、いつも一人でやっていた。大勢で同時にカッピングできるなんて、またとない機会だった。一人孤独に考えるのと、大勢でカッピングを行ってそれぞれの意見を述べ合うのとでは、大違いだった。なぜ彼は八八点を付けたのか、なぜ自分は八三点を付けたのか、論理的に説明できなければならない」

「一緒にカッピングすることで、感覚的経験について幅広い観点から考えることができた。どのような感覚を経験し、それをどう定量化するのか。瞬間的な経験をどう捉え、それをどう言葉で伝えるのか。誰かが『キャラメル』と表現する味を『メイプル』と表現する人もいれば『ハニーナッツ』と表現する人もいる。実に興味深い。僕は限られた言葉で味の体験を表現しようとする試みそのものに興味を抱いた」

ジェフはピーターとの出会いを覚えていたし、他にも多くの同業者と出会い、友人になった。

「振り返ってみると、あの集会のインパクトがいかに大きかったかがわかる。一〇〇人もの焙煎業者がマシンを前にして共演し、意見を交換し、意気込みを語り合った。その影響は一時的なものではなかったはずだが、どこまで波及するのか、誰も本当のところは理解できていなかったのではないかと思う」

ピーターとジェフは、二〇〇二年には各自で生産地を訪れたが、二〇〇三年には同行し、二〇〇四年には同年代の同業者数人と年上の同業者数人で連れ立って旅をした。二人は、生産国におけるスペシャルティコーヒー市場の現状理解に努め、農家のコーヒー精製方法を改善する力になれるよう戦略を練り、ロースターズ・ギルドで熱心に学び教え、カップ・オブ・エクセレンスの競技審査依頼を受け入れ、米国国際開発庁（USAID）[※5]後援のコーヒー・クロップス（Coffee Crops）でボランティアとして農家にコーヒーのカッピング方法を指南した。彼らがボランティアで引き受けた仕事はいずれも本業に深く関係するとはいえ、体力的に厳しい生活を強いられた。若くなければとても耐え抜けなかっただろう。ハードワークと終わりのない旅が続き、心身の休まる暇はほとんどない。合間にパーティーがあれば、飲んで、踊って、お約束の流れとなる。まだ若かった二人は、何かと発散する必要があった。

※5　米国国際開発庁（USAID）
一九六一年、ケネディ大統領の行政命令によって誕生した、米国の非軍事海外援助を一つにまとめる機関。経済的、社会的な発展を目指して努力している途上国の人々を助けることを使命に、経済成長・貿易振興・農業開発分野、健康・保険分野、紛争予防や人道支援分野の三つで援助を行っている。

ピーターとジェフは性格はまったく違うが考え方はよく似ていた。二人ともスペシャルティコーヒー事業を興し、国内外に自分の会社を築いていた。ともに野心家で、突き動かされるように働き、自分なりのやり方を貫きながらも正当に評価されることを強く願っている。その反面、利他的でもあり、無償の作業のために年に何百時間も捧げている。おかげで二人は頻繁に顔を合わせ、共に時間を過ごし、友情を深めていった。私がルワンダで見かけた時も、仲良く肩を組んでいた。

「よお」とジェフが声をかけると、「おお」とピーターが応える。

まるで兄弟のように二人は競い合っている。最良のコーヒーを手に入れるために、何とかして相手を出し抜こうとしている。ジェフは生まれつきの熱血派だ。「あいつは買付となると怖いもの知らず。誰とでも真向勝負する」と評するピーター自身は、勘よりも判断に頼る頭脳派なのだそうだ。

ジェフもピーターも商売については自分のやり方が一番だと信じているが、スペシャルティコーヒー事業に対する考え方は、長い付き合いのなかで影響し合いながら築き上げてきた。その関係は今もある程度続いている。

スタンプタウンのデュエン・ソレンソン

オレゴン州ポートランドを拠点とするスタンプタウン・コーヒーのCEO、デュエン・ソレンソンのことを「付き合いやすい」と評する人は、スペシャルティコーヒー業界にはいないだろう。彼の職場では、やんちゃな男たちがマリファナを吸いながら猛烈に働いている。マリファナ常用者で

デュエン・ソレンソン

ありながらワーカホリック——珍しい取り合わせだ。なかでもデュエンは一番のワルで、自分は流行の先端を行く「クールで型破り」なビジネス経営者なのだと、相手かまわずアピールしようとするところがある。私がインタビューに訪れた時もそうだった。五月の明るく晴れた日、午後二時にオフィスを訪れると、どう見ても四〇過ぎ、しかも取材目的で訪れたジャーナリストの私にまで違法薬物をすすめた。デビジョンストリートにあるスタンプタウンのカフェから角を一つ曲がったところ、ポートランド市内の外れによくあるような二階建ての職人作業場を改造した建物のなかに、その事務所はあった。

「コーヒー飲むか?」と尋ねる三五歳のデュエンは、筋骨たくましく、肉付きのよい丸顔で、ぼさぼさの髪も眉も黒いのに、目は予想に反して青かった。

「カフェインはもう十分よ」

「じゃあ、こっち（マリファナ）をガツンと試すか？」

「ハーブティーはあるかしら？」

ハーブティーが運ばれてくると、私はすぐにティーバッグをカップから取り出し、デュエンの机の上を汚さないように紙ナプキンの上にそっと置いた。その様子をデュエンは何も言わずにじっと見ていた。そして灰皿やカップを差し出すようなことはせず、私がティーバッグを紙ナプキンの上に置いた瞬間、紙ナプキンごとつかんで、しかるべき場所に移した。マリファナ常用者でありながら猛烈起業家、というだけでなく、家政婦のような気質も備えているようだ。その後のインタビューで、デュエンは自分の妻ジェレミーについて、素晴らしい母親だが家事は彼の要求する基準に達していない、と述べている。家では彼が家事をすることも多いそうだ。

デュエンはすべてを八年で築き上げてきた。焙煎、卸売、小売のすべてを手作業で行う完璧主義のまま、年商七〇〇万ドルにまで事業を成長させ、ポートランドに五店舗、続いてシアトルにも二店舗のカフェを出店し、米国有数の、いや世界有数の、妥協を許さない最先端のスペシャルティコーヒー企業として名を馳せている。だが、スタンプタウンを手掛けるこの純粋主義者がプライドを懸けていたのは、マーケティングの数字そのものではなく、流行に敏感な人々のあいだで話題にされる会社であり続けることだった。社内でもそういう存在であり続けることを目指している。

デュエンは誰に聞かれてもためらいなくこう言うだろう。自分の会社は世界最高級のコーヒーを最高額で仕入れており、世界で最も高価なコーヒーを貯蔵しているのも自分の会社である、と。素晴らしいコーヒーのためなら、いくらでも払う。スタンプタウンの買付の仕方はインテリジェンシアのやり方に似ているが、インテリジェンシアの企業規模はスタンプタウンの約二倍である。デュエンも社員たちもインテリジェンシアには一目置いており、なかでもジェフのことは尊敬している。業界全体を見下しがちなデュエンにとって数少ない例外である。実は、ピーターともかつては友人だった。その友情はすでに壊れているが、コーヒー生産地の旅を始めて間もない頃には、ピーターからもジェフからも多くを学んだ。

スタンプタウンのコーヒーの焙煎は完璧だ、とデュエンは言う。完璧だからこそ、誰もが扱えるわけではないのだ、と。卸売の相手先に自社コーヒーを空輸することは決してない。長距離輸送では品質を維持しきれないと考えているからだ。スタンプタウンの販売チームは、「おたくのカフェでうちのコーヒーを売りたいって?」と尋ねたあと、相手の店の焙煎方法から機械洗浄の仕方まで質問攻めにする。

デュエンは自分のコーヒーを鼻にかけていたわけではなかったし、コーヒー以外のものも自慢することはほとんどなかったが、それは両親の影響でもあった。ワシントン州タコマ郊外のピュアラップで育った彼は、自分の家族について「風変り」だったと語る。彼の父デュエン・シニアはソーセージ生産者で、倒産を二回ほど経験した。「俺の家族は極貧だった。家も、何もかも失った。

おやじは頭がおかしくなっちまって、揺り椅子に座ったまま一晩中、椅子を揺らし続け、髪をかきむしっていた」。「（両親は）敬虔なキリスト教ペンテコステ派[※6]の信者で、異言を話したり飛び跳ねながら大声でわめいたりの連続で、地獄のような生活だった」。七歳年上の姉トーニャは、スタンプタウンの最高財務責任者（CFO）を務めている。「姉さんは優しくて素敵な人だよ」

両親はデュエンと姉のトーニャを福音派[※7]の学校に通わせた。デュエンが校内で最初にお仕置きを受けたのは幼稚園生の時だった。「姉さんの彼氏を池に突き落としたんだ。嫉妬だったのか守ろうとしたのか、自分でもよくわからないが、とにかく校長にとっつかまって、机に顔を押し付けられ、尻を棒で叩かれた」。それ以降、デュエンはどの生徒よりも反抗的になった。素行不良を理由に学校を追い出され、転校を繰り返した。「すぐに問題を起こしちゃって。校則で禁止されているのに友達にロックンロールの話をしたりするから」（デュエンは今もロックンロールの大ファンだ。楽器は演奏しないが、ポートランドのライブシーンを熱心にサポートし、レコードも大量に収集している）。一度退学になった生徒を復学させてくれる宗教学校などどこにもない。「最後に入ったのは、タコマから遠く離れたシアトルの学校で、片道一時間半の距離を毎日通わされたよ」

通える範囲のすべての宗教学校を追い出され、もう行くところがない状態になって、ようやくデュエンは普通の公立学校に通うことになり、学校が楽しくなった。学業成績は悪かったがスポーツの成績は良く、とくにレスリングは得意だった。そして第八学年の時に、後に妻となるジェレミーと出会う。可愛くて賢くて素直な女の子だった。それ以来デュエンとジェレミーは、（もちろんデュエンの）素行の悪さが原因で何度か別れを繰り返しながら（昨年も数ヵ月間、別居していたそうだ）、それでもずっと一緒にいるそうだ。彼ら夫婦には幼い子どもが二人いて、デュエンは自分のことをかなり過保護な親だと言っている。

デュエンはいつだって反逆者だったが、怠け者だったことは一度もない。「俺は六歳か七歳の頃に働きはじめた。その夏、俺と姉さんは、学校の制服代を稼ぐために豆やベリーを摘まなきゃならなかった」。当時の惨めな気持ちや、耳から首まで日焼けして真っ黒だったことを笑いながら語るデュエンとトーニャは、しかし、自分たちなりに「奇妙な労働倫理」を掲げ、それを誇りに感じているようだった。

デュエンは一一歳の時に父のソーセージ生産場で働きはじめた。とくに調理が好きだったそうだ。「父さんは、俺と姉さんに何でも味見させてくれた」。塩漬けの発酵キャベツ（ザウアークラウト）、ワサビダイコン（ホースラディッシュ）、ウイキョウ（フェンネル）、ハーブ、スパイス——だが、デュエンはソーセージ屋になるつもりはなかった。「調理場は寒いし水仕事は多いし、大変な仕事だから」

※6　ペンテコステ派
キリスト教のメソジスト、ホーリネス協会のなかから1900年頃にアメリカで始まった聖霊運動（ペンテコステ運動）から生まれた教派。宗教的高揚状態で不可思議な音声を発する「異言」は、聖書の働きによる重要な宗教的実践とされる。
※7　福音派
教会の教えより聖書の言葉を重んずる教派

デュエンは事業主になりたかった。彼が空想に浸る時、夢に描いたのはカウボーイでもインディアンでもなかった。「外で石を投げながら、ぼんやりしていることが多かった。変わった育て方をされていたからね。いつだって事業主になることを考えていた。自分が実業家や店のオーナーになるシナリオを思い描いていた」

もう一つ、デザインに対する熱い思いから来る夢も抱いていた。「第六学年の頃、将来の夢を聞かれたら、インテリアデザイナーと答えていたね。なぜだかわからないけれど昔からデザインには強く惹かれていた。家族の影響じゃないのは確かだ。スタンプタウンの仕事をやめるとしたら、次はデザイン雑誌の仕事をするかな」

彼のデザインに対する関心の高さは、スタンプタウンの店づくりにも表れている。ポートランドにある六店舗は、それぞれの近隣の特徴を反映し、雰囲気がまったく異なる。デビジョンストリートにある一店舗目のカフェは、昔ながらの長椅子に身を沈めることのできる家庭的なスタイルだ。エースホテル内にある最新の店舗は、黒っぽい色の木材を用いた都会的なスタイルで上品にまとまっている。最高に美味しいコーヒーを一度に一杯ずつ淹れられる最新のマシン「クローバー」が四台導入されており、宿泊客はスタンプタウンのコーヒーをルームサービスで楽しむことができる。

デュエンは高校時代に、タコマにあったショッカブラというコーヒーバーで働きはじめた。のちに彼が『バリスタマガジン』誌のインタビューで語ったところによれば、「音楽をやるため、そして一緒にいたいと思える仲間と一緒にいるために」その仕事をしていたそうだ。「今も俺はそういうやつらをスタンプタウンに雇い入れている」。つまり、若くて流行に敏感で、既存の枠にとらわれない人々だ。

借金で悲惨な目に合った父親の経験を意識してか、デュエンは店舗から得られる収益の範囲内で事業を成長させてきた。最近まで彼は店のクルーと二人で店の建築のほとんどをこなしていた。シアトル進出の際には二つの新店舗と焙煎工場の建設費用として初めて金を借りたが、建築作業そのものはデュエンの厳しい監督下でプロフェッショナルのクルーが行っており、シアトル進出を果たせたのはあくまで独自の工夫で出費を抑えに抑えたおかげなのだと言う。

デュエンが最初の進出先としてシアトルを選んだのは、ポートランドに近く、しかも似ているからだった。彼はシアトルのコーヒー文化を理解していた。エスプレッソ中心のスターバックスの本拠地であり、他の街でスポーツチームの勝敗が話題になるのと同じような感覚でコーヒーショップの人気の入れ替わりが話題にされる街だ。

デュエンがスペシャルティコーヒーに魅了された最大の理由は、「俺たちのコーヒーは新しい」という気概をもって既存のコーヒーに勝負を挑めるところにあった。「品質の次に大切なことは、社風をしっかりと掲げることだ」と、彼は『バリスタマガジン』誌のインタビューで語っている。「俺はいつも、一風変わった新進気鋭のインディーズものに魅了されてきた。高校時代の仲間も、アートやメカニックの世界に傾倒しているやつや、レコードを聴いて地下室でバンド活動に明け暮れるようなやつらだった」

デュエンの物の考え方は部族的である。自分にとって身内の者とそうでない者をはっきりと区別する。流行に敏感かつデュエンが求める労働倫理に応えてくれる従業員は身内であり、身内に対しては医療保険から食事代、飲酒代、社員旅行、果ては年に一度の楽曲レコーディングまで、手厚く対応する。身内以外の者――堅苦しくて退屈で、環境に配慮せず（ポートランドは米国でもとくに環境意識が高い）、コーヒーの品質やロックロールに関心を示さない人物――に対しては、時間を割くのさえ惜しむ。

二〇〇四年頃まで、デュエンは質の高い輸入業者数社からコーヒーを購入し、買付の旅にはほとんど出ていなかったが、スタンプタウンの成長に伴い戦略の見直しを行った。この改革の一環として、毎月一週間は生産地を回り、コーヒーを買い付けるようになったのだ。しかし成長著しい会社を経営しながら生産地をめぐり、社員の面倒も見るとなると、さすがに荷が重かった。そこで二〇〇七年、スタンプタウンでは初めての海外バイヤーとしてアレコ・チゴニスを雇い入れた。もちろんデュエンも年に何度かは買付の旅を続けている。

デュエンはテイスティングの腕もなかなかのもので、素晴らしいコーヒーには目がない。二〇〇四年、あの世界最高級のコーヒーであるエスメラルダ・スペシャルが初登場した際も、デュエンはすぐに魅了された。その年以来、毎年オークションに参加し、このコーヒーの値を成層圏まで釣りあげる行為に加担し、一部を競り落としている。

不躾《ぶしつけ》さが取り柄のデュエンに言わせれば、エスメラルダは甘くフルーティーなチューインガムのような味わいである。彼は手に入るだけのエスメラルダ豆をパナマで購入しているが、真の目利きらしい強欲さでもっと買いたいと願っている。

そして実際に彼はどこからか見つけ出して、買い付けてきた。

スペシャルティコーヒー業界では、エスメラルダを求めて多くの人が世界中を旅している。この伝説的な豆を人知れず生産している地を探し求めて、インディー・ジョーンズの冒険さながらにエチオピアの荒野を探索する者もいる。しかし実際に見つけた者は、デュエンしかいない。デュエンは、正しい時に正しい場所に居合わせる超自然的な才能に恵まれているらしく、探していたわけでもないのに偶然、この貴重な豆に出くわした。出くわした時に見てすぐにそれとわかるだけの知識があったことも、幸運としか言いようがない。

そのような奇跡が起きたのは、コスタリカの高地でのことだ。コーヒー業界で名の知れたコスタリカ人のフランシスコ・メナと一緒に郊外のコーヒー農園を訪れようと車を走らせている時だった。「小用を足すために車を道路脇に止め、ふと見上げると、そこに木があった。どうも普通のコーヒーノキではなさそうだったから、チェリーを味見した。『おい、果物のようにジューシーだ』って俺は言ったんだ。『まさか、そんなはずはない』と言うフランシスコに、『いいから、味見してみろ』と言って食べさせた」

「周りを見回し、そして気づいた。驚くほどゲイシャ種（エスメラルダの品種名）に似た木が、森を取り巻くように何本も生えていた」

後日、やはりゲイシャ種であることが判明した。パナマのものと同様、一九六〇年代に植えられていた。フランシスコはそこのオーナーと交渉し、スタンプタウンがそのコーヒー豆を購入できるように話をつけてくれた。デュエンは摘み取り作業者を雇い、この一帯のコーヒーを他と分けて収穫するよう指導し、専用のミルで精製するよう要求した。通常の摘み取り作業で一ヵ月に支払われる平均金額以上の額をポンドあたりの額として摘み取り作業者に支払っているのだから、精製工程は完璧でなければならない。

デュエンはそこまで話すと一息つき、太った猫が舌なめずりするような笑い方で丸い顔をほころばせた。「すごいだろ。あのコーヒーを探して世界中を駆けずり回っているやつが大勢いるのに、俺たちはコスタリカで小便しながら偶然見つけたんだぜ」

第2章

カップの中の神

愛は頭では理解できない。感覚を研ぎ澄ませ、心で感じなければわからない。コーヒー界の至宝エスメラルダ・スペシャルを味わっても、一般の人は「なるほど、美味しい」の一言で終わらせてしまうかもしれない。だが毎日何時間もコーヒーと向き合い、一杯のカップから漂うアロマに含まれる一〇〇〇種類近い揮発《きはつ》成分を嗅《か》ぎ分ける生産者やバイヤーがコーヒーを味わう時、その体験は素人のものとはまったく異なる。ピアニストが日々の練習で指を鍛えるように、コーヒーのプロ達も訓練を重ねて感覚を磨いている。一種類のコーヒーが放ついくつものフレーバーとアロマをより高い感度で嗅ぎ取れるように、公式のトレーニングプロトコール（規定手順）に従い、ガラス製の小さな瓶に充填《じゅうてん》された様々な香り成分を嗅いで中身を同定する訓練を行っている。そのようなプロのコーヒーテイスターにとって、「甘く、森林を思わせる香り」という表現は曖昧すぎる。彼らは「カバノキの樹皮の香り」と言えるレベルを目指している。草のような匂いなら、どの草の匂いなのかまで特定しようとする。挽《ひ》いた豆にしても、乾いた状態と湿った状態のアロマの違いまで嗅ぎ分けようとする。このレベルにまで感覚を研ぎ澄ますには、何年もかけて真摯《しんし》に努力しなければならない。

インテリジェンシアのバイヤー、ジェフ・ワッツは、エスメラルダ・スペシャルをテイスティングした時、アロマがあまりにも豊かで、カップから光が溢《あふ》れ出ているように感じたそうだ。だが、コーヒー業界人の記憶に刻まれたのはジェフのコメントではなく、バーモント州のグリーン・マウンテン・コーヒーで品質管理マネジャーを務めるドン・ホリーの言葉だった。コーヒーの歴史や経済学についても講演するほど詳しく、業界内で尊敬を集めていたドンは、二〇〇六年のベスト・オブ・パナマコーヒーの品評会で初めてエスメラルダをテイスティングした際、飲んだ瞬間にあまりの歓喜で恍惚《こうこつ》となり、「カップの中に神を見た」と述べた。

ドンはその週、米国スペシャルティコーヒー協会（SCAA）関連の非営利団体であるコーヒー品質協会（CQI）が支援するプロジェクトに携わるため、パナマに滞在していた。グリーン・マウンテンからはスペシャルティコーヒー専門バイヤーであるリンジー・ボルジャーが品評会の審査員として参加していた。「品評会ではリンジーがグリーン・マウンテンの顔ですから、私は後ろに控えていると彼女には伝えてありました」

「最終カッピングでは、テーブルの上に八種類のコーヒーが置かれていました」とドンは話を続けた。「私はテーブルのそばに行き、順に試飲しました。すると一つ、驚くほど魅惑的なコーヒーがあったのです。あまりに抜きん出ていたので、すぐには信じられないほどでした」

この未知のコーヒーに、審査員全員が熱狂した。そのときドンは部屋の後方に立っていた。「私は思わず感想を漏らしました。このコーヒーを飲んだ瞬間、カップの中に神を見た、と。私のすぐ後ろに立っていたロイターの記者［だと後でわかった］がこれを耳にし、手帳にメモを取りながら

『今、何て？』と尋ねてきたので、『私は特別に信心深いほうではないが、このコーヒーを味わった瞬間、カップの中に神の顔が見えた』と答えました」。このコメントはロイター通信で発信され、注目を浴び、紙面、放送、オンライン記事で繰り返し取り上げられ、世界中に広まることとなった。

二〇〇六年のこの品評会では、エスメラルダ・スペシャルは一〇〇点満点の尺度で九四・六点という、ずば抜けた高得点を記録した。

ホリーも他の審査員たちも、最初の瞬間から身を乗り出すようにして小さな白磁のカップの香りを嗅ぎ、このコーヒーにいや応なく惹《ひ》きつけられた。全国品評会の場では、審査員は一度に六種類以上のコーヒーをカッピングし、テイスティングする。同じような地域で同じような品種が栽培されているため、国内のコーヒーは概ね似たような出来になる。しかし、エスメラルダは違っていた。

エスメラルダ・スペシャルは、溢《あふ》れんばかりのフローラル（花のような）と柑橘系の芳香で審査員たちの脳天を直撃し、夢中にさせた。鼻から脳に突き抜けるその香りには、これまでパナマコーヒーで嗅がれたことのないフレグランスが含まれていた――ジンジャー、ブラックベリー、完熟マンゴー、柑橘類の花、そして、アールグレーティーの着香にも使われるエキゾチックな柑橘ベルガモットの精油。エスメラルダには爽やかに弾けるような良質の酸味がある、とコメントした者も多かった。そのような酸味をコーヒーバイヤーはブライトネス（brightness）と呼ぶ。東アフリカの最高級のコーヒーでは珍しくないが、ラテン・アメリカのコーヒーで感じられることはめったにない。実際、エスメラルダの味わいはパナマコーヒーよりも上質のエチオピアコーヒーに近い、と表現する者もいた。

鋭敏な感覚を持つ審査員たちは、エスメラルダがいつものコーヒーとは違うことを感じ取っていた――アヒルの群れに白鳥が紛れ込んだかのようだ。ワインの世界でいう「テロワール（産地特有の気候風土）」のように、地形や気候といった生育環境が関係しているのだろうか。エスメラルダの生育地である山腹の急斜面は標高の高い寒冷地で、日当たりは良いが風が強い。この気候が、エスメラルダ特有のテイストを生んでいるのだろうか。それともこの卓越したコーヒーは、農家の特別なスキルによる賜物《たまもの》なのか。

これらすべてが影響しているのは間違いなかった。エスメラルダ・スペシャルは、パナマのボケテ地域のなかでも土壌の良い「ハラミージョ」として知られる地区で、経験豊かな父と息子がチームを組んで栽培したものだった。父、プライス・ピーターソンはアメリカ生まれで、一九七〇年代に神経化学の教授から酪農家・コーヒー農家に転身して家族とボケテ地域に定住し、以来そこで農業を続けている。一九九六年、大学を卒業したばかりだった末息子ダニエルがコーヒー農業に関心を持ちはじめた頃、すでに一角《ひとかど》の農園主になっていたプライスは、ハラミージョ農園を購入した。

プライスはダニエルと一緒に、この新たに購入した土地を見て回った。すると、あちらこちらにこれまであまり見たことのない変わった外観の野生の木が生えているのを発見した。売れ残りのクリスマスツリーのように細くて長いゲイシャ種だった。ゲイシャ種はコーヒーノキの他の種類よりも丈夫そうに見えるが、実を付ける量が少ない。当時ダニエルは敷地内に生えているすべての木について研究中で、今後どの種類を植えるべきか、見直しを進めていた。数多くある選択肢を吟味した結果、この背が高くて細い木を、他の木では耐えられない風の強い斜面で育てることにした。

コーヒーノキは成長に五年以上かかる。二〇〇四年、ピーターソン親子は斜面に植えたゲイシャ種から初めてコーヒチェリーを収穫した。数区画の畑から三〇〇〇ポンドのコーヒー豆が採れた。これをダニエルは小さなロットに分け、農園内のカッピングルームで淹《い》れた。カッピングルームの壁は、自家農園の木から採ったチェリー色の木材で覆われている。その部屋でダニエルは、鼻に抜けるエスメラルダのフルーティな香りに感動したが、同時に不安も覚えた。フレーバーのプロファイル（特徴）が他のパナマ産コーヒーとあまりに異なる。審査では、欠陥または不適格とみなされるのではないか。しかし家族や同業者と協議した結果、ダニエルは賭けに出ることにした。小分けしたロットのなかから最も香りが豊かなものを選び、品評会にエントリーした。このとき提出された豆に付けられた名前が、エスメラルダ[※1]・スペシャルだった。

あとは、歴史に記されたとおりだ。エスメラルダ・スペシャルは瞬く間に有名になり、スペシャルティコーヒー界でもめったに到達できない地位に君臨するようになった。紅茶のように軽くて重厚さに欠けると批評する声も一部あったが、高度な訓練を積んだバイヤーたちからは絶賛された。このコーヒーがもつ不思議な特性は、コーヒーの玄人たちの繊細な五感を完璧に満足させた。スペシャルティコーヒー業界はエスメラルダ・スペシャルの話題で持ち切りになり、ウェブサイトやブログで散々取り上げられた。間もなく報道機関もこのネタに飛びついた。二〇〇六年には、米国、カナダ、日本の高級志向の小売業者がこの稀少な豆のために正気とは思えない額を費やすようになっていた。

世界中の生豆のバイヤー、焙煎業者、カフェ経営者、コーヒー愛飲家、コーヒーブロガー、美食家が、エスメラルダ・スペシャルを手に入れたがった。しかし、その熱狂的な需要はほとんど満たされなかった。パナマのボケテ地域でも、この奇妙な外観のコーヒーノキを敷地内に見つけることのできた農園は他にわずかしかなく、その本数も少なかった。ボケテ地域以外では、どこを探せば見つかるのかもわからず、ゲイシャ種の起源も不明だった。

スペシャルティコーヒー業界では、プライス・ピーターソンのほか、何人かがすぐに答えを求めて動き出した。そうしてコーヒーの歴史が紐解《ひもと》かれるうちに、ゲイシャ種の起源の説明になりそうな話が浮上してきた。一九三〇年代のこと、コーヒーの起源とされるエチオピアに駐在していた英国の外交官が、森に生える野生のコーヒーのサンプルを収集していた。そのなかにゲシャ（Gesha）地域で採取されたらしいコーヒーがあり、どこかの段階で誤って「ゲイシャ（Geisha）」とラベルされた。このコーヒーは当時から病気に強いと考えられていたようだ。彼のコーヒー豆コレクションはケニア、タンザニア、コスタリカのコーヒー研究所に送付され、一九五三年、各地で植えられた。

一九六〇年代に入り、パナマ農業省の職員フランシスコ・セラシンが、作物に壊滅的被害を与え

※1　エスメラルダ
スペイン語でエメラルドの意味

る赤さび病に耐性のあるコーヒーノキを探していた。コーヒー農家でもあったセラシンは、病気に強いコーヒーノキのサンプルを分けてほしいとコスタリカの農業当局に要請する。このときコスタリカのコーヒー研究所の農学者からパナマのコーヒー栽培家のもとに送られてきた大量のコーヒーノキのなかに、「ゲイシャ」とラベルされたものも含まれていた。

一般にコーヒーは、標高が高くなるほど品質が良くなる。オリジナルのゲイシャ種の樹木はかなり低い場所（一四〇〇メートル）に生えていた。この高さでは実の量も比較的少なく、豆のフレーバーもぱっとしない。芝のコートでは勝てるのにクレーコートでは試合に出るだけで終わるテニス選手のように、ゲイシャ種も高地（一八〇〇メートル）で栽培されるまで本領を発揮できずにいた。

ゲイシャ種がエチオピア産コーヒーの一部として取りきされることを、コーヒーの専門家たちは歯がゆく感じていた。生物学的には、コーヒーはどれもみなエチオピア起源である。私たちが飲んでいるコーヒーはいずれも、ブルボン種とティピカ種の遠い子孫だ。エチオピアから盗み出されてイエメンに至り、そこからさらに、約五〇〇年前に各地に持ち出された。由緒正しいこの二つの伝統的品種（原品種）から多くの交配種が生み出され、そのなかから飛び抜けて優れた品種も生まれた。「新世界」やアジアには地域固有のコーヒー・バラエタル^{※2}は存在しないが、数千年前にコーヒーノキが森に姿を現して以来、進化を重ねるなかで、数千種——エチオピアでは数十万種とも言われている——もの地域特有のカルティバー^{※2}（栽培品種）が登場した。近年エチオピアでは急速に進む森林破壊によってコーヒーの多様性は人知れず失われつつあるが、エチオピアの森では今も数百とも数千とも言われる多くの品種が野生している。コーヒー生産が盛んなエチオピアの町では町ごとに独自の品種が栽培されている可能性があるとする農学者もいるが、確かなことはわかっていない。エチオピアのコーヒー生産地域に住む農家の大半は、電気も水道もなく、車、舗装道路、携帯電話とも無縁の暮らしを送っており、近代農学に関する情報も入ってこない。この地域を訪れて長期間滞在するようなコーヒー研究者もほとんどない。

確かな証拠はないが、次のような推論をコーヒー業界の複数の人間から聞いた。エチオピアでは現に町ごとにコーヒーノキが代々受け継がれているのだから、「ゲイシャ（Geisha）」はほぼ間違いなくエチオピア南部の山岳地帯でコーヒーを栽培している町「ゲシャ（Gesha）」のスペルミス[※3]だろう、というのである。

この「ゲイシャとはゲシャのことである」という説は、もう一つの地理的偶然も重なって、余計に魅力的な説となっている。ゲシャの町の近くにあるケファ（Kefa）という町は、コーヒー（coffee）の語源となったと言われている。この町に住んでいたヤギ飼いの若者が千年ほど前にコーヒーを発

※2　バラエタル、カルティバー
同じ植物種の中で差異が見られる場合、分類学上はその違いに応じて亜種、変種、品種に分けるが、栽培作物などではこれらをすべて「品種」ないし「栽培品種（カルティバー）」と呼ぶことが多い。バラエタルもほぼ同じ意味だが、種レベルで異なるものも含んだ広義の「品種」を指す。
※3　スペルミス
エチオピアの地名をアルファベット化する場合、音韻からの表記ぶれが生じるため一概にスペルミスとは言えない。

見したという伝説が残されているのだ。この若者は、自分が世話するヤギたちが砂糖を食べて上機嫌になった五歳児のように興奮した様子で踊るように飛び跳ねるのを見て、ヤギがこれほど活力旺盛でいられるのは腐りかけのチェリーの中心部にある小さな緑色の豆を食べる習慣のせいに違いない、と考えたそうだ。

コーヒー業界には、もとよりロマンティックなタイプの人間が多い。そんな彼らは、ゲイシャとゲシャの結びつきに運命のようなものを感じずにはいられなかった。

エチオピアにはまだ発見されていないコーヒー資源が豊富に眠っているのではないか、という考えは、ずいぶん前からコーヒー業界の若者の心をつかんでいた。そしてこれ以上ないほど素晴らしいタイミングで、エスメラルダ・スペシャル——ゲイシャ種——が登場した。ちょうど、三〇年に及ぶ共産主義体制と内戦の時代を終えたエチオピアが、新たな政府のもと、国外に向けて門戸をゆっくりと開きつつある時期だった。スペシャルティコーヒー業界の若者は、時を置かず、すぐにコーヒー発祥の地に赴《おもむ》き、極上のゲイシャ種を探し求めた。

二〇〇六年一一月、著名なコーヒーコンサルタントのウィレム・ブートが企画した調査旅行も、それが目的だった。米国カリフォルニア州在住のドイツ人であるウィレムは、ゲイシャに深く入れ込むあまり自身もコーヒー農家になり、投資目的で購入していたパナマの土地にゲイシャの木を植えていた。事前の調べで、ケファ（Kefa）もしくはカファ（Kafa）として知られる町の近くにはゲシャ（Gesha）と呼ばれる町が少なくとも三つあることがわかっていた。ウィレムは、そのすべてを訪れ、ゲイシャ特有の細長い葉をつけたひょろ長いコーヒーノキを探すつもりだった。

　ウィレムの指揮のもと西洋人とエチオピア人を乗せた三台のキャラバンが編成され、ゲシャの町からゲシャの町へと、金の実のなるスペシャルティコーヒーの木を探す旅が実行された。この調査旅行は、米国の人気リアリティ番組「サバイバー」[※4]を地で行くような旅となった。参加者は極限まで追い込まれ、人間の醜さと尊さを曝《さら》け出すことになる。遠路はるばるエチオピア南部の高地のとりでまで、車では進行不能な岩だらけのでこぼこ道を進むのだ。途中、降りやまない豪雨に見舞われ、事態はますます悪化した。沼のような泥道を足首まで沈ませながら六時間歩き続けるなかで年長のエチオピア人が一人、脚を痛めてしまった。その後、ある町ではエチオピアの貴重なコーヒー資源を盗み出すつもりかと地元の役人に責められ、追い出された。アフリカでも最悪の部類に入ると思われるホテルで一晩過ごしたこともあった（トイレも穴があるだけで、強烈な臭いを放っていた）。

　この悲惨な旅の物語はコーヒー業界内に広まり、語られるたびに尾ひれが付いた。ジェフ・ワッツが聞いたところによれば、参加者の一人は気が変になり、鎮静と回復のためにエチオピアを離れなければならなかったそうだ。ジェフからは、ウィレムの友人であるパナマ出身の農学者グラシ

※4　「サバイバー」
孤島や密林などの僻地《へきち》に隔離された参加者たちが、サバイバル生活をしながら賞金等をめぐって争うアメリカの視聴者参加型番組。日本でも二〇〇二～〇三年に放送された。

アーノ・クルスが独り密かにゲイシャに舞い戻って、森に入り、ゲイシャ種のコーヒーノキを盗んでパナマに持ち帰った、という話も聞いた。この話にもいくつかバージョンはあるが、そのうちの一つでは、グラシアーノは当局に捕まって投獄された後、国外退去・入国禁止処分になったと言われている。なかなかのスキャンダルだ。しかし、どれもこれも根も葉もない噂である。そもそもグラシアーノはゲシャ行きの調査旅行に一度も参加していない。ビザに問題があり、役所でたらい回しにされたため、エチオピアの首都アディスアベバで一週間足止めされていたのだ。参加メンバーは誰も発狂などしていない。コーヒーノキを盗んだ者もいない。何より、ゲシャの町でも他の場所でも、伝説のゲイシャの木は発見されなかったのだから。

ウィレムの調査旅行はまったくの失敗に終わった。しかし、エスメラルダ・スペシャルの原産地はエチオピアであり、今もエチオピアのどこかで人知れず生育している、という考えはコーヒー業界人の心に根強く残った。エチオピアこそがコーヒー発祥の地であるというコーヒー業界の通説がこれまで以上に強化され、まるで聖地のように言われるようになった。

コーヒーのエチオピア起源説について理解を深めるために、間もなく私はピーター・ジュリアーノとジェフ・ワッツを追いかけてアフリカに行くことになる。だがそれは、私の人生初の「コーヒー生産地めぐり」の旅――ニカラグアへの旅――の後のことだ。ニカラグアでカップ・オブ・エクセレンス（COE）のコーヒー品評会に出席し、私はピーターとジェフに初めて会った。彼らに出会って私はようやく、本当の意味でコーヒーについて学ぶようになるのだ。

第3章

ニカラグア・グラナダ

メキシコ
エルサルバドル
グアテマラ
ホンジュラス
ニカラグア
サンマルコス
マタガルパ(サンラモン市)
モーリタニア農園
アンティグァ
ウエウエテナンゴ
グラナダ
ボケテ地域
マナグア
パナマ

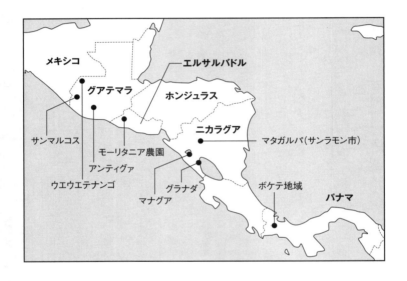

ニカラグアのグラナダは、首都マナグアから南へ一時間のところに位置する荒廃した植民地都市である。一六世紀に建造されたスペイン風の宮殿や巨大建築物が立ち並ぶ。今にも倒壊しそうな建物もあれば、南国の不動産を漁りにきた米国人によって新たに修復された建物もあるが、夜になると真っ暗で、町の輪郭はほとんど見えなくなる。

二〇〇六年五月、私はニカラグアのカップ・オブ・エクセレンス（COE）品評会に出席するために、開催地のグラナダに飛んだ。この品評会がニカラグア国内のスペシャルティコーヒー産業に影響を与え、利益をもたらしていることは、広く知られていた。

私を乗せたタクシーは、街の広場を横切るように疾走し、アルハンブラホテル正面のベランダの前で停まった。広いベランダでは、ホテル客が寛《くつろ》いだ様子で籐《とう》製の安楽椅子に座り、外の暗がりを眺めていた。厚い漆喰《しっくい》の壁、天井の扇風機、葉の生い茂った室内の中庭、広々としたパティオ（中庭テラス）——アルハンブラホテルは、映画に出てくる宮殿のような外観だった。

翌朝、四〇～五〇名のホテル客が朝食をとるためパティオに集まった。大半は品評会の関係者だ。朝食は目玉焼きとトースト、それに焼けたゴムのような匂いの深煎りコーヒーだった。輸出業者は良品の「無駄遣い」を嫌う。そのため、コーヒー生産国内では普段このようなコーヒーが飲まれているのだ。私がグラナダを訪れたのは、見学のためだけではない。ニューヨークタイムズ紙向けに、コーヒー業界の若手に関する記事を書くためだ。私は朝食の同席者にステファン・ヴィックとE・J・ドーソンを選んだ。ステファンは米国オレゴン州ポートランドのスタンプタウン・コーヒーでエスプレッソのトレーナーを務めている。長身の彼は、将来有望で自信に満ち溢《あふ》れている。一方のE・Jは、インテリジェンシアのカップテイスター（コーヒー鑑定士）で、暑いなか縁なし帽をかぶり、スケートボードとファンシーな撮影道具を持ち運んでいた。朝食前にスケートボードで広場まで出かけ、ホームレスの人々の暮らしを撮影してきたのだと言う。ステファンもE・Jも、コーヒーではなく果物ジュースを注文した。

「カフェイン補給はカッピングの時にするよ」とステファンは言った。「コーヒーを口に含み、飲み込まずに吐き出す。それだけで気分が高まる。カフェインは体に浸透するからね」

E・Jがインテリジェンシアの社員だと知った私は、ジェフ・ワッツはいつ到着するのかと尋ねてみた。すると、謎めかした答えが返ってきた。「ジェフがいつ来るかなんて、そんなの誰にもわからないよ」

「ジェフはカッピングに参加しないの？」

「公式には参加しない。でも木曜か金曜には到着するだろうから、コーヒーはひと通り試せるはずだよ」

「姿を見せてくれるといいのだけど。ジェフのことも記事に書くようにって、ニューヨークタイムズから言われているのよね」

「待っていれば、きっと来るよ」

午前九時。日陰になったホテルの中庭に人が集まり、英語とスペイン語が飛び交った。いよいよ品評会が始まる。ＣＯＥのプログラムは、ラテンアメリカのコーヒーの注目度向上を願って、厳しい経済状況のなかで質の向上に熱心に取り組む栽培農家のもとに資金が流れるようにするために企画された。毎年、中南米の八つの国で全国品評会が開催される（その後、二〇〇七年には、ルワンダでもＣＯＥを模したゴールデン・カップ品評会が開催され、盛況を収めた。同様のイベントが今後アフリカでも開催されるものと期待される）。

イベント開始を前に、会場はアカデミー賞の発表前のような興奮に包まれていた。ここニカラグアではコーヒーは一大産業だ——輸出品として国内最大の利益を上げている。業界の関係者はもちろん、ニカラグア政府、米国大使館、米国国際開発庁（ＵＳＡＩＤ）、その他の開発機構、開発基金などの支援組織の代表者らにとって、ＣＯＥは「必ず出席すべき」イベントだ。

ニカラグアは、ラテンアメリカでもとくに貧しい国である。米国国際開発庁など多くの支援組織が、この国のコーヒー輸出額の増加とコーヒー農家の暮らしの改善を目指すプロジェクトに出資している。一般的に言って開発を促進するプログラムでは、巨額の費用がかかるわりに、目に見える結果はほとんど得られないことが多い。しかし、ＣＯＥは例外である。慢性的な資金不足にもかかわらず、目標を達成しつつある。ＣＯＥはコンサル会社のマッキンゼーにニカラグアでの品評会の査定を依頼しているが、二〇〇六年の査定報告書は、次のように結論づけていた。

■ＣＯＥは、コーヒー農家がコーヒーの品質改善に取り組む動機付けになっている

■ＣＯＥは、ニカラグアのスペシャルティコーヒーの評価向上に貢献している
■ＣＯＥは、ニカラグアのスペシャルティコーヒー市場を強化しつつ深みを与えている

マッキンゼー社の調査によれば、二〇〇六年のＣＯＥの結果、ニカラグアの生産者、協同組合、輸出業者は一一〇万ドルの増益となった。品評会による知名度向上がなければ達成できない数字である。しかもこの数字には、品評会の最優秀銘柄がネットオークションにかけられた際の落札額二二万九〇〇〇ドルは含まれていない。プログラムにかかった費用――年間約一四万ドル――と利益を比較すると、ニカラグアの品評会は、九倍の費用対効果を得たことになる。

しかし、スペシャルティコーヒー業界の全員が、コーヒー農家への支援方法としてＣＯＥプログラムに賛同しているわけではない。カリフォルニア州セバストポルのオーガニック自家焙煎コーヒー専門店テイラー・メイド・ファームズの創業者兼社長（当時）マーク・インマン（三九歳）は、「品評会は農家に何も教えていない」と指摘する。ホームレスの女性のために美人コンテストを開くようなもので、本当に必要なものを与えないまま見当違いなことをしている、と言うのだ。

インマンに言わせれば、ＣＯＥの品質アプローチの方向は間違っている。「農家にやる気を起こさせたければ、コーヒーカップの中身より先に、農作業に目を向けるべきだ。土作りから始めるんだ。粗悪な土壌から上等のワインは生まれない。コーヒーでも同じことだ」と言う。降って湧いたように賞金を与えるよりも、農学者を雇うのに資金を使ったほうが、長い目で見ればずっと役に立

つ。お金で農家の気を引くことはできるが、「大半の農家は、なぜ優勝できたのかわからないまま翌年には優勝を逃す。まったくの運任せで終わってしまう」と言うのだ。

インマンからこの指摘を受けた数日後、COEの審査員と過去の受賞者が招かれたパーティの席で、私は生産者数人にインタビューしてみた。すると一人は、トップ一〇入りしたと思ったら、翌年にはトップ二五にも入れなかったと言って腹を立てていた。

賞金は確かに人々の気を引いている。生産者にとってCOEの最大のうまみは、オークションであり、その先もさらに現金を稼げるという保証を得られることにある。COEで優勝すれば、六万ドルは稼げる。だがそれは一度限りの思いがけない幸運であり、再び優勝できる農家はほとんどない。それでも、幸運を手にした農家にとっては、世界が変わるほどの大金である。二万ドル、四万ドル、六万ドルという額が貧困にあえぐコーヒー農家にとってどれほどの意味をもつか、容易には想像できないだろう。ある年にホンジュラスで開催された品評会で優勝した農家は、バスの切符も買えないほど貧しかった。オークション会場に来るにもヒッチハイクをしなければならなかったのだ。COEで得た稼ぎのおかげで借金から抜け出し、小さな農地を買い足し、コーヒー豆を乾かすための乾燥棚を購入することができた。もうコーヒー豆を地面に置いたまま腐らせなくて済む。二〇〇五年にニカラグアの品評会で上位に入賞した生産者の一人は、活発で小柄な女性で、稼ぎの半分を使ってゲストハウスを建てた。現在、彼女のコーヒー農園はエコツアーを受け入れ、いくつもの収入源を確保している。もちろん、「使い道」を知らない生産者もいる。ある男性は高級車を買った。ある女性は全額を教会に寄付した。

COEの趣旨は、数少ない強運の持ち主に大金をもたらすことではなく、コーヒーの質をスペシャルティコーヒー市場の基準に合うレベルにまで引き上げれば大きな利益を得られるのだという認識をラテンアメリカの農家に浸透させることにある。同時に、小さな農家が作る傑出したコーヒーをスペシャルティコーヒーのバイヤー（買付業者）に紹介するのも重要な役割だ。ピーター、ジェフ、デュエンの他にも、北米、欧州、日本などの消費国から多くの目利きバイヤーが毎回訪れ、COEの品評会をチェックし、入賞した農家から豆を購入して長期的な関係を築いている。

午前九時を少し過ぎた頃、アルハンブラホテル会議室の演壇に向かって並べられた金属製の折り畳み椅子に、二〇〇六年COEの審査員を務める男性二〇名、女性七名が着席した。これからの時間、グラナダの気温と湿度はぐんぐん上昇し、摂氏三八度、湿度一〇〇パーセントの耐え難い蒸し暑さになるが、会議室の中は、一日に一〜二回起きる停電の時以外は涼しい。審査員は全員、正装で出席するように言われていた。ニカラグアの国民にとっては糊付けとアイロンがけが一番の気晴らしであり、どんなに暑くても、だらしない恰好《かっこう》は許されない。だが審査員席に座る米国出身の若者たちは、これを承服しなかった。ピーター・ジュリアーノを除くほぼ全員が、ロゴやスラングの入ったTシャツに半ズボン、サンダルという姿だった。ピーターは、シチリア人の祖父母に旧世界で育てられた影響か、異文化への関心からか、ドレスコードに対してもう少し配慮があった。

審査員は、米国、カナダ、ドイツ、リトアニア、ノルウェー、ロシア、台湾、日本——世界各地から集まっていた。最年少のステファン・ヴィック（二九歳）は、大半の若手米国人バリスタとは異なり、大卒だった。コンピュータ工学を専攻し一度はエンジニアの職に就いたが、九・一一の煽りで失業してからは、過去を振り返ることなくバリスタの道を進んでいる。最年長者は、カリフォルニアを拠点とするクヌッセン・コーヒーの創業者エルナ・クヌッセン（八二歳）だ。第二次世界大戦後にスペシャルティコーヒー産業を牽引してきた先駆者の一人である。足元のおぼつかないエルナの隣には、彼女の友人であり審査員仲間でもある、カナダで三番目に大きなコーヒー焙煎小売業者ティモシーズ・ワールド・コーヒーのベッキー・マッキノン会長がいた。いつでもエルナを支えられるように腕を差し伸べている。そんな審査員陣のなかでひときわ光る存在が、日本の丸山珈琲のオーナー、丸山健太郎である。健太郎は、自分のビジネスを経営するだけでなく、日本国内の焙煎業者からなる小グループで中心的な役割を果たしている。スペシャルティコーヒー業界では世界最高レベルの鑑別能力を有するカップテイスターとして一目置かれ、しかも誰からも愛されている。朗《ほが》らかな性格で、意外にもモノマネが得意だが、バリスタとしての誇りは高く、毎年ＣＯＥ全開催国の全品評会に出席している。後日デュエン・ソレンソンも一言、「あいつはすげえ」と評していた。

カッピングには、感覚の正確さ、経験、足腰の強さ（胸の高さほどのカッピングテーブルに前かがみの姿勢で長時間向き合うので）、高い集中力が要求される。スペシャルティコーヒー業界では、カッピングは技術か科学か、という議論が延々となされているが、論点は標準化の問題にまで落とし込まれている。十数人のプロのカップテイスターが同じコーヒーをテイスティングしたとき、全員が同じ香りと味を経験するだろうか。一人ひとりの経験が異なるのだとしたら、質について集団で評価するにはどうすればよいのか。スコア形式はどうだろうか。

審議室の片隅には、大手コンサルタント企業プライスウォーターハウスクーパースから派遣された監査員が詰めていた。ＣＯＥ品評会はブラインド方式で行われる。つまり、コーヒーの銘柄は数値でコード化され、どのコーヒーがどの生産者の作ったものかわからないようになっている。不正や汚職のイメージがある業界では、審査の透明性が非常に重要になる。

「それでは皆さん、始めましょう」

大きな声でそう宣言したのはＣＯＥ理事長、スージー・スピンドラーだ。五〇代前半の細身の女性で、カールした髪が顔まわりを囲んでいる。審査員らの視線が集まると、ニカラグアコーヒー全五〇〇品から選抜された六四品のカッピング審査の開始が告げられた。

審査員長を務めるのは、同じく五〇代の、ポール・ソンガーだった。静かな声で話す白髪の男性で、大学で官能検査[※1]を学び、コーヒーコンサルタントとして数十年の経験がある。

「欠点豆を見つけたら、その場で私に知らせてください。一緒に確認しましょう」とポールが言うと、「フェノールにも注意してください」[※2]とスージーが重ねて呼びかけた。フェノールとは、一部のコーヒーで発生する化学的欠陥の原因物質なのだが、詳しいことはわかっていない。品種全体ではなく、個々の豆粒単位で発生する。焙煎された六〇～七〇粒にフェノールを放つ豆が一粒含まれているだけで、失格とされかねない。

「フェノールの味については、水泳プールの塩素の味に似ていると言う人もいますが、どうなのでしょうね、私にはピンときません」とポールが言うと、「コーヒーに絆創膏《ばんそうこう》を浮かべたような味、と言ったほうが近いかな」とピーター・ジュリアーノが言った。

ディスカッションルームとカッピングルームを隔てる扉はどれも大きく開かれていた。カッピングルームの後方で、技術専門チームのスタッフが立ち働いているのが見える。焙煎豆の粉砕、計測、計量、コーヒーサンプルの調製が均一に行われるかどうかは、彼らにかかっている。均一でなければ、公平な審査にならない。各カッピングテーブルには、最初のラウンドで審査される一〇品のうちの一品が入った白磁の小さなカップが四つ置かれる——つまり、ここに全部で四〇のカップが並べられるのである。審査員らは、手順に従って、各コーヒーについて四つのカップでテイスティン

※1　官能検査
人間の五感によって製品の機械では測れない品質を判定する検査。
※2　フェノール
フェノールは独特な薬品臭・煙臭のある殺菌・防腐性の化学物質だが、ワインやコーヒーの官能評価では、これと似たクレゾールやヨードチンキのような消毒薬臭の原因物質を指す。

グを行う。どれか一つに欠点豆が混じることはあっても、四つすべてに混じることはないからだ。温度も味を左右する重要な要因である。審査員らは、各コーヒーを高温、中温、低温でテイスティングすることになっている。

テイスティングの前に、香りの確認（スメリング）がある。乾燥状態の粉のアロマと湯を注いだ後のフレグランスを嗅《か》いでスコアシートに記録しなければならない。各カップに入った粉の香りを審査員らが嗅ぎ終えると、技術スタッフが熱湯（摂氏九三度）を注ぐ。審査員らは、湯を含んだ粉の香りを嗅ぎ、それから粉が浮き上がって表面を膜のように覆《おお》うのを待つ。クラストと呼ばれるこの粉の層にわずかな気泡が見えたら、各テーブルの主審の合図で審査員全員がスプーンを手に取る。粉の層をスプーンで脇に寄せた瞬間、そのコーヒー特有の香りが花開く。蓋《ふた》をしていた表面の膜が崩され、特徴的な芳香をもつ目に見えない気体が放出されるのだ。審査員らはその香りを嗅ぎ取ろうとカップに鼻を近づける。近づけすぎて鼻先がコーヒーに浸《ひた》ることも珍しくない。鼻先の軽い火傷はカッピングには付き物だ。膜を崩しては嗅ぎ、崩しては嗅ぐ。しばらくすると粉はカップの底に沈む。沈まずに表面に残った粉をすくい取ったら、テイスティングの準備完了である。

私は、スージーと少し雑談を交わしてから、カッピングルームに向かった。部屋に入る瞬間、温かく湿った空気の壁にぶつかった——部屋中に水蒸気が充満している。匂いを嗅ぐ鼻の音も部屋中に響いていた。天井が高く、漆喰塗りの壁に囲まれた大部屋だったため、すべての音が反響している。ＣＯＥの青いエプロン姿の審査員らは、手にスコアシートを持ってテーブルを囲み、カップの前で前屈みになっていた。スプーンで少量のコーヒー液をすくい、空気を含ませるように音を立ててすする。こうすると、コーヒーに含まれる分子が喉《のど》の奥まで届き、鼻腔《びくう》へと抜けていく。舌よりも、鼻腔の奥にある嗅膜《きゅうまく》のほうが感覚器として遥かに感度が高いため、テイスティングの際には、舌を鳴らすようなすすり方でコーヒー液を口全体に行き渡らせることが極めて重要である。スメリングとテイスティングが済んだら、コーヒー液は飲み込まず、赤いプラスチックのコップに吐き出す。そして、スコアシートに最初の評価を記入する。

室内にいる二十数名の審査員が立てる音で、耳が変になりそうだった。インフルエンザ流行期の耳鼻咽喉科の待合室にいるような気分だ。

「この音、耳障りですかな?」とジョージ・ハウエルに声をかけられた。六〇代になった彼は、マサチューセッツ州アクトンでテロワール・コーヒーのオーナーをしている。ブラジルでは音を立てて飲み食いするほうが男らしくて好まれる、という話をしてくれたが、「きみは、カッピングルームでは耳栓をしたほうがよさそうですね」と言って笑った。ジョージは、スペシャルティコーヒー業界で尊敬を集めている。尊敬される一番の理由は、業界の先駆者として築き上げてきた実績にある。まずボストンを拠点に、コーヒー・コネクションという会社を立ち上げた。他社が深煎りコーヒーを推すなか、いち早く浅煎りコーヒーに力を入れ、コーヒーと濃縮ミルクと氷で作るフラペチーノを考案し、そのレシピを会社ごとスターバックスに売却した。最近は、極低温で凍らせたコーヒーを流行らせようと宣伝しているほか、コーヒー出荷・貯蔵用の麻袋に取って代わる非反応性の袋として、マイラー樹脂製の袋を売り出している。気難しく頑固なことでも知られているが、裏を返せば、純粋さが称賛されるこの業界のなかでも突き抜けて純粋な人物だといえる。

カップテイスターたちは、カッピングテーブルを順に回っていた。まっすぐに切り揃《そろ》えられた髪型が印象的な健太郎は、禅のように静かな表情でカッピングを行う。この部屋の誰よりも小柄だが、誰よりも大きな音を立てる。

スコアシートに最終評価が書き込まれる頃にはコーヒーはすっかり冷め、フレーバーを失っている——そんな儚《はかな》さも、コーヒーの魅力のうちである。クリップボードと鉛筆を手にした審査員らは、口を漱《すす》ぐために用意された水のボトルを受け取りながら、続々とディスカッションルームへ向かった。

審査員長のポール・ソンガーが黒色マーカーペンを手にし、画版立てにセットされた縦六〇センチ、横九〇センチの用紙の前に立つと、活気に満ちた部屋がすっと静かになった。スコアが八三点に満たなかったコーヒーは候補から外され、八四点以上のコーヒーのみがファイナル審査で再度カッピングされる。

審査員らは、ポールのリードのもと一五分以上かけて各コーヒーについて意見を交わした。全審査員に積極的な発言が求められ、集計に含まれないニカラグア・カッピング協会のメンバーも意見を聞かれた。この念入りなプロセスを踏むことで、審査員全員が一つのグループとしてまとまり、カップテイスターとしての技術向上にもつながる。

最初の二つは、八二点と八三点で落選となった。三つ目はもう少し好評で、後味が良く、微《かす》かにフローラルフレーバーが感じられるという意見が出た。元香水鑑定士のドイツ人カップテイスターのヨースト・レオポルドは「ライ麦パンの味がした」と言った。ピーターは「雑味がなく、とてもすっきりしている」と評し、ベッキー・マッキノンは「レモンの花」と表現した。ポールが集計すると、八七点という高得点だった。

五番目のコーヒーでは意見が分かれた。「私は好きだな。透明感のある味わいで、甘みがあり、バランスがよく、上品だ」とジョージ・ハウエルが言うと、「僕はそう思わない。ジョージが好きだと言う気持ちもわかるけれど、個性に欠けるし、僕が飲んだカップでは渋みが感じられた」とピーターが反論した。集計の結果、八五点で最終審査に滑り込んだ。

六番目。ポールに発言を促された健太郎は、「香りは素晴らしいが、熟成が不十分」と答えた――いや、おそらく、そう言っていたのだと思う。健太郎は人気者で尊敬されてもいるが、彼の話す英語は時々意味がはっきりしなかった。他のメンバーから「後に残るフローラルの香りはいいね」という意見が出ると、「長く後を引く香りと、強い酸味」とポールも言った。スコアは八六点になった。

七番目。「ドライで、粉っぽい」、「味気ない」という評価で、七八点だった。

八番目。「ローズウォーターやナシのようなフレーバーがあり、クリーミー」と評して好む人もいたが、嫌う人のほうが多かった。ステファン・ヴィックは「ガソリン」のようだと言い、E・Jも「ドライで、不快な臭いが残る」と言った。「意見が割れましたね」とポール。高評価か、そうでなければ低評価で、間が少なかった。結果は八三・五点で落選となった。

九番目は、八五・九点。「ルートビール[※3]のような味」、「ウィンターグリーン（冬緑油）のような香り」[※4]、「ふうせんガム」といった珍しい表現が聞かれた。

一〇番目。「これはわかりやすかった」とポール。「カビの生えたピーナッツ」、「しょっぱい」、「土臭い」といった意見が出て、「はい、さよなら」とポールが幕を引いた。

審査員らは再びカッピングルームに移動した。次のラウンドに臨むためだ。今度は、私もカッピングに挑戦することにした。ジョージからは「カッピングでは、何より集中力が大事だ。走り去る車のナンバープレートの番号を覚えるようなものだから」と言われた。ニカラグア・カッピングチームの代表を務めるカルメン・ヴェイエホスも、新しいコーヒーに向き合う時は、初対面の相手の人柄や長所・短所を一瞬で見抜くようなつもりで臨んでいると教えてくれた。彼女はコーヒー農園の生まれで、米国国際開発庁が支援するカッピング専門学校でカップテイスターとしての訓練を受けており、周りの尊敬を集めている。

私はジョージの案内でカッピングテーブルに着いた。

しかし、空気を含ませるようにコーヒー液をすする、という動作がよくわからない。歯の隙間からコーヒーを吸い込むそうだが、うまくいかない。匂いを鼻に送り込んでから吐き出すなんてことはできそうにないので、ただ少量を口に含み、そのまま飲み込むことにした。最初は簡単だった。しかしその後は徐々に分析が難しくなっていった。私にはどれも同じ味のように感じられた。たいていはチョコレートを思わせ、時折、柑橘系の風味が感じられる。ハーブのような香りの後に、小枝のようなウッディな香りが来ることもあった。全一〇品を回り終えた私は、最初のテーブルに戻った。そして途方に暮れた。どのコーヒーがどんな味だったか、わからなくなっていた。他のカップテイスターを見ると、自分の作業に集中し、シートに記入し、意見を交わしている。小さなカップ一杯分の褐色の液体から、どうしたらそんなに多くのことを感じ取れるのだろうか。

ピーター・ジュリアーノとは、前の晩、ホテルに到着した時に顔を合わせ、パティオで一緒にビールを飲んだ。三〇代半ばのピーターはとても気さくで、コーヒーの知識が驚くほど豊富だ。そんなわけでカッピングの合間の昼休みに、私はピーターのもとに直行した。ピーターはポール・ソンガーと同席していた。私は二人に説明を求めた。なぜ私にはカッピングテーブルに並んだコーヒーの質の違いが感じられないのか。ポールの答えは明快だった。コーヒーのカップテイスターになるには、数年かけてトレーニングを積む必要がある。修行期間を終えた後も、カップごとのニュアンスの違いを感じ取るには鑑別能力を磨き続けなければならない。二人は私に、テイスティング

※3　ルートビール
ハーブや薬草を調合してつくるノンアルコールの炭酸飲料
※4　ウィンターグリーンのような香り
ハッカやミントに似た香り

について簡単な個人指導を授けてくれた。人間の嗅覚は、味覚よりも遥かに鋭い。舌にある「味《み》蕾《らい》」という味覚器で感じ取れる味は、甘味、酸味、塩味、苦味、うま味の五種類[※5]だ。

■甘味：哺乳類である人間は、他のどの味よりも甘味を好むように生まれついている。たとえば当然、ミルクは甘い。果物や野菜にも甘みは感じられる。コーヒーの甘みには、摘《つ》み取られた時のコーヒーチェリーの熟成度が関係するとも言われている。

■酸味：摘み取られたコーヒーチェリーが未熟であった場合や、精製過程で乾燥が不十分だったり異常発酵したりした場合に、酢のような不快な酸味を生じることがある。そのような「酸っぱさ」はコーヒーの味として好まれない（このような異常発酵は、コーヒーチェリーから果肉を除去した後に行われる「発酵」過程とは区別される）。一方で、ある種の酸味はコーヒーの「美味しさ」につながる。良質のコーヒーに感じられる適度な酸味は、「すっきりとした」「さわやかな」風味として好まれる。

■塩味：コーヒーの塩味は土壌に由来し、地面の上で乾燥された場合に生じることが多い。コーヒーの塩味は欠陥とみなされる。

■苦味：コーヒーの苦味成分としてまず思い浮かぶのは、カフェインだろう。カフェインは、人間に対して薬理作用をもつ有機分子「アルカロイド」の一種で、お茶やチョコレートにも含まれる。しかし、コーヒーの苦味成分はカフェインだけではない。同じくアルカロイドの一種で生豆中に含まれるトリゴネリンや、焙煎中に焙焦反応で生成される加熱分解産物など、他にも多くの苦味成分が存在する。コーヒーのテイスティングでは、少量の苦味は「美味しさ」とみなされる。

■うま味：コーヒーのうま味には、発酵過程で酵母の働きで生じるアミノ酸やタンパク質が関与しているものと考えられている。コーヒーの味として、うま味はプラスに働くこともあれば、マイナスに働くこともある。

フレーバーは、舌で感じられる味と、鼻腔の奥で感じられる香りの組み合わせによって生まれるものだと、ピーターは言う。「コーヒーの魅力は、味と香りの相互作用にある。コーヒーは、他のどの食品よりも香り豊かだろ?」と。コーヒーが一位で、二位は赤ワインなのだそうだ。

これでわかった。プロのカップテイスターが味わっているのは、コーヒーの「味」ではない。「香り」だ。カップテイスターは約一〇〇〇種類ものアロマとフレグランスを嗅ぎ分ける。といっても、これらの香りはすべて、生豆の貯蔵中や焙煎中に自然に進行する、たった三つの化学反応[※5]の副産物として生じる。

■酵素反応の副産物：植物が生きて活動しているからこそ生成される。コーヒーの香りとして好ま

※5　五種類の味覚、たった三つの化学反応
これらの部分は古い資料に基づいており、科学的正確性に欠ける。巻末の監修者解説を参照。

れる草花、柑橘、果実のようなアロマもあるが、嫌厭されることの多いタマネギのような植物系のものもある。

■糖類の褐変《かっぺん》反応の副産物：焙煎中に、コーヒーに含まれる糖質の褐変反応によって生じる香気成分。カラメル、ナッツ、トーストのような甘い香りは多くの人に好まれるが、穀物臭はあまり好まれない。

■乾留《かんりゅう》反応※6の副産物：焙煎中に、植物繊維の燃焼に関連して生じる。スパイシー、スモーキー、森林のような、と表現されるアロマ。好まれるものもあれば、そうでないものもある。

カッピングを上手に行うには練習が必要だとピーターは言う。「筋肉を鍛えるのと同じように、感覚も鍛えることができる。誰でもやればできるよ」

だがポールは、練習さえすれば誰でも、とまでは言わなかった。「最初からどうにもならない味覚の持ち主もいる。どれほど訓練を積んでも、他の人が感じている味や香りを感じ取れないんだ。トレーニングを受け、練習を重ねることはもちろん重要だが、生まれもった味覚と嗅覚も重要だと思うよ」

「もう一つ、重要な要素がある」と言って、ピーターは私を見た。「年齢も重要だ。味覚も嗅覚も、若い時のほうが鋭い。カップテイスターは年齢を重ねるほどに鋭さを失っていく」

私はピーターのほうを見返し、片眉を吊り上げてみせた。

品評会の間中、ポールをはじめとするCOEの常連たちは、出品されたコーヒーの質の高さに驚きを隠せない様子だった。ニカラグアのコーヒーはここ二、三年で著しく改善されている、と言う。これは朗報だったが、審査員にとっては悲報でもあった。映画の批評でも、酷評するのは簡単である。それと同じで、質の劣るコーヒーを排除するのは容易だが、質の高いコーヒーが揃うなかで優劣を付けるのは難しい。実際、木曜の朝には、八四点以上だったコーヒーが三九品もあることがわかった。ファイナル審査ではこの三九品すべてをカッピングし直し、公式な入賞作として二五品を選出しなければならない。この知らせに審査員らは唸《うな》ったが、すぐにカッピングとディスカッションを始めた。

ティモシーズ・ワールド・コーヒーの会長ベッキー・マッキノンの口からは、詩的な表現がいくつもこぼれ出た。

「美しい」「なめらかな」「スモモを思わせる」「スモモの果汁のようにすっきりと甘い」「頬いっぱいに広がるみずみずしい果汁」「フルーツのような甘さの中に、かすかにナッツの風味が隠れている」。いずれも、コーヒーに対する彼女のコメントである。

ジョージからは、「これはまるで、シベリアトラがニカラグアに紛れ込んだみたいだ。いったい

※6　乾留《かんりゅう》反応
木から木炭をつくる時や、石炭からコークスやガス、タールを分離する時など、空気を遮断した状態で有機物を強く加熱した時に生じる熱分解反応のこと。

どうやって?」という発言が聞かれた。

ドイツ人のヨースト・レオポルドは、あるコーヒーに一〇〇点を付けた理由を問われて、「感動のあまり涙が出た」と述べた。

別のコーヒーについて、ベッツィは「優しい気持ちになれる。ドビュッシーを聴いているようだと言った。

「最初から最後まで、濃厚なチョコレートを思わせる」と言ったのは、ポールだ。

「レモンの花のような柑橘の香り……甘く優しい……蜜のようなとろみ……赤リンゴのようなすがしさ……ベルベットのようになめらかな口当たり……クリーミーで、バターのよう」といった声も聞かれた。

神経を研ぎ澄ませた状態でひたすらカップを嗅ぎ続けたため、午後になると審査員らは首や背中の痛みを訴えはじめた。そこに、毛細血管を通じて体内に摂取された相当な量のカフェインが追い打ちをかける。

そんななか、健太郎だけは平然として見えた。ヨガの修行者のように揺るぎなく静かな佇《たたず》まいで、健太郎はテーブルの上のカップに顔を近づけ、吸い込み、舌を鳴らし、吐き出す。彼の集中力は乱れることがない。彼は日本の山地の出身で、代々続く陶芸と織物の職人の家系に生まれた。子供の頃、エビを食べていて気持ち悪くなったことがあったそうだ。腐りかけのエビが一~二尾混じっていたらしく、その渋みに襲われたのだが、彼の家族は誰もその渋みに気づかなかった。彼が営む丸山珈琲では、コーヒーを必ず一杯ずつフレンチプレスで淹れている。そして、客はそのまま飲むのがお約束だ――ミルクも砂糖も入れてはいけない。

カッピングルームにうめき声が湧き起こった。人気の高かったコーヒーにフェノールが検出され、候補から消えたのだ。

「ああ、もう、なんだよ。あのコーヒーに心酔していたのに」とステファン・ヴィックは嘆いた。

金曜の昼には品評会も終わった。選ばれた一〇品はまだエントリー番号のみで示され、その正体は明かされていない。入賞したコーヒーの生産者は、この日の夜の授賞式で栄誉を称えられることになる。ファイナル審査に残ったコーヒーは、入賞を逃したコーヒーも含め、一ヵ月以内にオークションにかけられる。残念ながらファイナルに残らなかったコーヒーは、通常のスペシャルティコーヒー販売経路で販売される。

ジェフ・ワッツが会場に現れたのは、木曜の遅い時間だった。数週間の路上生活から戻ったばかりのむさ苦しい格好で、ほんの数人に挨拶だけして姿を消した。金曜の朝にはカッピングに参加していたが、どうやら昨夜は着替えないまま寝たらしい。世界で最も影響力のあるスペシャルティコーヒーのバイヤーには、とても見えない。しかし五〇〇年の歴史があるグラナダのサンフランシスコ修道院で開催された夜の授賞式には、さっぱりと身支度を整えたジェフがいた。髭《ひげ》を剃《そ》った顎《あご》、血色のよい頬、黒く太い眉、印象的な青い目、洗いたての服――彼が着用している半袖シャツは、中南米の正装である。

ニカラグア人と米国人の他にも雑多な国の人々が身分の貴賤を問わず集まり、政府の役人、米国国際開発庁の人間、コーヒー協同組合の責任者、生産者、コーヒーミル工場のオーナー、輸出業者も顔を揃《そろ》え、古く蒸し暑い教会は人々の熱気でごった返した。地元民の大半はめかし込んでいた。地獄のような暑さのなか、わずかでも風を起こそうと、誰もがプログラム用紙で扇いでいる。

教会の身廊《しんろう》には、折り畳み椅子が何列もぎっしりと並べられていた。授賞式は夜遅くに始まり、数時間にわたる。司会を務めるのは、COE理事長のスージー・スピンドラーだ。スピーチは二ヵ国語で行われる。スピーチは長引き、多くの人はじっと座っていられずに教会横の柱廊《ちゅうろう》をうろうろと歩き回った。

夜のとばりが下りると、ジェフも群衆に混じって比較的涼しい柱廊を徘徊《はいかい》しはじめた。そして、コーヒー生産者のノーマン・カナレスに挨拶した。ノーマンの父親ジョージ・カナレスは、二〇〇四年のCOE品評会の優勝者だ。ニカラグアでオーガニックコーヒー生産者が優勝したのは彼が最初である。ノーマンと二人の兄弟、ミルトンとドナルドもオーガニックコーヒーを栽培しており、COEのお墨付きを得ている。インテリジェンシアは、このカナレス一家からコーヒーを買い付けている。

ノーマンは、「わが兄弟」と言ってジェフを熱狂的にハグし、もう一度「わが兄弟」と言いながらジェフの背中をたたいた。

後でノーマンに話を聞いたところ、彼の家族はＣＯＥの存在を神に感謝しているそうだ。ジェフとインテリジェンシアに見出されたおかげで、彼らのコーヒーの価格は格段に上がった。「ジェフは僕ら家族にとって、守護天使のような存在です」とノーマンは言った。

私はというと、白いリネンの服を着た、艶《つや》やかな髪の女性とおしゃべりしていた。四〇歳前後の小柄な彼女は上流クラスの女性で、一九七九年にニカラグアの権力を握ったマルクス主義のサンディニスタ政権[※7]のことや、反マルクス主義の暴動とその後の内戦のせいで一九八一年から一九九〇年まで国が二分されていたことを教えてくれた。今宵ここに集った農家のなかには、サンディニスタ革命で強奪され再分配された土地でコーヒーを栽培している者もいるし、ニカラグアのコーヒー取引で大きな役割を果たしている協同組合自体が、サンディニスタによる集団農場化の産物なのだと言う。驚いたことに彼女は、家族のなかで唯一、サンディニスタ政党を支持しているそうだ。

「どちらか一方だけが恐ろしい過ちを犯したわけではないのですから」と彼女は言った。

スージー・スピンドラーが、入賞したコーヒー一〇品の生産者名をアナウンスしはじめた。一人、また一人と、表彰台に上がって入賞記念の盾を受け取っていく。六月には彼らのコーヒーはネット

※7　サンディニスタ政権
キューバ革命の影響で生まれたニカラグアの左翼政治運動、サンディニスタ民族解放戦線による革命で一九七九年に樹立された政権。

オークションにかけられる。最高品質のコーヒーは、電気も通っていない地域の山間部にわずか数ヘクタールの土地を所有しているだけの貧しい小規模農家で生産されることが多い。なぜなのか。コーヒー業界では、その理由について延々と議論が続いている。小規模農家では栽培されるコーヒーの木の本数が比較的少ないため、一本一本、愛情を込めて世話されるからだと考える人も多い。また、コーヒーの質は農地の標高とも関連があるようだ。裕福な農家は昔から、標高が比較的低く、町に近く、作物を輸送しやすい場所での生活を好む。理由は何にせよ、この年も例外ではなかった。入賞者のなかでニカラグアの上流クラス出身の生産者は一人だけだった。

そしていよいよ、優勝者の名前が発表される。スージーに名前を呼ばれたのは、ディピルト地区のホセ・ノエル・タラベラ。金属音のノイズが混じる音響システムで軍歌『錨《いかり》をあげて』が鳴り響くなか、タラベラ氏が壇上へと向かった。日に焼けた細身の男性で、口髭を生やし、赤紫色のシャツに黒いジーンズという出で立ちで、ベルトに携帯電話を挟んでいた。スージーが彼のコーヒーに対する審査員の講評を読み上げた。スコアは九一・六点。「しっかりとした味の構成」で、「レモンと柑橘の花のエッセンス」と「甘くやわらかな風味」が感じられ、舌ざわりは「まろやかなハチミツ」を思わせる。

タラベラ氏は、手を震わせながら、群衆に向けてスペイン語で挨拶を述べた。その内容を、ピーター・ジュリアーノが私のために訳してくれた。「ニカラグアの皆さん、こんにちは。私は、最高品質のコーヒーを栽培するために仲間同士で協力し合うことがいかに重要であるかを、小規模生産者に訴えたいと思います。このように一心に努力し、より良質のコーヒーを育てるために競い合えば、われわれも、子供たちも、国全体が一緒に前進していけるのです」

翌朝、私は朝食前に荷物を階下に運んだ。ピーターとジェフが、マタガルパの山間部にある「ラス・ブルマス（霧）」と呼ばれる小さなコーヒー協同組合を訪ねるというので、同行することにしたのだ。ラス・ブルマスに所属する四〇人ほどの農家は、ＣＯＥ品評会の過去の受賞者であり、ジェフはここ三年間、彼らからコーヒーを買い付けている。この日も朝から蒸し暑く、前夜に地元のレゲトン音楽のクラブで遅くまで祝杯をあげていたピーターとジェフには、少し疲れがみえた。

ジェフは、ラス・ブルマスの農家を訪ね、最高品質の豆を農家からもっと高い値段で買い取れるように、新たな価格戦略を提案するつもりだった。今回の訪問では、ラス・ブルマスの農家への融資や仲介を行う大手協同組合「セコカフェン」とのミーティングも予定している。「カム・トゥ・ジーザス」ミーティング、つまり、悪い慣行を悔い改めさせようというのだ。ニカラグアのコーヒー農家をまとめる協同組合は、いくつかの階層をなす入れ子構造になっている。小さな協同組合がより大きな協同組合に属するという極めて官僚的な構造は、社会主義的なサンディニスタ政権の遺産である。かつてはジェフも、国全体をまとめる協同組合システムに対して理想を抱いていたが、その情熱は年月を経るうちに薄れていた。協同組合が貧しい農家の利益を保護しているとは、もはや思えなかった。彼に言わせれば、多くの、おそらく大半のコーヒー協同組合は運営がずさんである。組合内部で選ばれた役員には、大金を管理できるだけの技量も、人格も教養も備わっていないのが普通である。役員のなかには立場を悪用している者もいるだろう。ラテンアメリカと東アフリカで彼が直面した困難な問題のほとんどは、協同組合の役員に効率的で透明な運用を行う意志も能力もないことが原因だと、ジェフは考えていた。

ジェフは、農家個人の新たな取り組みに報いようと努力していたが、その努力を妨害しているのは、間違いなくセコカフェンだと言う。セコカフェンは、今年のCOE品評会に出品される予定だったラス・ブルマスのコーヒーサンプルを紛失したと言っている。そのせいで農家は、品評会に出品して入賞していれば当然得られたはずの金銭的報酬を得ることができなかった。しかも、ジェフがセコカフェンのリーダーシップの取り方に腹を立てたのはこれが初めてではない。だからこそジェフは今回、ラス・ブルマスに最後の提案をするつもりでいる。セコカフェンに運用体制を改めさせる。それができないなら、ラス・ブルマスは他の親組織を探すべきだ、と。

マタガルパに向かう道はほとんど舗装されていなかった。トラックはでこぼこ道を飛び跳ねるように進み、熱い空気が窓から窓へ絶えず吹き抜けていた。ピーターとジェフ、インテリジェンシアでコンサルタントとして働いているK・C・オキーフ、米国国際開発庁の職員でコーヒー協同組合の専門家でもあるニック・ホスキンズは、この四時間の道のりをずっと熱心に話して過ごし、スペシャルティコーヒーに対する各々の理解の程度を説明し合い、この後のミーティングに備えてジェフの戦略に磨きをかけていた。

最初、私は奇妙に思った。ピーターとジェフは競合他社の関係にあるはずなのに、ピーターは、インテリジェンシアが抱えるもめ事に首を突っ込もうとしている。だが二人の関係を知るにつれ、私は気づいた。両者（両社）は同じ業界内で共に成長してきた仲であり、共通の問題を数多く抱えている。この二人は共に旅をし、共にコーヒーを買い付け、延々と議論を重ねながら、スペシャルティコーヒーについて理解を深めてきた。属する会社も違うし性格も異なる。だからこそ、競合しながら友人でもあるという関係を意識的に築くことができる。

その日の車中、ジェフとピーターはスペシャルティコーヒーに対する深い愛が、いかにして二人の友情を息づかせたかを説明してくれた。「他の誰も、プロの料理人でさえ知らない秘密を発見したような気持ちだったんだ」とジェフは言う。

ジェフとピーターにとって、二〇〇一年に創設されたCOEの品評会は人生を変える経験となった。品評会のおかげでラテンアメリカでも有数の優れたコーヒー農家や生産地域を知ることができ、コーヒー生産地の農家で生まれ育った地元のテイスターに混じってカッピングを行うこともできた。かつては焙煎業者が知りえなかったようなことも、いくらでも質問できた。バラエタルごとの違い、精製方法の違いによる影響、標高と気候の重要性など、コーヒーの味に影響するあらゆる事柄について公開の場で議論することができる。「なぜ、このコーヒーはこの味で、あのコーヒーはあの味なのかと、直に尋ねることができた。すごいことだよ」とジェフは言った。

ジェフとピーターは、米国国際開発庁の仲介で、国内のカッピングテイスターと連絡を取った。米国国際開発庁は、ニカラグアや他のコーヒー生産国でカッピング・ラボを立ち上げている。カッピング・ラボのほかにも、ＳＣＡＡの非営利機関であるコーヒー品質協会の設立にも出資し、技術指導者を派遣するプログラムを通じて生産者への指導も行っている。コーヒー業界の若手は、全員ではないにせよ、米国を分断する二つの政治思想のうちの左派（リベラル）に属する者が多く、たいていの国民よりは広く世界を見聞きしているため、米国国際開発庁の巨大官僚組織について、あるいはラテンアメリカ、アフリカ、アジアにおける米国の外交政策の影響について、良く言う者はほとんどいない。それでもカッピング・ラボに対する批判は聞こえてこない。このプログラムは大きな成功を――少ない費用で――収めている、という声が大半である。二〇〇一年以降、ピーターとジェフだけでなく、優れた技術をもつ多くのカッピングテイスターがコーヒー消費国からコーヒー生産地域を訪れ、カッピング・ラボに一～二週間滞在し、現地の若者にカッピング方法を指導している。このプログラムの修了生のなかには、ニカラグア・カッピングチーム代表のカルメン・ヴェイエホスのように、素晴らしい才能に恵まれ、自国でのスペシャルティコーヒー産業の新興を推し進めた人物もいる。現在、中南米ではラボで訓練を受けた何百人ものカッピングテイスターが、コーヒーのプロとして高い賃金で働いている。

ラボが開設されると、ラボでカッピングを教えることは、ラボ側だけでなくピーターとジェフにとっても好都合であることがわかった。現地までの旅費を米国国際開発庁が支払ってくれるからだ。「うちの会社は資金に余裕がなかったから、七〇〇ドルの航空券は大きかった」とピーターは当時を振り返った。最初の頃は交通費を節約しようと、ラボで教えるタイミングに合わせてコーヒーの買付に行っていたそうだ。

このカッピング・ラボのプログラムは、スペシャルティコーヒー業界でもとくに個性的な人物、ポール・カツェフの発案だった。焙煎業者のポール（六八歳）は元ヒッピーであり、年季の入った社会活動家でもある。米国のスペシャルティコーヒー産業の基礎を築いた「セカンドウェーブ」の一人として一九八〇年代にSCAAの組織化に携わり、その後、米国のフェア・トレード認定における影の有力者となった。ポールと彼の妻は、カリフォルニア州メンドシノを拠点とするサンクスギビング・コーヒーのオーナーでもある。ポールはサンディニスタ政権の招きで一九八五年、革命の最中にニカラグアを訪れた。生産地訪問の旅はこれが初めてで、農家の貧しさと苦しみを目の当たりにし、愕然とした。この時ビジネスマンの生活に嫌気がさしていたポールは、コーヒー事業と社会運動を融合させ、コーヒー農家が正当に評価される道を模索しようと決意した。

「ポール・カツェフは野性味あふれる男でね」と、称賛と憤《いきどお》りを込めて、笑いながらピーターは説明した。「彼はころころと気が変わる。業界の功労者ではあるが、イカれた野郎だ。なかでも、彼が自分の信奉者らと一緒にSCAAの理事会に乱入した時は最悪だった。ドラムを激しく打ち鳴らし、エルサルバドルの暗殺部隊について何か喚《わめ》き、われわれの血塗られた手の象徴として、水に溶いた赤い絵の具をホテルの階段にぶちまけたんだ」

「ジェフと僕は、ポールと一緒にニカラグアやアフリカを旅して回り、彼から多くを学んだんだけどね」とピーター。でもそれは、ポールが二人のことを悪魔の化身だと思い込む前のことだ。

ピーターの言葉どおり、ポールは確かに、二人のことをそう思っているようだった。後日、カリフォルニア州でポールと会った時に、私はピーターとジェフに同行して旅したことを告げた。するとポールは私に向かって叫んだのだ。「俺はあいつらが嫌いだ。大嫌いだ。コーヒーに取り憑かれたナチスのような連中め」

ポールは、小柄ながらも日に焼けた逞《たくま》しい体躯《たいく》の男で、癇癪《かんしゃく》を起こしている時以外はハンサムだ。彼の気が鎮まるのを待って話を聞いてみると、自分がスペシャルティコーヒー業界にどれほど貢献してきたか、そのすべてを語ろうとした。そして、事情も知らないくせに業界内での駆け引きに明け暮れ、たいして能力もないのに自分を脇へ追いやろうとする業界の若手のことを心から軽蔑している、と明言した。

皮肉にも、ポールが軽蔑する今のような風潮をスペシャルティコーヒー業界に生むきっかけとなった出来事には、ポールも大きく関与している。コーヒーを小さなロットに分け、突出して良質なコーヒーを栽培している個人農家の努力を正当に評価しようというアイデアを業界に持ち込んだ先駆者のなかに、彼もいたのだ。ポールはこの考えを推進し、コーヒーの質向上に注力するようニカラグアの農家に働きかけた。

これを実現するには、どの農家がどのロットのコーヒーを生産したのかを追跡できるようにしておかなければならない。そのためにロットごとに豆を分け、精製中も焙煎中も豆が混じらないように工夫し、ロットごとにカッピングしなければならない。才能ある生産者は、カッピングを通して、美しく価値あるものを生み出す匠《たくみ》として選出されることになり、質の高い「匠」のコーヒーがもたらす大金は協同組合を潤《うるお》し公共の利益となるだろう、とポールは考えていた。しかし実際にこのアイデアを推進してみると、生産者らの個性が噴出し、誰も止められない事態となっていった。

ラテンアメリカで導入されたこのシステムは、その後、他のコーヒー生産地域へと拡大されていった。コーヒーを小ロットに分けて扱うようになる前は、自分の仕事に誇りをもち、土壌を肥やし、小まめに剪定《せんてい》し、完熟実だけを摘み取る、総じて他の生産者よりも勤勉な農家が生み出す優れた生産物を、埋もれさせることなく正当に評価する術《すべ》がなかった。他の農家の豆と一緒くたにされていたのだ。雑多な農園からかき集められた何百ロット分ものコーヒーが同じ一つのコンテナに詰め込まれる。どんなに熱心に働いても、怠慢なご近所に足を引っ張られる。熟しすぎて腐った「黒いチェリー」や精製不良のチェリーがほんの少し混じるだけで、三万七五〇〇ポンド（約一七トン）のコーヒー全体の価値が地に落ちる。

ピーターとジェフも、コーヒーを小ロットに分けて扱う仕組みを即座に採用した。だが、そのやり方はポールが望んだ形ではなかった。この二人の若いバイヤーは、他より熱心に働いた農家はその努力に見合うプレミアム価格の支払いを受け取るのが当然だと考えていた。「僕らがロットを細かく分けるのは、優れたコーヒーを見つけ出すためだった」とピーターは言う。「最高級のコーヒーを破格の高値で仕入れるようにしたんだけど——それがポールを怒らせた。彼は、コーヒーの質を向上させ、その恩恵を誰もが広く受けられるようにしたかったらしい」。つまりポールは、最高級のコーヒーを選別して売ると、残りのコーヒーはスペシャルティコーヒーとしての質を維持できなくなるのではないかと危惧したのだ。そうはならないことも多かったが、実際にそうなることもあった。インテリジェンシアが最高級のコーヒーを買い占めるせいで、農家は残る大量のコーヒーをコモディティ市場[※8]で売ることになるのに、心が痛まないのか、と言ってジェフを名指しで非難する者もいる。ジェフ自身も、欲を出しすぎた部分があったと認めている。「最初のうちは、農家と長期的な関係を築いていくことの重要性を完全には理解できていなかったよ」と。事業が発展し、継続性がいかに重要かを理解するにつれ、ジェフは農家から、スコア九〇点以上の最高級のコーヒーだけでなく、そこに達しない普通のコーヒーも買い付けるようになっていった。インテリジェンシアでは、これらのロットを混ぜることなく、それぞれの値段で販売している。「今ならわかるよ。物事は長い目で見なければならない」とジェフは反省しているが、彼を非難していた人々の怒りは簡単には鎮まらない。その後、最高級のコーヒーを偏愛して農家から奪い去る行為に対する怒りの矛先は、スタンプタウン・コーヒー・ロースターズの創業者デュエン・ソレンソンと同社のバイヤーであるアレコ・チゴニスに向けられた。スタンプタウンは、世界で最も高価なコーヒーを所有する会社であると自任していた。

好むと好まざるとにかかわらず、コーヒーをロットごとに分けた流通は、いまやスペシャルティコーヒー業界の世界標準になっている。特定の小規模農園の豆と、大規模農園の商品部門の豆は、摘《つ》み取り工程から精製、袋詰め、販売に至るまで、分けた状態で流通されているそうだ。農家に余計な時間と金をかけさせることになるため、高級コーヒーを扱うバイヤーはその分、割増価格を支払っている。場合によっては、とんでもない額が支払われる。二〇〇七年、デュエン・ソレンソンはエチオピア・コーヒーに対するプレミアム価格としてポンドあたり二五ドルを支払った。一方で、高い品質を維持するための労働コストやその他の出費に見合ったプレミアム価格が支払われないこともある。

二〇〇一年の時点では、ピーターもジェフも、何をどう展開させればよいのか全くわかっていなかった。わかるのは、自分たちは上質のコーヒーを手に入れようと必死だった、ということだけだ。「コーヒーのバイヤーとして知っておくべきことがあまりに多くて、圧倒されたよ。周りに後れを取るまいと、背伸びもしていた」とピーターは言う。「知ったかぶりをしているうちは、人より余分に働くものだ。ごまかしを露呈させたくないからね。あの頃はそれが原動力になっていた」

「アレグロ・コーヒーのケビン・ノックスや、カリフォルニアを拠点に活躍するコーヒー・ブロー

※8　コモディティ市場
スペシャルティ等でない、「普通のコーヒー」を取引する市場。国際取引の大部分を担い、地域や品種が異なるものも一つにまとめて汎用商品（=コモディティ）として先物取引される。

カーのティム・キャッスル。そんな先人たちが通ってきた道をたどるように旅をしたいと僕らは考えた。キャッスルは有名人だ。本も書いていたし、僕らにとっては雲の上の人だった。キャッスルの本[※9]にはグアテマラのアンティグァのことが詳しく書かれていたから、僕らは感化され、まずアンティグァに行くことにした」。ところが実際に行ってみると、現地の農家と親交のある業者は誰もいないらしく、農家の人々は、スペシャルティコーヒー市場でコーヒーを売るには何が必要かという説明も受けていない様子だった。「ちょうどカッピング・ラボがスタートしたばかりの頃だったから、僕らはそこに目を着けた。ラボに行き、カッピングをして、素晴らしいコーヒーに出会ったらラボを出て、そのコーヒーを育てた農家を訪れ、信頼関係を築く努力をし、その後もその農家を再訪した。小規模な焙煎業者でこんなことをしていたのは、ジェフと僕だけだった。僕らにも多少のライバル心はあったから、旅をしながら互いに切磋琢磨する日々だった」とピーターは懐かしそうに言った。

そこに、K・C・オキーフが口を挟んだ。「あれは、根性がないとできないよ」。三一歳のオキーフは、インテリジェンシアのコンサルタント（今は正社員）だが、ペルーのジャングル・テックというスペシャルティコーヒー会社のオーナーでもある。「若いからできることさ。インターコンチネンタルホテルの最上階でワインを飲みながら食事をするかわりに、業者や協同組合の人間と一緒にトラックに乗り込み、何時間も揺られて農家を訪問し、現地で何が起きているのかを自分の目で確かめる。それまでは輸入業者と輸出業者が業界の急所を押さえていたけれど、バイヤーがコーヒー農園まで出向くようになったことで、業界全体が変わり始めた」とオキーフは説明してくれた。栽培の難しさや取引の複雑さをバイヤーが理解したことで、業界は大きく変わったのだ。

ジェフもピーターも、バイヤーになって最初の数年間は金の流れを追うのに多くの時間を費やした。コーヒーで利益を得ているのは誰か。コーヒーの価値はどこで生まれるのか。農家か。コーヒーの挽き売り業者か。海外向けにコーヒーを販売する輸出業者か。輸出業者と取引し、販売のための財務と物流を管理する米国の輸入業者か。小規模な焙煎業者にすぎないジェフとピーターは、業界の入り組んだ構造を前に、すっかり当惑していた。コーヒーは流通の過程でいくつもの業者の手に渡り、各業者がそれぞれにコーヒーから利益を絞り出す。「ここ何年かで、金の行き先を把握するのは難しくなった」とジェフは言う。

いずれにしても、農家が不利な立場に追いやられていることは、すぐにわかった。

「コーヒー事業は、五〇〇年前のスペインの探検家らが考案した『発見者のためのビジネスモデル』の上に成り立っている」とオキーフは言う。「探検家たちは、コーヒー生産国を訪れた際に素晴らしいコーヒーを『発見』し、安価で買い上げた。現地で貴重な品を手に入れておきながら、それを態度に出さず、その価値を現地の人々に悟らせなかった」

コーヒーをめぐって不正操作されたゲームが展開されていることに、ジェフとピーターは気づい

※9　キャッスルの本
The Perfect Cup: A Coffee Lover's Guide To Buying, Brewing, And Tasting（一九九一年）

た。「コーヒー生産者を擁護する者が他にいないなら、僕らが気にかけるべきだと思った」とジェフは言う。とりわけ不当に思えたのは、優れたコーヒーを生産する零細農家が受け取る額だった。ワイン産業におけるブドウ栽培農家も、オリーブ油産業におけるオリーブ栽培農家も、美食家を満足させる高品質の生産物に対して手厚い割増金を受け取っている。ところがコーヒー産業ではそうなっていない。それどころか一九七〇年以降、コーヒー価格は実質的に低下している。「価格と品質の尺度がまったく連動していない。最高級のコーヒーを生産している農家の稼ぎが、大量に出回るコモディティコーヒーの生産者と大差ない状況にある。ポンドあたり二八セントの差額では、生産コストを全くカバーできていないのが現状だ」とジェフは説明を続けた。

コーヒー農家を救いたいという彼らの熱い思いは立派だが、一般的に受け入れられているビジネス習慣とは相容れない。通常、バイヤー（買付業者）とベンダー（供給業者）の利害は落としどころに落ち着かせることはできても、一致するわけではないという前提でビジネスは進む。高潔な態度というのはたいていいそうだが、ピーターとジェフの農家に対する誠実さも、ときに予期せぬ結果を招いた。

ジェフとピーターは、バイヤーでありながら、農家の手取り収入を増やす方法を考え出そうと多くの時間を費やした。「この目標を実現するには戦略的に考えなければならない。たとえば、ある輸入業者がとても上質なコーヒーをポンドあたり一・一〇ドルで提供すると持ち掛けてきたとしよう。それに対して、こんなに上等なコーヒーにこの値段では安すぎる、もっと払いましょう、と応じることもできる。だが僕がそうしても、輸入業者は余分に受け取ったお金をそのまま自分の利益にしてしまうだろう。農家に払う額を増やすインセンティブがないのだから」とピーターは言う。一人だけ、農家への利益還元を話題にしている輸入業者がいた。オレゴン州ポートランド出身のデイブ・グリズウォルドだ。彼の会社、サステイナブル・ハーベスト社では、自社の利益に上限を設け、ジェフやピーターのような人々から受け取った割増額を、自社の収益に計上するのではなく、農家や農家のコミュニティに直接還元すると約束している。

価格の付け方について、何か別の方法を考える必要があるのは確かだ。その方法をジェフとピーターが考えあぐねているあいだにも、コーヒーの国際市場の底値は下がり続け、価格崩壊を起こしていた。

「コーヒー市場は二〇〇四年に底を打ち、ポンドあたり七〇〜八〇セントの横ばい状態に入った。仕入れコストは、その気になれば一九九九年から二〇〇四年までに五〇%は削減できた。でも僕はその低価格時代の恩恵にどっぷり浸かるようなことはしなかった。それはジェフも同じだ」とピーターは言う。「僕は会社というものを知っている。こういう価格は会社にとってヘロインのようなもので、身を投じたら最期、抜け出せなくなる。適正価格でのフェア・トレードが言われるようになったのは、ちょうどその頃だった。僕はフェア・トレードに諸手を挙げて賛成というわけではない。あれは品質の問題ではなく、労働基準の問題だから。でも価格が地に落ちた状態のなか、フェア・トレードのおかげで生産者にお金が流れるようになった」

ピーターもジェフも経済を学んだことはなかったが、事業のあり方の原点を理解しようとするなかで、市場の仕組み、グローバル化の影響、コモディティ化による価値の低下、景気の循環、植民地政策の遺産など、驚くほど複雑な経済問題との格闘にかなりの時間を費やしてきた。その格闘の末、インテリジェンシアは、コーヒー農家と中間業者を相手に取引するうえで守るべき基本原則として、次の三つに行きついた。

■自社が仕入れているコーヒーの生産農家とは直接取引の機会をもつこと。
■優れたコーヒーを生産する農家にはプレミアム価格を支払うこと。
■コーヒーの購入契約には完全な透明性をもたせ、農家から脱穀業者、輸出業者、輸入業者、焙煎業者に至るまで、供給チェーンに携わるすべての業者が互いの利幅を正確に知っていること（デイヴ・グリズウォルドの会社、サステイナブル・ハーベスト社では実際にこの情報がネット上で公開されている）。

カウンター・カルチャーもインテリジェンシアも、この原則に従って買付とマーケティングの戦略を立てているが、簡単に実践できるわけではない。コーヒーの取引契約に透明性を求めるのは、婚姻契約に愛や忠誠心を求めるのに少し似ている――もちろん、それは素晴らしいことだ。しかし行動原理も期待するものも全く異なる者同士で、どうしたらそのような理想的な状態に自分を近づけることができるのか。どうしたら相手にも実践してもらえるのか。

しかも、大自然は予測不可能だ。そんななか、焙煎業者はコーヒー生産者に品質の安定と改善をどこまで求めてよいものか。ピーターはこうした問題を少しずつ意識するようになっていった。

「リスクを取らなければ品質は改善できない。求める水準が高すぎれば、生産者は手を引くだろう。そもそも僕らはどこを目指すのか？　優れたコーヒーにどかんと高額を支払うのか、全体的に高めの価格を設定したうえで、並外れて優れたコーヒーにはさらにボーナスを支払うのか。これらの問いに僕らは答えを出さなければならなかったが、どれも簡単ではなかった」とピーターは言う。

ジェフが最初に「ダイレクト・トレード（直接取引）」を成功させた相手は、グアテマラのウエウエテナンゴにあるマラヴィジャ農園のオーナー、マウリシオ・ロサレスだった。「僕らは彼との取引に、自分たちで考えたダイレクト・トレードの仕組みを導入した。価格と品質の差別化を組み込んだ仕組みだった」とジェフは言う。基本価格としてフェア・トレード相場より二五％高い額を支払い、カッピングで八五点以上を獲得したコーヒーには追加で割増額を支払う、というものだ（カッピングのスコアを重視することによって、地元のカッピングテイスターを育成することの重要性を強調した。ダイレクト・トレードでは売り手と買い手の双方でカッピングを行い、両者のスコアについて合意した場合にのみ取引を成立させる）。

ジェフの説明によれば、マラヴィジャ農園との関係は、いつになく簡単にまとまったそうだ。

「一人を相手にするのは、協同組合を相手にするよりやりやすかった。ロサレス氏は、大きなクマのぬいぐるみのような、そう、テディ・ベアのような人だよ。素晴らしく人間のできた、心の温かい人物だ。両親と一緒に暮らしていて、マラヴィジャ農園を買うまで自分で農園を所有したことは一度もなかった。農園を買うと、彼は農園のグレードを上げるために大金をつぎ込んだ。近隣の農家からは馬鹿にされ、色々と揶揄《やゆ》されたそうだ。後で元が取れると思うからこそお金をつぎ込んでいるんだといくら説明しても、理解されなかった。あの日、テーブルを囲んでダイレクト・トレードの細部を詰め、合意に達した瞬間、僕らは全員、声を上げて泣いた。ようやく彼も近隣農家に対して面目が立った。『ほら見ろ、俺は馬鹿なんかじゃないぞ、馬鹿は、スペシャルティという考え方を信じなかったお前らのほうだぞ』ってね」

ジェフは、自分が一人の農家の暮らしに起こした変化の大きさに圧倒されたと言う。「自分の影響力を目の当たりにできて、素晴らしい体験だったよ」と振り返った。

こうしてジェフは、二〇〇三年にマラヴィジャ農園と契約を結んだ。以来、インテリジェンシアでは複数の農家から大量のコーヒーを直接買い付けている。ジェフはこの取引方式を考案したのは自分たちだという意識を強くもっており、「ダイレクト・トレード」という用語をインテリジェンシア名義で商標登録しているが、著作権を行使するかどうかも行使方法も決めてはいない。著作権で保護されているにせよいないにせよ、農家から直接買い付けている会社はインテリジェンシアだけではない。カウンター・カルチャー・コーヒーもインテリジェンシアと同時期に直接取引を開始した。ピーツ・コーヒー、スターバックス、グリーン・マウンテンのスペシャルティコーヒー部門も、ジェフのようにプレミアム価格を支払うつもりがあるかは別にして、ずいぶん前から直接取引を行っている。ジョージ・ハウエルも、彼の新会社テロワールで扱うコーヒーの大半を直接買い付けている。スタンプタウンも二〇〇四年か〇五年には直接取引を開始した。デュエンがK・C・オキーフに語ったところによると、それまで彼は「店の近所に留まって」いた。つまり、ポートランドから出ずにビジネスを築くことを好んでいたのだが、外に出る決心をして正解だったようだ。

この二年ほどの間にも、十数社の小規模焙煎業者が生産地をめぐるようになり、農家から直接購入したコーヒーを扱いはじめた。このようなコーヒーの買い方は時間も労力もお金もかかる。時折、ピーターとジェフの腹に据《す》えかねるような出来事も起きる。「コーヒーについて何もわかっちゃいないヤツほど、グアテマラ行きの飛行機のチケットを自腹で購入し、農家を訪れ、コーヒーチェリーの摘み取り作業者らと撮った写真をネットに掲載し、『コーヒー農家を支援するために』なんてことを得意げに書いたりするんだ」とピーターは苦々しく言った。二〇〇七年には、そのような焙煎業者の一人が、実際に訪れたこともなく、コーヒーを買い付けてもいない農家の名前を焙煎コーヒーの袋に印字していたことが露呈した。

農家と良好な関係を構築するには、時間と忍耐と良識が必要である。そのことを誰よりも身に染みて感じているのがピーターだ。ピーターの場合、スペイン語を話せるので多少はましだったが、そうは言っても摘み取り作業者の多くは現地語を話し、スペイン語はほとんど通じない。そんな状況で、完熟した真っ赤なチェリーだけを摘み取るよう説明していかなければならなかった。

最初からうまくいったわけではなかった。農家との信頼関係を築こうと奮闘したジェフの最初の努力は失敗に終わった。その時のことをピーターが語ってくれた。相手はニカラグアの農家ではなく、メキシコの農家だった。「生産手法をアップグレードし、ロットを小分けしてもらえるように説得に努めたが、激しい抵抗にあった。僕らの要求を呑むとなれば、仕事量は大幅に増える。生産したコーヒーの貯蔵用に共用施設ではなく専用の倉庫を確保しなければならない。カッピング用のサンプルを抜き取って送付する必要があるので生産作業を中断しなければならない。もちろん支払われる額は増えるが、実際の支払いはだいぶ先になる。僕らは同じ協同組合に所属する三つのコミュニティから同意を取り付け、すべてを入念に準備し、数日かけて契約書を作成したが、土壇場になって協同組合が場をかき回した。すべきことが多すぎる、と言うのだ」

「その旅での出来事だった。僕らの交渉相手のなかに、他の農家に積年の恨みを募らせている農家がいて、ある時、そいつは姿を現すなり『殺してやる』と叫んで発砲しはじめた。当時スペイン語をろくに話せなかったジェフは、何が起きているのか理解できず、『何だ？　どうした？』と言い続けていた。僕は、通訳しても怖がらせるだけだろうと思った。その場は滑稽なほど恐ろしい惨状となった。農家が寄り付かなくなったのは、そのようなことがあったせいもあるだろう」。その後、ジェフとピーターは他の場所に目を向けるようになった。

ピーターが最初に直接取引の関係を築いた相手は、ニカラグアのサンラモン市の農家だった。米国政府が運営するボランティア計画「平和部隊」で派遣されてきたノースカロライナ州ダーラム

（カウンター・カルチャー・コーヒーの所在地）出身のカップルが、地元農園のモデルとなる有機農業を実践しようと考えてサンラモン市に土地を購入した。農園は非営利団体として設立され、ニカラグア人によって運営された。二〇〇一年、コーヒーの生産地をめぐる最初の旅でこの地を訪れたピーターは、この農園事業が地元の役に立つどころか経営に行き詰まった状態であることに気づいた。だが、農園のコーヒーには将来性があった。そこでピーターは、その後の何年か、他のスタッフと共にサンラモン市をたびたび訪れた。

「僕らはサンラモンの農家と協力してコーヒーの質を向上させようと努力した。他の国のコーヒー農家で採用されていたテクノロジーを彼らに紹介した。たとえば、チェリーの選別に水槽を使ってはどうかと提案した。コーヒーチェリーは一般に、密度が高いほど質が高い。水が豊富な地域では、多くの農家がチェリーを水槽に入れたり潜《くぐ》らせたりしている。質の高いチェリーは底に沈み、傷んだチェリーや育ちの悪いチェリーは水面に浮かぶから、容易に選別できる。また、エルサルバドルのCOE品評会で二年連続優勝したアイダ・バトルが手掛けるモーリタニア農園からコーヒーを購入するようになった時には、彼女の摘み取り技術を撮影してラミネート加工した写真を、サンラモンの摘み取り作業者が使うかごに貼り付けた。おかげで作業者たちは、しっかり熟れたチェリーを摘み取るようになり、コーヒーの質は飛躍的に向上した」とピーターは言う。農家の人々は、自分たちが作るコーヒーを味見したことがほとんどなかったので、完熟実だけを摘み取ることの重大さを理解できていなかったのだ。スペシャルティコーヒーを目指す運動が広まるなかで、バイヤーたちが繰り返し訴えたのは、この、完熟実だけを摘み取ろうというメッセージである。コーヒー農家に協力する農学者たちも、完熟した赤いチェリーを摘み取ることの重要性をとくに強調している。農家が生産物の味を大幅に向上させるためにできることといったら、ただ一つ、これだけだろう。

ピーターはこの他に、味の劣るカティモール種の植え換えを農家に勧めた。カティモール種はたくさん実を付けるように品種改良されたもので、世話がしやすいため、農家に人気があった。だがその味は焙煎家に不評だった。「カティモール種の木を引き抜くのは、自分の睫毛《まつげ》を抜くようなもので痛みを伴ったが、この決断は功を奏した。二〇〇七年、サンラモンのコーヒーはニカラグアのカップ・オブ・エクセレンスでトップ一〇に入り、ポンドあたり六・三〇ドルの値が付いた。もちろん、二一袋すべてを僕が二万ドルで購入した。他の誰かに譲るなんて我慢できなかった。サンラモンの農家の人々は、本当によく頑張っているよ」とピーターは言った。

マタガルパの山間部にあるラス・ブルマス協同組合に到着すると、すでに祝宴が始まっていた――宴会費用はインテリジェンシア持ちである。ラス・ブルマスがあるのは海抜一三〇〇メートルほどの場所で、電気が通っていないため、発電機が設置されていた。ひだ飾りの付いたスカートをはいた少女たちが肉を焼いている。音楽も流れている。踊り出す人もいた。食事とおしゃべりの後、コーヒー生産者三五人とその家族が、ジェフの話を聞こうと離れの小屋に押し寄せた。中に入りきらず、溢《あふ》れた人は窓の外で聞いた。この三年間で、ジェフがラス・ブルマスを訪れるのは七回目だった。

ジェフはプレゼンテーションをスペイン語で始めたが、すぐに英語に切り替え、コンサルタントのK・C・オキーフが通訳した。彼はまず、この村のコーヒーをカッピングしてからこの地を初めて訪れるまでの経緯と、その魅惑的なフレーバーに心を奪われた話から始めた。「この素晴らしいコーヒーのことを、そしてこのコーヒーを育てた人たちのことを、もっと知りたいと思いました」

そのうえでジェフは、ラス・ブルマスとインテリジェンシアが良好な関係を続けていくには、「つながりをもっと深める必要があります。互いに協力すれば、ラス・ブルマスのコーヒーの味をさらに良くすることができます」と農家に語りかけた。コーヒーの値段が上がり、ラス・ブルマスの農家は子供の何人かを高校へ通わせることができるようになっていた。だが、インテリジェンシアと手を組めば、「子供を全員、学校へ通わせることができます。いや、他にも、生活を大きく改善できるでしょう」とジェフは続けた。

ジェフは生産者に対して、完熟した赤いチェリーだけを摘み取ることと、チェリーを水洗する洗い場をタイル張りにし（タイル張りのほうがセメントよりも清潔に保ちやすいため）、衛生に気を配ることを強く求めた。「洗い場が汚れていると、汚れた味のコーヒーが出来上がります」

そしてジェフは爆弾発言を放った。今後は、ポンドあたりの買取価格を同じ村でも農家ごとに取り決めるつもりだと発表したのだ。一〇〇点を満点とするカッピングで、八四～八七点を獲得したAA級のコーヒーにはポンドあたり一・六〇ドル、八八～九三点を獲得したAA級のコーヒーには一・八五ドル、九四点以上を獲得した特上級のコーヒーには前代未聞の三・〇〇ドルを支払うと言う。さらに、この買取価格は値上げすることはあっても値下げすることはない、と宣言した。

変革は、いつだって容易には進まない。ジェフが告げた前例のない申し出に、会場は静まり返り、不安の色が見えた。これまで、そんな価格を継続前提で提示してきた焙煎業者はいなかった。農家のあいだには、「一人はみんなのために、みんなは一人のために」という協力的精神が深く浸透している。どこか一軒のコーヒーが近隣の農家よりも高値で買い取られるとなれば、心穏やかではいられない。農家からはたくさんの質問が出た。

質問の多くは、セコカフェン――生産者約一五〇〇人が所属する一一の協同組合を束ねる親組織――に取られる上前の額に集中した。「上前は取られません」とジェフは答えた。セコカフェンには、農家の融資元・代表者としての働きに対して、また、コーヒー豆の輸出手配料として、ポンドあたり二六セントが別途支払われることになる。

会場はざわついたが、誰も何も発言しなかった。この村の歴史上、このような金銭面の情報が全員に共有されたことはなかった。協同組合からも政府からも聞かされたことはない。ジェフはこれまでも、より多くの情報を農家に伝えていくためにセコカフェンと闘ってきたし、これからもそれは変わらない。それでも農家たちは、協同組合がジェフにコーヒー豆をいくらで販売しているのか見当もつかなかったし、協同組合がどのような名目でいくらのマージンを取っているのかも知らされていなかった。農家の利益を代表すべき協同組合と農家のあいだに、透明性は存在しなかった。それどころか、農家は重量単位のキンタルとポンドの換算関係——一キンタルは一〇〇ポンドに相当するということ——すらわかっていないのだと知って、ジェフは心底ぞっとした。実際の取引に対する支払いはキンタル単位で計算されていたのに。

最後に、無料のビールをすでに何杯も飲んでいた髭面《ひげづら》の村医者が質問した。「そもそもなんで、ラス・ブルマスの生産者がセコカフェンに金を払わなきゃいけないんだい?」

ジェフは次のように説明した。セコカフェンは農家の融資元兼代理店として農家の作物に融資し、収穫物を市場に出す準備をするので、その分の支払いを受けているのだと。そのうえで、「でも、セコカフェンが君たちの代表としての仕事をうまく果たしていないように思うのなら、セコカフェンをクビにして、新たな代理店を雇うこともできます」と告げた。ジェフは、これまで繰り返しラス・ブルマスを訪れてはいたが、農家の側の心理を完全には把握できていなかった。農家の人たちは、これまで権威に対して疑念を抱いたことがなく、ジェフのこうした問いかけに向き合うだけの心の準備ができていなかった。農家が抱く恐怖心がいかに根深く、セコカフェンへの依存心がいかに根強いものか、ジェフが理解するようになるのはずいぶん後のことだった。

先ほど質問を発したハビエル・ロドリケス・カティッロ医師は、さらに質問を重ねた。ラス・ブルマスの農家への支払いを左右するコーヒーの評価は、どの程度まで公正で、公平で、一貫していると言えるのか？　仕組みが変わっても、結局、貧しい者がだまされるのでは？

「いえ、カッピングはブラインド方式で行われます。小細工はできません。僕は、この方法を心から信頼しています」とジェフは答えた。評価の透明性に関しては、村にカッピング・ラボを設立し、ラス・ブルマスの生産者が自分でカッピングできるように指導すると約束した。

太陽が沈もうとしていた。ジェフは今回の申し出について、引き続き生産者同士でよく話し合ってほしいと呼びかけた。何も決まっていなかったが、自分もインテリジェンシアも好意的に受け取められているようだったので、新たな販路に踏み出すよう農家を説得できると信じていったん出直し、秋に再訪することにした。

翌日曜日、ジェフとK・C・オキーフはセコカフェンの本部に赴《おもむ》き、役員らと四時間の話し合いをもった。組合の新しい理事は、コーヒーの消費者価格を値上げするという考えを絶賛し、新たな仕組みの導入を自分の実績に加えたがった。しかし協力を旨とする組合の精神に反するこのプログラムの監督を、組合として快く受け入れてよいものか、判断がつかない様子だった。受け入れ可能だ。いや不可能だ。ミーティングは延々と続いた。ジェフとオキーフは苛立《いらだ》ちを募らせたが、憤ったところで何の役にも立たなかった。組合が所有するトラックの荷台に乗り込み、マナグアまで長時間揺られながら、次に何が起きるのか、まったく想像できずにいた。現時点で言えるのは秋に再訪するということ、それだけだった。

第4章

ルワンダ、
ブルンジ、
そしてエチオピアへ

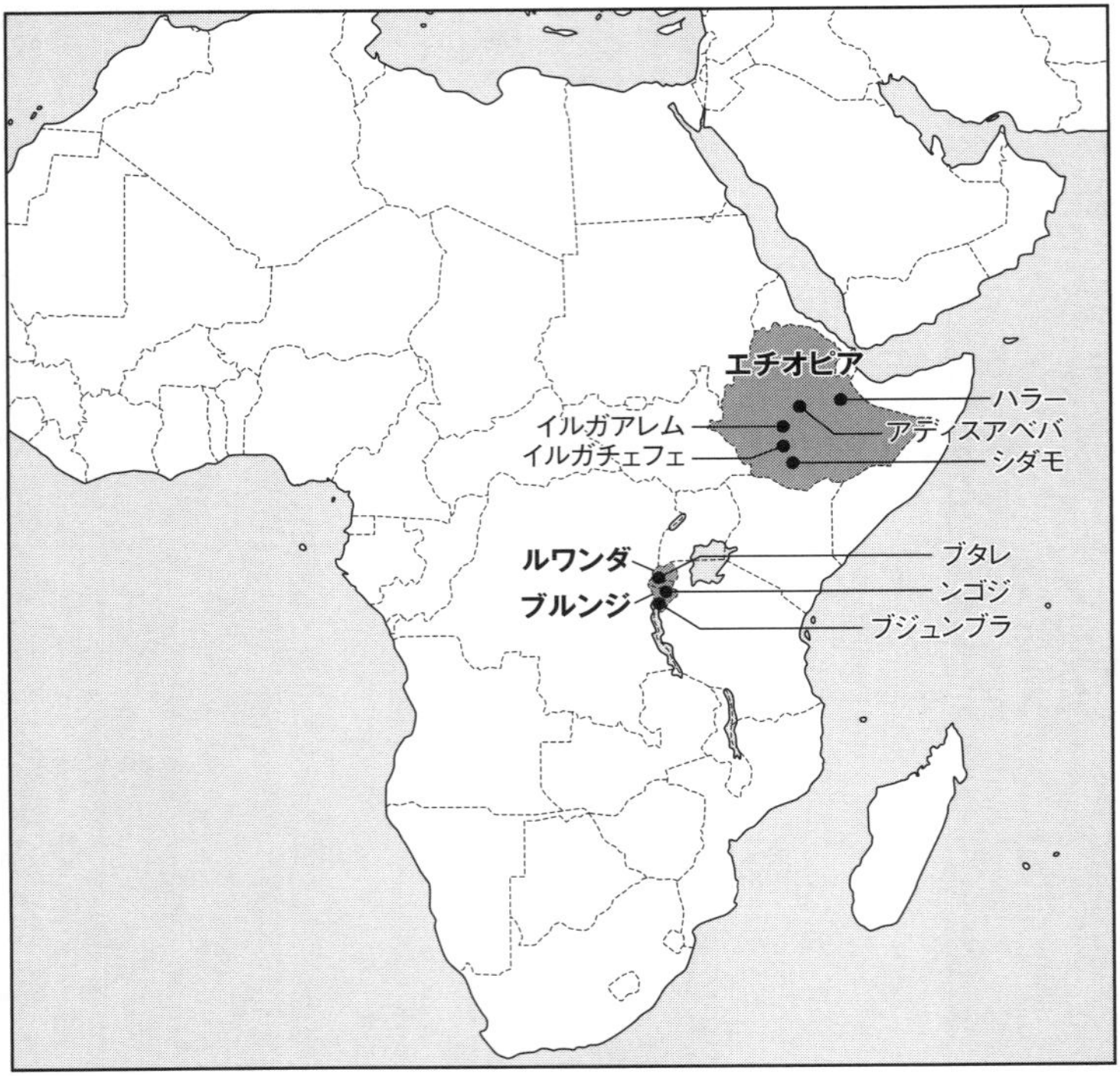
エチオピア
ハラー
イルガアレム
アディスアベバ
イルガチェフェ
シダモ
ルワンダ
ブタレ
ンゴジ
ブルンジ
ブジュンブラ

愛は世界を色づかせ、物事の見え方を変える。あなたの心を打つ本質とは何か。あまり重要でないものはどれか。ピーターとジェフは、二〇〇五年に初めてエチオピアを訪れた。現地の貧困問題も、人口急増の問題も、うんざりするほどの無秩序さも、眼中にはなかった。彼らが目の当たりにしたのは、アフリカ人が支配するアフリカだった。白人による植民地化が一向に浸透しない国。多様性に溢《あふ》れる豊かな文化、頭から離れなくなる音楽、スパイシーな食べ物、地上で最も美しい女性たち。そして、この国にはコーヒーがある。世にも素晴らしいコーヒーが、尽きせぬ魅力を湛《たた》え、人知れず眠っている。

エチオピアでピーターとジェフは、首都でも、村々でも、空気中に充満するコーヒーの香りに魅了された。首都アディスアベバの小ぎれいな新空港では、丈の長い民族衣装を纏《まと》った女性たちが床に座り、目の前の火鉢でコーヒーを淹《い》れ、小さな磁器のカップに注いで旅行客に提供していた。コーヒー生産国のなかで、エチオピアほど現地でも広くコーヒーが愛され、常飲されている国は珍しい。ただしエチオピアでは、非常に濃いコーヒーがブラックのまま飲まれる。豆が焦げるまで直火で焙煎し、微細に挽《ひ》いて、湯で煮出す。欧州人の飲み方とはずいぶん異なっている。

他のどこよりも強く印象に残ったのは、イルガチェフェという小さな町だった。エチオピアで最も輝かしく最も香り高いコーヒーの生産地である。ピーターとジェフは、友人でもある輸入業者のティム・シャプドレーヌと一緒に旅していた。ティムは三七歳。ボルカフェ・スペシャルティコーヒーでアシスタント・ジェネラルマネジャーを務めており、得意先である顧客八名を連れて、五日間のエチオピア・コーヒーツアーに来ていた。

アディスアベバからイルガチェフェまで、ピーターとジェフと、ティムの一行を乗せた車は、エチオピア高原を二つに切り裂くグレート・リフト・バレー（大地溝帯）を五時間かけて通り抜けた。かつて、三〇年以上前に、人類学者のリチャード・リーキーはこの地で人類初期のヒト科の祖先「ルーシー」の化石化した骨格を発見した。ピーターは、窓の外のサバンナを眺めながら、自分は今、人類が進化した場所を通り抜けているのだという思いに打たれた。砂漠の大地には、所々、高さ一・五メートルほどのアカシアの木が生えていた。「三〇〇万年前、僕らの先祖が初めて二本足で立ったとき、ご先祖たちはアカシアの木の陰から獲物を狙っていたんだろうなあと思ったよ」と言って、ピーターはその時のことを思い出しながら話してくれた。「実に感慨深かった。僕は、この環境のなかで生きるために進化したんだ、ってね。すぐにでも車を飛び出して、夕食用に動物を狩りに行きたい気分だった」

イルガチェフェに近づくにつれ、草木の緑は増えていき、花々で溢れた村々も沿道に数多く見られるようになった。藁《わら》ぶき屋根の丸い掘っ建て小屋が並ぶ村もあれば、明るい青や緑の外装で正面にデザインが施された小さな四角い家に住んでいる村もあった。各村の外れにはこぎれいな墓地があり、墓石の上部には、その村の宗教に応じてコプト教の十字架やイスラム教のミナレット（光塔）が付されていた。

トラックで五時間揺られて、ようやく目的地のイルガチェフェに着いた。車から飛び降りると、さっそく丘の高いところにあるコーヒー協同組合を見て回った。ようやく、探し求めていたものがある場所に立てたのだ。そう、完璧に近い質のコーヒーが豊富に生育している森のある場所に。ピーターは懐かしそうに語る。「トラックが泥にはまり込んだので、僕らは森の香りを嗅《か》ぎながら、道沿いに歩いていった。鳥は歌い、子供らは笑いながら小屋から小屋へと駆け回っていた。サルの甲高い声や、風の吹き抜ける音が聞こえた。僕はすっかり心を奪われ、自然と満面の笑みになり、興奮で首元の毛が逆立った。何年も恋い焦がれてきた場所にようやくたどり着いたような、それでいて、故郷の我が家に帰り着いたときのような、奇妙な感覚だった。この場所との不思議なつながりを感じずにはいられなかった」

ジェフも語り出した。「イルガチェフェを歩いていると、聖書に出てくるエデンの園に迷い込んだような気持ちになるんだ。豊富な水、溢れんばかりの太陽の光、豊かな暮らし。樹々の葉は緑濃く生い茂り、しっとりと濡れてしずくが垂れていた。これだけ条件の揃《そろ》った森に生えるコーヒーの樹木は、きっと幸せに違いないと思えた。何もかもが豊かで、空気が美味しく、人々の肌は潤《うるお》い、誰もが温かな笑顔を浮かべていた」

この地を訪れてみて、ピーターとジェフは、なぜ六〇年前にエチオピア初のウォッシングステーション[※1]設立地としてイルガチェフェが選ばれたのか、合点がいったと言う。こんなにも水が豊富に

※1　ウォッシングステーション
コーヒーチェリー収穫後の水洗処理を行う施設

あるのだから、水を使った精製技術が導入されても不思議はない。ウォッシュト（水洗式）と呼ばれるその技法は、ラテンアメリカでもコーヒーの改善に大きく寄与していた。発酵槽と呼ばれる水槽の中で発酵させてから、果肉を除去し、コーヒーチェリー中心部にある一対の種子（コーヒー豆）の周りを覆《おお》っている粘質物を除去する。相応の訓練を積んだ作業者と、清潔な洗い場と、十分な水量を揃え、一〜三日間連続で監視を続けなければ、水洗はうまくいかない。イルガチェフェではそのすべてが天から授けられており、結果的に香り高くすっきりとした味わいの完璧に近いコーヒーが生まれ、スペシャルティコーヒー界の誰もが認めるところとなった。

一九七〇〜八〇年代、イルガチェフェのコーヒーが国際市場に出回り始めると、欧州を皮切りに各地に一大センセーションが巻き起こった――「ゲイシャ」時代の幕開けである。高品質のコーヒーを扱うディーラーはすぐに、ラテンアメリカやアメリカのコーヒーの味を改善した水洗技術がエチオピアでも力を発揮していることに気づいた。水洗技術の導入により、イルガチェフェの豆本来の質が引き出され強調されていた。口当たりが柔らかになり、後味がすっきりとする。同じアフリカ産の豆でも、枝についた状態のまま乾燥させたり摘み取ってから地面に広げて天日干しにしたりする「ナチュラル（自然乾燥式）」での精製時には感じられなかった味わいである。間もなく、水の豊かなエチオピアでは、各地で水洗式用のウォッシングステーションが設立された。

ピーターとジェフは、イルガチェフェで野生のコーヒーノキがごく普通に自生しているのを発見して喜んだ。イルガチェフェの農家は、森のなかやその周辺でコーヒーを栽培することも多い。ゴルゴルチャ（Golgolcha）やハルフサ（Harfusa）といった協同組合のコーヒーの森を抜けていきながら、ピーターとジェフは森のあちらこちらで五、六種類のコーヒーが育っているのを見て驚いた。それぞれに特有の木の形、高さ、葉の形や色が見られた。バイヤーに馴染みのものは一つもなかった。多種多様なコーヒーの樹木の姿を目の当たりにしたピーターは、後に、コーヒーに対する認識がすっかり変わったと述べている。当時すでに、微小気候と精製処理がコーヒーの味のすべてを決めるとするそれまでの常識に対して疑問も持ちはじめていたが、エチオピアを訪れるまで、コーヒーのもつ驚くべき多様性について本当の意味で理解できていなかった。エチオピアの森で多種多様なコーヒーノキが一緒に生えているのを見てようやく、アラビカ種のコーヒーノキから生み出されたコーヒーの品種ごとの違いがどれほど大きいのかを理解した。米国マサチューセッツ州コンコードで栽培されるワイン用ブドウのラブラスカ種と、フランス・シャンパーニュ地方のブドウやマスカットブドウほどに大きく異なるのだ。多種多様なコーヒーノキを初めて観察し、それぞれの木をエチオピアでテイスティングしたコーヒーと関連づけていくうちに、アラビカ種のコーヒーノキがもつ遺伝子構造の重要性と多様性に目を開かれていった。

このような生物学的な教えは、ピーターとジェフが旅の仲間たちとアワサという町でランチに立ち寄ったイタリアン・カフェで、さらに強化された。一九四一年のムッソリーニによる侵攻の影響で、エチオピアでは至るところでスパゲッティのプレートランチが食べられる。しかもその店が出すスパゲッティは他店よりもおいしいと評判で、店内は外国からの旅行客で賑《にぎ》わっていた。料理が出てくるのを待つあいだ、ピーターは居合わせた白人客とおしゃべりを楽しんだ。その男性はスイス人の植物学者で、エチオピアに滞在して現地に自生する多種多様な種類のコーヒーのカタログを作成しているとのことだった。彼はランチの後、一行をラボに招待してくれた。研究室に着くと、カタログの作成作業について説明があった。森に入り、実りのよいコーヒーノキを見つけ、サンプルを採取し、ティスティングを行い、将来的に移植できるようにサンプル組織を保存する。そうやって、ライブラリを作製している。

この研究についてネスレは当然、エチオピア政府の承認を得ているものと思われる。そうだ。この植物学者の話では、エチオピアには二五〇〇〜三五〇〇種類のコーヒーノキが自生していると考えられる。ピーターはこの数字に心底驚いたが、その後、ピーターはこれよりさらに大きな数字を耳にすることになる。一説によれば、エチオピアには一万種類ものコーヒーノキが生育しているという。いや、一〇万種類はあるだろうと語るエチオピア人もいた。もはや具体的な数字は意味をなさない。重要なのは、エチオピアには想像を絶するほどに豊富なコーヒー資源が眠っているということを、この瞬間に理解できたということだ。そして、ピーターのなかですべてが変化した。

突然、目が開かれたのだ。彼の眼前には、コーヒーの遺伝的多様性と飲み物としての多様性が無限に広がっていた。

エチオピアを訪問した後、数週間か数ヵ月間、ピーターは現地で見聞きしたものについてひたすら考えていた。それまでにも、ラテンアメリカ、アフリカ、アジアのコーヒー生産国を何ヵ国か訪

140

れていたが、これほど鮮烈な印象を残した国はなかった。エチオピアという国は、動物と植物に許されたあらゆる命の形を網羅したＤＮＡ大事典のようだった。そしてそのような多様性は、エチオピア人の美しい顔にも表れているように思えた。様々な地域の多種多様な種族から生まれた顔である。エチオピアでは、アフリカ人に似た顔も、アジアのアラビア半島から来た古代ペルシア人（現イラン人）のような顔も、ヨーロッパ人のような顔も見られた。ピーターはエチオピア人の顔を、人類全体の遺伝子データベースを眺めるような心持ちで眺めた。エチオピアの音楽についても同じことが言える。アディスアベバで立ち寄ったミュージッククラブで、ピーターは、世界中で発達したありとあらゆる音楽を——音楽の可能性を——耳にした。そこにはアメリカのリズム＆ブルース、日本の調べ、ガーナのハイライフ[※2]、ラテンのサルサのリズムがあった。

コーヒーも同じだ。「エチオピアでコーヒー農園を見て回るあいだ、不思議の国のアリスにでもなったような気分だった。この無形資産、この土地がもつ豊かさ、遺伝子スープの豊かさに、僕は衝撃を受けていた」とピーターは言う。

「コーヒーに関わる仕事をしている者がたっぷりと時間をかけてエチオピアでコーヒーを味わえば、それまでに味わったことのある味はたいてい見つかるし、味わったことのない味を見つけ出すこともできる。エチオピアのコーヒーはそれほどまでに多様で、誰もが圧倒される。ハラー（ハラル、

※2　ハイライフ
一九世紀以降、ガーナから西アフリカ諸国に広まった、アフリカと西欧の音楽が融合したポピュラー音楽。

ハラール）のコーヒーはブルーベリーのようなフレーバーで、イルガチェフェのコーヒーは紅茶のようなフレーバー、といったレベルの話ではない。もっと複雑なんだ。どのテーブルのコーヒーをテイスティングしても、味わったことのない風味に出会える。コーヒーが進化を遂げてきたこの土地で、僕らはDNAのプールに飛び込み、計り知れないコーヒーの恩恵を理解し、味わい、体験することができた」とピーターは語った。

二〇〇七年二月、エチオピアを初めて訪れてから二年が経った頃、ジェフとピーターはアディスアベバで開かれる東アフリカファインコーヒー協会（EAFCA）のカンファレンス（会議）への出席を予定していた。スペシャルティコーヒー業界の人間がこぞって集まるこのカンファレンスに先立ち、ピーターとジェフの友人でもある輸入業者ボルカフェ・スペシャルティコーヒーのティム・シャプドレーヌから連絡があった。エチオピアに行くついでに、バイヤー一行に新しい市場に馴染んでもらおうと小旅行を企画しているそうだ。ティムはじっとしていられない性格で、最初のエチオピアの旅もティムが企画したものだった。今回は、ルワンダとブルンジを回るという。ピーターとジェフの話では、私も、ティムの小旅行に参加してからEAFCAのカンファレンスに出席すれば、東アフリカのまったく異なる三つのコーヒー生産国を見て回れるとのことだった。

ルワンダは、ミシガン州立大学の教授であり開発支援の専門家であるダン・クレイのおかげでスペシャルティコーヒー界の成功の階段を駆け上った国である。クレイは、ルワンダ虐殺[※3]の勃発した一九九四年当時、ルワンダのコーヒー・セクターで働いていた。クレイ一家は命からがら逃げ出した。ルワンダのコーヒー産業は壊滅的な状態になった。しかし、クレイはこの国の再建に協力しようと決心する。米国国際開発庁（ＵＳＡＩＤ）の資金援助を受けたコーヒープロジェクト「ＰＥＡＲＬ」を考案したのも、クレイだ。平均一六五本ほどしか栽培していない小規模農家四〇万人を支援し、スペシャルティコーヒー市場にアップグレードさせた。ＰＥＡＲＬプロジェクトのリーダーを務めたティム・シリングは、農学の博士号をもつ開発支援の専門家であり、コーヒーに並々ならぬ情熱を注いでいた。ティム・シリングとクレイは、スペシャルティコーヒー事業で人々の尊敬を集めている人々に協力を求めた。そのなかに、ピーターとジェフと、デュエンもいた。ルワンダのコーヒーは、間違いなく自然条件に恵まれていた。品種は伝統的品種（原品種）系のティピカ種とブルボン種が主流だ。気候と標高は申し分なく、火山性の赤土の状態も素晴らしかった。米国国際開発庁によれば、二〇〇四年までに、ルワンダのコーヒーは九一パーセント値上がりし、その後の数年間も価格の上昇は続いた。もちろん、まだ多くの問題が残っている。それでも、これまでの進

※3　ルワンダ虐殺
一九九四年にルワンダで発生した集団殺戮《さつりく》。フツ族出身の大統領ハビャリマナの暗殺をきっかけに、フツ族の過激派や民兵らが三ヵ月間に八〇～一〇〇万人のツチ族や穏健派フツ族を殺害した。

展が認められ、二〇〇八年には、ルワンダはアフリカの国として初のカップ・オブ・エクセレンス（COE）品評会の開催国となった。

ルワンダのコーヒー・セクターでの成功をブルンジが再現しようとしているのも、不思議はない。ブルンジとルワンダには共通点が多い。いずれも小国で、両国とも一九六二年にベルギーによる支配から解放された。どちらの国にとっても、コーヒーは現金獲得のための最重要作物である。ブルンジの国民一人あたりの年収は約八四ドル——世界最低レベルだ。ルワンダ国民の半分ほどしかない。ブルンジは、ある意味では、地球上で最も貧しい国である。ただし、人口の大半が作物を栽培しており、自給自足の生活を送る能力があることを考えると、統計上の数字の意味は少し変わってくる。政治的暴力とＨＩＶ／ＡＩＤＳが原因で、ルワンダとブルンジの平均寿命は一九九〇年代前半に比べ、約五〇歳から約四〇歳へと短くなっている。

こうした歴史的、社会的、経済的崩壊の一方で、両国の物理的な美しさには目を見張るばかりである。ブルンジもルワンダもよく晴れる温暖な土地柄で、コーヒーの生育期には豊かに雨が降り、高度二七〇〇メートルまでせり上がるこの一帯で最も標高の高い山地も、風に揺れる緑に覆われている。山の中腹は美しい段々畑になっていて、作物が栽培されている。そしてその様子を、鞭《むち》を振るうベルギー人が監視する。だが、田園地方を車で走り抜けながら見る風景は、そんな現実とはかけ離れた架空の楽園シャングリラを思わせた。

この辺りでは、景色の美しさもさることながら、幹線道路を大勢の人が裸足で行き交う風景も印象的である。裸足の女性が、頭の上に荷物を載せて歩く。裸足の男性が、牛車を引いて丘を上がっていく。村と村の間に空き地や遊んでいる土地はない。田園地方はいくつもの村が密集した状態で構成されており、人口密度の低い地域は存在しない。

ルワンダでもブルンジでも、主要道路は舗装されていて走りやすく、遠くヨーロッパの二車線の国道を思わせた。この出来の良い便利な道路は、過去の哀しい植民地時代の遺産である。だがコーヒーが栽培されている高地まで上っていくと、エチオピアと同じで道は険しく、舗装もされていないため、トラック泣かせとなる。道中、たまにトラックやバイク、スクーターを見かけるくらいで、自家用車はほとんど見なかった。PEARLプロジェクトのリーダー、ティム・シリングは、コーヒーチェリーを詰めた大袋をウォッシングステーションまでバイクで運べるように、わずか一〇〇ドルで買える頑丈なバイクの設計を米国の有名なバイク設計者に依頼した。ルワンダのコーヒー農家のためならと、カウンター・カルチャー、スタンプタウン、インテリジェンシアなど、高品質のコーヒーを扱う焙煎業者もバイクを寄付していた。

ルワンダ滞在の最終日、私たちはブルンジとの国境にほど近いブタレまで車を走らせた。ブタレの街は「ルワンダのケンブリッジ」だと、車中で誰かが教えてくれた。たぶんジェフだろう。約七〇〇〇人の学生が大学に在籍しているそうだ。「僕はこの街が好きでね。ここにいると、なぜかストレスを感じなくてすむ」とジェフは言った。

その夜は、ブタレのメインストリート裏にあるイビスホテルに宿泊した。私の部屋は広くて薄暗く、古びた木製家具が救世軍[※4]の中古市を思わせた。とはいえ部屋は清潔で、風呂には浴槽もあるしお湯も出る。電気も使える。翌朝、部屋を出ると、年齢不詳ながら三〇〜四〇代と思われる三人の細身の男性が、ボロ着姿で、中庭のひび割れたセメントを剥がし、新たに塗り直していた。使っている道具は小さなコテだけ。こんな風に働く男たちを、私はルワンダ、ブルンジ、エチオピアの至るところで見かけた。道具らしい道具もなく、労力を省くための機器も使用しない。この辺りの地域では、労働者こそが最大の資源だ。ルワンダの国民一人あたりの年収は約二〇〇ドル。手作業で稼ぐ労働者の日給は八〇セント、時給にして一〇セントである。そういえばルワンダの首都キガリで私は腹痛に襲われ、医者に診てもらわなければならなくなった。病院は質素だが清潔で、私の祖母なら、床に落ちた物も拾って食べられるほどきれいだ、と言ったことだろう。治療も適切で優しかった。治療費は、自己負担患者向けの診察料、検査料、薬代で約一五ドル。それを知って私は、この地域の労働者もその子供たちもなかなか医者にかかれないのではないかと思った。医療保険なしではなおさらだ。

ピーターとジェフは、朝七時にホテルを出て、街から一六〇キロメートルほど離れた場所にあるウォッシングステーションを訪問した。「近くまで来たのに立ち寄らなかったと知ったら、農家の人々は気を悪くするだろうからね」。朝六時に無理やり寝床を這《は》い出してまで訪れる理由を、ピーターはそう説明した。そして私がトーストと紅茶で朝食をとり、腹痛を起こしているときに帰ってきた。二人はとても心配してくれた。旅行中に体調を崩さない者はいない。ピーターは、「僕も長旅の途中で体調を崩して帰国を余儀なくされたことが何度もあった」と話してくれた。私たちは手持ち無沙汰のまま、ブタレのメインストリートを行き交う車やトラックを眺め、私たち旅の一行を乗せて国境を超えてくれるトラック二台の到着を待っていた。通りは埃《ほこり》っぽく、倒壊しそうな木造の建物が並んでいたが、活気があった。往来は賑やかで、何かが起こりそうな場所だった。

ピーターとジェフは並んで立ち、肩を組んで写真を撮った。「僕らは入れ替わり可能な関係だな」とジェフが言う。二人とも同じように熱い気持ちでコーヒーを愛し、コーヒー農家を愛しているという意味だ。「仕事仲間として業界でここまで信頼できる男はピーターだけだ」とも言った。自分の代わりを務めてくれる人物を雇うとしたら誰が適任だろうかと、ジェフは幾度となく自問しているそうだ。一年のうち九ヵ月を旅に費やし、過酷な車上生活を続けて慢性疲労に苦しむ自分の代わりなど、誰に務まるだろうかと。自分と同じくらい献身的で、自分と同じくらい深い知識をもつ人物は、ピーターの他に思いつかない。だがピーターにはすでに自分の仕事があり、会社があり、正当な地位に就いている。

やがてトラックが到着し、私たちはブルンジに向けて出発した。乗り込む際に同行者の一人がもたもたしたため、ちょっとした渋滞が起こり、ブタレっ子が運転席から窓越しにこちらを睨《にら》んでいた。誰にともなく吐かれた「アメリカ野郎が」という悪態を背に、私たちは国境方面に向かった。

※4　救世軍
キリスト教・プロステタントの一派

トラックの車中では、ティム、ジェフ、ピーターの他に、アン・オタウェーも一緒だった。彼女はルワンダコーヒーの開発プロジェクトでひときわ大きな役目を果たした米国人コンサルタントだ。今回は、一九七九年に国営化されたブルンジのコーヒー産業の評価を世界銀行から依頼されている。アンは、ブルンジに大きな可能性を見ていた。今回の旅程にブルンジを組み込むようティム、ピーター、ジェフに進言したのも彼女だ。

ルワンダとブルンジは双子のような国だが、国境を越えるには、人の住めない地域を越えていく必要がある。ルワンダの国境周辺は暑く、砂埃《ぼこり》にまみれていた。私たちは車を降り、しばらく待たされた後、小さなブースに通され、そこにいた人物にパスポートを手渡した。そして——何の動きもない。私たちは心配になった。これまで国境越えには悪い出来事がつきものだった。東アフリカの国境でやっかいな事が起こらなかったことなど一度もない。何か危険なゲームに参加しているような、丸腰にされたような気分に襲われた。そこに黒いウールのスーツを着た男が現れ、私たちのパスポートを引き取っていった。ブルンジの農務大臣ネストル・ニユンゲコだった。私たちはトラックに戻り、四〇キロメートルほど走行し、ブルンジ側の国境に着いた。車を降り、ビザを探すと、ない。パスポートとビザはどこだ？　この質問は、まず、ブルンジ国内で広く使用されているキルンジ語で問われた後、公用語のフランス語で繰り返された。銃を持った制服姿の男が大勢、私たちを探るように見ている。暑く埃っぽいなか、緊張が走った。

そこにニユンゲコ農務大臣が現れた。私たちのパスポートとビザを持っている。助かったと思った。だがここは、政治的問題を暴力によらずに解決する方法をつい一五分前にようやく思いついたかのような国である。私たちは、ブルンジのコーヒー産業の非国営化を祝うためにやってきた。コーヒー産業で甘い汁を吸ってきた政府職員やその親族・友人のなかには、今後その恩恵を受けられなくなる者もいるだろう。私たちの訪問を苦々しく思う人がいることぐらい、素人でもわかる。

突然、背後で悲鳴のようなブレーキ音が響いた。スリラー映画さながらである。サイレンを鳴らしライトを点滅させながら猛スピードで車が走ってくる。車はブルンジ側から来た。ピーターが数えると、全部で一六台。私たちに対する、首都ブジュンブラからの正式な出迎えだった。政府職員、実業家、報道関係者の一団が押し寄せてきた。巨大なビデオカメラを回している者もいる。後でわかることだが、そのカメラマンは私たちの滞在を密着取材しに来ていた。なぜなら、ピーター、ジェフ、ティム、アンは、ブルンジではロックスターのような存在だからだ。ブルンジのコーヒー産業の民営化が検討され始めた初期の段階から、彼らはコーヒー業界の有名人として深く関わってきた。一六台のうちの一台には、ブルンジコーヒーの輸出業に真っ先に乗り出した人々が詰め込まれていて、車を降りるなりピーターとジェフを取り囲んだ。チョコアイスをねだる子供のように興奮し、待ちきれない様子だった。

「さあ、こちらへ」と大声でピーターとジェフを呼ぶ。「この車にどうぞ。さあ、乗ってください」。

「うわ、やめろ」。ピーターは不機嫌になった。「きみたちとお近づきになる気はないよ」。過去の経験からか、いつになく憮然《ぶぜん》とした態度を取った。自分でカッピングしたことのない、知りもしないコーヒーを押し売りされたくないのだ。今回の訪問は、世界銀行の依頼で実態調査に来たのであって、買付が目的ではない。道中でブルンジのコーヒーを買うとも買わないとも決めていない。コーヒーしだいである。

誰がどこに行くにせよ、まずは政府の挨拶を受けなければならない。財務大臣のデニス・シナンカワが、公式な挨拶を述べに来ていた。サリーのように布を巻くタイプの赤紫色（重要な行事で着用される色）のロングドレス姿で、たくさんの黄金の宝石を身に付け、スタイリッシュなハンドバッグ（ぜひ偽物であってほしい）を持った、小柄で小太りの女性だった。

彼女が挨拶を始めても、すぐにブルンジ人が私たちを取り囲み、握手を求めて手を伸ばし、写真を撮り、誰が誰だか知りたがった。熱い陽射しの下で、私たちは一人ずつ自己紹介をした。私たちがいる小高い丘のさらに上のほうには、モザイクタイルで彩られたビザンチン様式の小さな教会が見えた。大気中にはユーカリの香りが充満している。木々の葉陰では、黒白模様のカササギが羽を休めながら眼下の奇妙な光景を――十数台の車からわらわらと姿を現した政府職員、報道関係者、輸出業者、兵士と、彼らに取り囲まれた米国人集団を――眺めている。

その後、私たちは山間に入り、一九五三年に設立された最初のウォッシングステーションを目指した。途中、サツマイモを収穫する小さな子供たちとすれ違った。中腹では、牛が草を食《は》んでいた。高度が増すにつれ、耳が痛くなってきた。薪《まき》を積んだ自転車を押して山を登っていく少年を追い越し、くわで土壌を耕す男たちのそばを通り過ぎた。道沿いの家では老人が、屋外に設置した足踏みミシンを動かしながら、そばで遊ぶ二人の幼子を気にかけていた。バナナに似た木をたくさん見かけたが、大きな葉の下に、バナナとは違うピンクがかった紫色の派手な果実を付けていた。この地域の家は小さく、屋根は赤いタイル張りだった。道路は赤煉瓦でできている。

砂っぽい脇道を行くと、間もなくウォッシングステーションに到着した。小川が流れ、草木が茂る谷間にその施設はあった。谷の両側は緑で覆《おお》われている。私たちは車を降り、太鼓の音が響くほうへ向かった。錆びたトタン屋根の下に老朽化したミルが置かれ、その正面の広く開けた場所には、野外作業場を示す線が引かれていた。

歓迎の太鼓を叩く楽団の周囲には、農家とその家族約一二〇〇人が集まっていた。ブルンジの太鼓奏者たちは、アフリカ全土に知られる名手だ。白と赤の生地に緑の模様を散りばめた丈の長いトーガ風の衣装を纏《まと》い、声を張り上げて「ムズング（白人）」と「アマシ（祝う）」の二語を叫び、縦に長い木製の太鼓を手の平で激しく情熱的に叩く。歌い、踊り、叩きながら、楽しそうに空中を舞う。

見物に訪れた群衆のなかには、鮮やかな緑色の衣装を着て、オレンジ色の布を頭に巻いている女性も何人か見られたが、米国や欧州から送られてくる着古された洋服を着ている女性のほうが多かった。男性は、灰色や茶色の汚れた布切れを纏っている。人々の顔を見れば、農家の人々が来る日も来る日も地主と政府役人と兵士にこき使われていることがわかった。コーヒーの価格は乱高下し、戦争が勃発し、人が殺され、殺戮《さつりく》が起きる。何もかも、自分たちの力ではどうしようもなかった。この日も彼らは、疲れ果てた顔に不信感を浮かべながら、目の前の騒ぎを見つめている。興奮している様子はまったくない。それでも子供たちは大喜びだ。太鼓奏者も感情を高ぶらせている。黒いウールのスーツに白シャツを着た役人たちの意気も揚がっている。赤紫色のドレスを着た財務大臣にも興奮の色が見られ、興味津々の様子だった。

少年たちは、少しでもよく見ようと、六〜九メートルほどの細長い木によじ登っていた。太鼓奏者は、歓迎の歌に続いて、コーヒー栽培の歌を披露してくれた。種蒔《ま》きから順に、木の剪定《せんてい》、受粉、収穫、乾燥、水洗（発酵）までの全工程が表現された後、お金を受け取り、コーヒーを飲むところまでが歌われた。

演奏が終わると、ウォッシングステーションの見学ツアーが始まった。黒いスーツを着た六人の男が先導する。私はジェフの後ろをついていった。後から群衆が続く。小川に架《か》かる不安定な木の橋を渡っていると、国営ラジオに勤めているというハンサムなブルンジ人通訳者が、足元の小さな橋を見つめながら、上品な発音のフランス語で私に言った。私たちは今、ブルンジコーヒーの新時代に向かう橋を渡っているのですね、と。

ウォッシングステーションに入ると、ジェフは果肉の除去に使われる古い機械に目を向けた。発酵は、水中ではなく乾燥した状態で行われている。ここまで老朽化したウォッシングステーションは見たことがない、とジェフは言った。貯蔵室では、ジェフは酸っぱい臭いに顔をしかめ、「発酵臭だ」と言った。良くないサインだ。

政府代表団に加わっていた生産者の女性から聞いたところによると、彼女のような生産者は、政府が生産者協同組合に既存のウォッシングステーションを売るなり与えるなりすることを望んでいる。民営化はまだ始まったばかりで、次に何か起きるのか、誰にもわからない状態なのだ。

祝いの太鼓が演奏された場所まで戻る頃には、涼やかな風が木々の間を吹き抜けていた。代表団の一人が農家に向けたスピーチのために前に進み出た。大きな台帳を抱えている。私はそばに立っていたので、黄緑色のグラフ用紙に青インクで書かれた彼の演説原稿をのぞき見ることができた。フランス語教育がよく行き届いているらしく、細かく丁寧な字で書かれていた。彼は疲れの見える知的な顔立ちで、大きすぎるジャケットを着て、異様に大きな藤色のネクタイを締めていた。だぼだぼの服を着た様子は、米国の喜劇俳優ハーポ・マルクスを思わせた。そしてハーポ同様、その農家の男性からは文化の違いを超越した素晴らしい品位と表現力が感じられた。

彼は、スピーチを読み上げた。三〇年前に押収したものをコーヒー農家に返すよう政府に要請する内容だった。コーヒー作物とコーヒー産業をコーヒー農家の手に取り戻そうというのだ。「国が所有する一三三のウォッシングステーションを農家が自分たちで管理できるようにすべきです。なぜなら、そこで働いているのは農家であり、農家の労働から得られた利益は農家が享受するのが当たり前だからです」とフランス語で述べた後、英語に通訳されるのを待つ。「農家は、自分たちのコーヒーを買ってくれる人々と直接やり取りできるチャネルを確保したいと望んでいます。ですから、海外から来られたお客様に知っていただきたいのです。私たちは、あなた方とのつながりを強める心の準備ができています」と語りかけ、最後に、「このウォッシングステーションを使用している数千人の農家で協同組合を作り、農家の思いを公正に率直に伝える代表者を選出する予定です」という報告で締めた。

群衆は静まり返った。真剣で重みのある、歴史的な瞬間だった。ここでシナンカワ財務大臣が前に進み出た。「コーヒーはブルンジの経済にとって非常に重要です。国内に強い外貨を呼び込めるからです。それだけではありません。わが国では、八〇万世帯がコーヒーで生計を立てています。植民地時代の終焉《しゅうえん》以来、コーヒー産業は政府の管理下に置かれてきましたが、その実績は芳しくありませんでした。ですが時代は変わりました。これからは、コーヒー生産物は農家の所有物となるのです」

群衆が待ちわびてきた言葉が、ついに語られた。割れんばかりの拍手が沸き起こった。

財務大臣はさらに続けた。「政府はコーヒー市場を基礎から再構築する必要があります」。そして、ピーターとジェフの方に向き直った。「ですからぜひ、再びこの地を訪れ、力を貸してください。私たちにマーケティングのスキルを教えていただきたいのです」

この発表は、一大ニュースだったようだ。ブルンジのメディアは素早い動きを見せた。一斉にカメラが回され、激しくシャッターが切られ、凄まじい勢いでメモが取られた。

名前を呼ばれて前に進み出たのは、いつもどおり、ジェフだった。インテリジェンシアの買付量がカウンター・カルチャーの二倍量だからなのか、ジェフのほうが図太い性格だからなのかはわからないけれど。

「ブルンジが生まれ変わろうとしていることを、僕たちは心から歓迎します。ウォッシングステーションの管理権を生産者に移譲するというのは、正しい決断です。焙煎業者として、僕らも農家の皆さんと一緒に働きたいと願っています」。ジェフの挨拶に、盛大な拍手が起こった。

「農家の皆さんが発展を遂げるうえで、何より大きな力になるのは高い品質であると僕たちは考えます。品質を向上させれば、より高い値段で売ることができます」。値上げの話が出たところで、拍手は一段と大きくなった。

報道関係者がジェフとピーターの周りに群がったその時、温かな雨が降り始めた。私たちは急いで車に戻ったが、政府公用車と関係者の古いトラックが一斉に動き出したため、すぐに渋滞で動けなくなった。

財務大臣のスピーチは圧巻だった、と車中でピーターは言った。あのような場面でのスピーチにありがちな遠回しな表現は一つもなかったからだ。

大きな賭けだ、とピーターは言う。ブルンジには計り知れない可能性が秘められている。この国で栽培されているコーヒーはケニア由来のＳＬ－28という、世界でも有数の貴重な品種である。加えて、この国は標高が高く、水量も豊富だ。

ホテルに向かう前に、私たちはンゴジにあるドライミルの視察に立ち寄った。水洗後のコーヒー豆からパーチメント（内果皮）を除去するための設備だ。民間の投資会社によって一〇年前に建設された近代的なミルが、巨大な煉瓦造りの建物内に置かれていた。ここの設備はオーガニックの認定を受けている。通常は、農家から買い取られた後のコーヒー豆が工場内に運び込まれ、ミルで脱穀される。脱穀は、焙煎前に行われる精製の最終工程である。コーヒーミルの所有者は大手協同組合や独立した事業者、あるいはコーヒー輸出業者であることがほとんどで、脱穀が済んだ状態の豆を海外のバイヤーに販売する。

工場内部の空気は温かく、ドイツ製の巨大な機械が轟音《ごうおん》を響かせていた。肺を詰まらせるパーチメントの粉塵《ふんじん》が微量ながら周囲に渦巻いており、防塵のために紙製のフェイスマスクが配布された。その大きさと騒々しさに圧倒されながら、私たちは工場を見て回った。高さ四・五メートルの細い見学通路を歩きながら、ピーターが言う。「ここは、来歴管理に問題があるな。どのコーヒーがどこの農家のものか追跡できるような仕組みが整っていない」。この工場は、品質による区分を行わないコモディティコーヒーの精製用に設計されており、水洗済みの豆を一時間に四トンも処理することができる。

ピーターは工場内の空気の匂いを嗅いだ。まるで体臭のような匂いだった。「発酵臭だ」とピーターは言う。湿気のせいで豆が一部、腐りかけている。

ピーターによれば、このドライミルはスペシャルティコーヒーの生産にも転用可能だが、「処理量を落とすことになる。そこがスペシャルティコーヒーの難点だ。コーヒーを小ロットに分け、ロットを区別するために手作業の処理を要するから」。仕事のほとんどが手作業で行われているこの国で、人手をほとんど必要としない近代的な巨大ミル工場が建設されていたとは興味深い。ブルンジ国内の投資家のなかに、この国のコーヒー産業の民営化によって大きな収益を得たいと強く望んでいる者がいるのは明らかだ。

ジェフはミルの機械から飛び出してくる豆を拾い、感触を確かめると、「処理温度が高すぎる」と言った。過熱によって豆の味が変わってしまう可能性がある。

問題はいくつかあるが、それでもピーターは、この工場に大きな可能性を見ていた。

工場内には二一世紀を感じたが、外に出た途端、産業革命前に引き戻された。鮮やかな色彩の天《てん》蓋《がい》のような屋根の下、女性たちと子供たちが並んで座り、脱穀済みの豆を手作業で選別し、大きさと品質で慎重に選り分けていた。手作業での選別は、東アフリカ産のコーヒーが最高級たることを保証する太鼓判のようなものだ。他の国では、選別は完全または部分的に機械化されている。

同行者の誰かが児童労働についてジョークを言った。子供が働いていることがバレないように私たちが来る前に隠すことを考えておくべきだったのに、といったような意味のジョークだった。児童労働の問題は、アフリカのどのコーヒー生産地を訪れても遭遇した。子供たちは親と一緒に働いている。貧しい家族にとっては子供が稼ぐ小銭さえも大事な収入になっている。そんな親たちに、他にどうしろというのか。学校があっても、無料ではない。貧困家庭ではとうてい払えない額を払わなければ学校には行けない。家に一人残すよりは、自分の隣で働かせるほうが安全である。

ピーターは、脱穀済みのコーヒー豆の山を選別している親子の写真を撮った。生豆の色は、緑色より灰色に近いように私には見えた。ピーターは、デジタルカメラの液晶画面を子供たちのほうに向け、写真を見せてやった。そこには、彼らのおどけた姿や夢中な表情が写っていた。みんな食い入るように小さな画面を見つめた。テレビだ。映画だ。子供たちはポーズを取り、即興で演じた。もう一枚、もう一枚。彼らは自分が写っている写真をいくらでも見たがる。子供たちはまるで磁石に引き付けられるようにピーターの周りに集まった。

ホテルに到着する頃には、雨で気温が下がり、空気が湿っていた。ホテルは、ブルンジのコーヒー生産地域の中心地であるンゴマの外れにあった。コーヒーが育つ地域の気温はさほど上がることはなく、今も一〇度あたりまで下がっているに違いなかった。私は震えながら顔を洗い、私たち派遣団とブルンジ代表者のために世界銀行が主催する食事会に出席するため、身支度を整えた。

このホテルは背の低い建物が集まったような構成になっていて、私たちが滞在するエリアはモーテル様式の部屋同士が連なっていた。別のエリアには天蓋で覆われた屋外バーなどが建ち並んでいる。食事会は宴会・会議場で開かれた。シンプルな魚、肉、米、バナナの料理のなかから自分で食べるものを選ぶビュッフェ形式だったが、植民地時代の執事や召使のような黒い制服を着た給仕係が飲み物を運び、お皿を下げてくれた。

ブルンジ側は、ミルの過熱に気づいたジェフに感謝を述べた。このような情報はとても貴重である。バイヤーの皆さんからぜひ色々なことを教わりたい、と言う。

これに対して、ジェフは次のように答えた。「ピーターも私も、あなた方からコーヒーを買いたいと思っています。喜んで力になりましょう」。そのうえで、ブルンジの皆さんには、スペシャルティコーヒー市場に意識を集中し、コモディティ市場は避けるようにしてもらいたい、と伝えた。

「ブルンジには大きな強みがあります。人手が多く、農家一軒あたりの栽培本数が少ないことです。最高級のコーヒーはそうやって作られるものです。コーヒー栽培を注意深く丁寧に行うよう、農家の人々に指導する必要があります。大量生産ではなく、職人技によって産業を興すのです」。ジェフは、さらに言葉を続けた。

「焙煎業者としては、コーヒー購入時にトレーサビリティが確保されていることを望みます。生産者が誰なのか、生産者の手取りになるのはいくらなのかを知りたいのです。コーヒーの生産・供給・販売チェーン全体が利益を得て潤うようにしていきたいと私は考えています」

私の隣に座っていたアン・オタウェーがこう囁《ささや》いた。「ジェフはコーヒー界の預言者ね……」

次に、ピーターが話し出した。「僕たちはそれぞれ別の会社で働いていますが、高品質のコーヒーに関心のある焙煎業者のグループを代表しています。米国のコーヒー業界は今、変わりつつあります。あなた方は、自国のコーヒー産業を変えるためのツールや方法を僕らにお尋ねになりました。何より重要なのは、カップに淹れたときのコーヒーの味わいです。市場が求めているのは、一杯のコーヒーなのです。『コーヒー』とは、樹木でも豆でもなく、産業でもありません。飲み物なのです。カッピングテイスターは、このことを他の誰よりも理解しています」

ピーターはさらに続けた。「今、あなた方は門戸を開きました。今後、大勢のバイヤーと出会うことでしょう。そこで最後に一言、アドバイスさせてください。ブルンジ産のコーヒーの個性を失わないようにしてください。ブルンジ特有の環境、優れた品種、適切な精製処理、豊富な人手——この組み合わせは、他にはない特別なものです。これらすべてが、他のどのコーヒーとも異なるこの国のコーヒーを生み出しています。どこか他の国のコーヒーと同じようなコーヒーを作らせようとする人の言うことには耳を傾けないでください」

奥の部屋には電子ゲーム機が二台置かれていた。自動車レースゲームとターミネーターゲームだった。パーティ終了後、ジェフはゲーム機の電源を入れるように頼み、相手かまわず勝負を申し込んでいたが、結局、ゲーム機が故障していたため、彼らは仕方なくバーに移動した。バーは問題なく営業していた。私は自分の部屋に戻った。部屋の外は雨が降っていて寒かった。部屋に入ると、雨に濡れはしないものの、やはり寒かった。私はトレーナーを着こんで眠りについた。

翌朝、私たちは再び車に乗り込んだ。ブルンジの首都ブジュンブラに向かい、そこからアディスアベバに飛ぶためだ。しかし、その前に警備の厳重な米国大使館に立ち寄り、パトリシア・メラー大使と面会した。彼女は共和党を支持する年配のビジネスパーソンである。身長は一五八センチで、髪はブロンドがかっていた。ショッキングピンクのスーツに淡い色の網ストッキングとクリーム色のヒール靴を合わせ、姿勢よく立っていた。

「私は南部の生まれなんです」と彼女は自己紹介した。「米国大統領にお仕えしていることを、とてもとても誇りに思っています」

大使は着任して一年になる。二〇〇六年以前のブジュンブラは、一九九〇年代後半から内戦続きで危険度が高かったため、大使館は閉鎖されていた。米国政府は、元は反乱軍のリーダーで国の改革に前向きな姿勢を見せているブルンジ現大統領を強力に後押ししている。だがメラー大使は、この国では暗殺も珍しくない、と指摘する。ブルンジでは過去三〇年間に三人のリーダーが職務中に殺されている。フツ派とツチ派の間で暴動も散発的に起きている。事態はいつ悪化してもおかしくないと彼女は言った。

メラー大使は、元は投資銀行家だったそうだ。コーヒーについて数多く質問してきた。

彼女の質問に、ジェフは一つひとつ答えていった。この瞬間まで、私はジェフの服装を気に留めていなかった。私の知っているいつものジェフだったが、上品な物腰の大使を前にして、私はジェフを、いつもとは違うレンズを通して見はじめた。無精ひげに、皺《しわ》だらけの服。そのままの服装で寝たのだろう。頭には野球帽を後向きに被っている。他のメンバーは、ファッション誌に載るような服装ではないにせよ、もう少しまともな恰好《かっこう》をしている。ピーターも、アイロンのかかったシャツに、ピシッとしたカーキ地のズボンを合わせ、まともな靴を履いている。

ジェフは、収容施設でごろ寝しているホームレスのような恰好だったが、コーヒーについて語る語り口は鮮やかだった。スペシャルティコーヒー産業を興して成功に導くためには何が必要で、ブルンジには何が足りていないのかを見事に説明していた。けれど、「……もちろん、あのクソまみれの道も問題です」と聞こえてきた瞬間、みな、息を呑み、沈黙が流れた。大使の前で汚い表現を口にしたからだ。幸い、彼女は瞬き一つしなかった。

この訪問は和《なご》やかなものではなかった。大使は非常に頭の切れる人物だったが、その格式ばった態度を崩すことはなく、私たちは徐々に息苦しさを感じるようになり、大使館を出ると同時に、みな安堵のため息をついた。そして、エチオピア行きの飛行機に間に合わせるため、空港へ急いだ。

空港では再び農務大臣が、私たちのビザを持って時間通りに現れた。私たちは全員揃《そろ》って、時間通りに飛び立てるかに思えたが、空港内はカオス状態だった。なかでも、私たちをあちらこちらの列に並ばせようと強引に押してくる現地スタッフの殺気立った様子は尋常ではなかった。武装した兵士が空港内をパトロールしていた。待合エリアには、薄い赤紫色のビーズを髪に編み込み、よく似合う色の口紅を引き、空色の制服を格好よく着こなした若い搭乗案内係の女性たちがいた。みなロサンゼルスの交通警察並みに愛想がなく、女性とアイコンタクトを取るのが得意なジェフでさえどうすることもできなかった。しかもどういうわけか、私たちが搭乗する予定だったカンパラ経由アディスアベバ行きのボーイング707への搭乗許可が、ジェフとティムにだけ下りないようで、しばらく待たされた。それでも最終的には全員、飛行機に乗り込むことができた。私たちを乗せた年季の入った機体が滑走路に出る。それから三〇～四〇分経った頃、後ろの席からアンが私の肩を叩いた。

「ねえ、窓の外を見て」

隣にいたピーターがシェードを上げてくれた。二人で窓の外をのぞき見ると、音は聞こえないものの、ブラスバンドの演奏する姿が見えた。レッドカーペットが敷かれ、金色をちりばめた煌《きら》びやかな制服姿の兵士一五〇名ほどが隊列を組んでグースステップで行進している。観覧席には着飾った観客が一〇〇名ほど群がっている。群衆の視線の先では、白い服を着た恰幅《かっぷく》のよい紳士と淑女が空港の外に姿を現し、レッドカーペットの上を歩いていくところらしかった。紳士は軍服姿で、淑女はカーペットに裾《すそ》が擦《す》れる正式なロングドレスを着ていた。その光景は昔どこかで読んだ、ベルサイユ宮殿を出発するルイ一四世の姿を思わせた。ここで、パイロットの機内アナウンスが流れた。ブルンジの大統領と大統領夫人が、本日午後、私たちと同じ飛行機で飛び立つとのことだった。大使館を訪問した際にメリー大使に聞いた話では、大統領は節約のために大統領専用機を売却したばかりだそうだ。また、つい先日、軍の最高顧問を大統領が解任したことで、現在のブルンジの情勢は政治的にも軍事的にもやや緊張状態にあるとのことだった。さらにメリー大使はこんなことも言っていた。この第三世界では、政敵を暗殺するために飛行機を爆撃することがよくある、と。一九九四年には、ブルンジの大統領とルワンダの大統領が同乗していた飛行機が撃墜され、二人とも死亡した。この襲撃の後、部族間抗争で三〇万人ものブルンジ人が死亡した。

　ピーターと私は、窓から目を離し、顔を見合わせた。「お出迎えが地味でよかったよ」とピーターは言った。

温かいお湯が出ることの、なんとありがたいことか。WiFi接続やルームサービスの存在を侮ることなかれ。私たちはみな、早く設備の整ったホテルに泊まりたいと切望していた。東アフリカファインコーヒー協会（EAFCA）のカンファレンス出席者は、ホテル・シェラトンとヒルトンホテルの宿泊料が割引される。私は事前にジェフから、ヒルトンを予約するように言われていた。アディスアベバでは誰もがヒルトンのバーに集まるし、自分もヒルトンに泊まるつもりだから、と。一泊で二〇〇ドル近くかかる。国民一人あたりの年収が一〇〇ドルの国で、一泊二〇〇ドル。私は衝撃を受けたが、ジェフに言わせれば、それが相場だという。エチオピアなど貧困にあえぐコーヒー生産国に滞在する時は、ホテル・リッツのような立派なホテルに滞在して高額な宿泊料を支払うか、ぼろ小屋に寝泊まりするか、二つに一つだという。今回の旅で私もまともなレベルから劣悪なレベルまで色々な施設に宿泊したが、主要都市を離れれば、ぼろ小屋しか選択肢がないこともある。そんなわけで、私はヒルトンを予約していた。ピーターはシェラトンに泊まると言う。いや、少なくとも本人はそう思っていた。ティムが予約してくれているものと思っていたのだ。しかしティムは、ルワンダとブルンジの旅に関しては宿泊の手配までしてくれていたが、エチオピアのホテルは予約していなかった。「まあ、心配するな。私の部屋に一緒に泊まろう」とティムは言った。

アディスアベバの空港で、ホテルの送迎シャトルバスを待った。ラウンジには、ＥＡＦＣＡの出席者五〇〇〇人を歓迎する巨大な横断幕が掲げられていた。私たちはみな疲れ切っていた。なかでもピーターは、もう一ヵ月以上、まともな場所で寝ていなかったため、相部屋と聞いて沈んだ顔をしていた。そこにシェラトンのシャトルバスが到着する。そして宿泊客の名前を確認していたホテル職員から、ティムの名前はないと告げられた。

ティムはシェラトンホテルに電話し、受付係と話し込んだ後、戻ってきて事情を説明した。ティム、ジェフ、ピーターの共通の友人であるスタンプタウン・コーヒー・ロースターズ創業者のデュエン・ソレンソンが、ティムの部屋も予約してくれているはずだと。これを聞いて、みな納得したようだった。デュエンはコーヒー業者としては優秀だが、チームプレイには向いていないから、とアンが言った。ティムは電話でさらに状況を確認した後、前言を撤回した。デュエンはティムの部屋を予約していなかったのだ。結局、ティムとピーターは他で泊まれる場所を探した。

エチオピアの国連会議センターは、現代のアクロポリスか何かのように、アディスアベバの街で最も高い丘の上にある。ありとあらゆる先進技術と通信手段、同時通訳機能が完備されたこの建物は、周囲とは隔世の感があった。少なくとも、出席者を運ぶためにホテルとの往復を繰り返す、ブレーキの壊れたおんぼろタクシーとは別世界の存在に見えた。便利には違いなかった。広大な会議スペースには、世界中のベンダー（供給業者）が出展していた。ケニアのコーヒー輸出業者ドルマンズがカプチーノを無料で配っていた。カプチーノに合うクッキーもあちらこちらで手に入る。数百名を収容可能な大会議室もある。アディスアベバの天気は、晴れて温かく乾燥していることがほとんどで、エチオピア人はアディスアベバこそが「エデンの園」だったと言っているが、センター内は空調が効いていて、震えるほど寒かった（アフリカでこんなに度々凍えそうになるとは思いもよらなかった）。

会議初日には、数千人がホールに集まった。生産者とアフリカ各地の生産者代表、中間業者、学者、民間非営利団体（NGO）の代表、金融関係者、そして、コーヒーのバイヤーたちだ。

基調講演は、スターバックスのダブ・ヘイ上級副社長が務めた。ヘイは、スターバックスとエチオピアの間で争われている裁判の話題には触れなかった。国内のコーヒー生産地域を商標登録しようとしたエチオピアの動きに、スターバックスが激しく反対した。するとエチオピアは、国際開発機構オックスフォード飢餓救済委員会（Oxfam）の後押しを受け、利益搾取《さくしゅ》行為だとしてスターバックスを訴えた。エチオピアの商標申請に反対することにより、スターバックスはエチオピアのコーヒー生産者およびコーヒー業者一五〇〇万人から八八〇〇万ドルの利益を奪った、とOxfamは主張している。

ヘイは、商標問題には触れず、代わりに、スターバックスがアフリカで取り組んでいる農家支援活動について語った。活動内容はインテリジェンシアやカウンター・カルチャーの助成金プログラムと同様だが、規模はさらに大きい。スターバックスは質の高いコーヒーにプレミアム価格を支払っている、とヘイは言う。また、アフリカのコーヒーをブランド化し、世界一万三〇〇〇店舗で販売している。コーヒー生産地域を支援するために学校、診療所、橋を建設し、設備投資のための助成金として数百万ドルを出資し、井戸も掘っている。さらに、きれいな飲料水の保全と製造のために一〇〇万ドルの追加拠出も予定している。

Ｏｘｆａｍはスターバックスの対応を組織ぐるみの窃盗行為だと主張し、対抗措置として米国中の大学で運動組織と資金調達組織を立ち上げている。ヘイの講演を聴くうちに、私はふと疑問に思った。コーヒー業界の人々――スターバックスの肩を持つ理由のない人々――はこの騒動をどう思っているのだろうか。そして驚いた。みな口々に、Ｏｘｆａｍの訴えは馬鹿げていると言ったのだ。

エチオピアの英米法顧問・政策顧問たちがスターバックスに抱く激しい憎悪も、この闘争を激化させる一因になっているようだ。そのことを、私は朝食で隣り合わせた地元の二人連れから聞いた。エチオピアでは、スターバックスは弱者をいじめるガキ大将のような存在であり、おとなしくさせる必要があるのだと言う。しかし、この対立と金銭的利害関係にない人からは、エチオピアの商標化キャンペーンは米国の法律に対する誤解から生じており、スターバックスに対するエチオピアの訴訟は根拠のない計算に基づくものだという意見も聞かれた。

スターバックスがエチオピアの農家から八八〇〇万ドルを「奪った」とする訴えは、フェアトレード・コーヒーについて描いたドキュメンタリー映画『おいしいコーヒーの真実（Black Gold）』（二〇〇六年公開）でも描かれているが、そのまま支持できるものではない。コーヒー業界を冷静に見つめる思慮深い人々――たとえば、Ｏｘｆａｍ理事会の一員であり、社会的公正さを重視しているプライス・ピーターソンのような人物に聞いても、反スターバックス運動は見当はずれだと言っていた。それでも、同情せずにはいられない。スターバックスは金持ち企業であり、エチオピアの生産者は世界で最も貧しい人々だ。公正を期すために言うが、スターバックスだけでなく、私が一緒に旅をしている小規模の焙煎業者も、エチオピア産の優れたコーヒーのおかげで大きな利益を得ている。それなのになぜ、生産者の稼ぎはあんなにも少ないのか。これは、エチオピアのコーヒー農園を訪れた人なら誰もが疑問に思う、非常に重要な問題である。私自身もこの旅のあいだ中、複雑奇怪な売買の仕組みを理解するために、幾度となく問いかけることになる。

「それこそが、エチオピア政府、エチオピアの輸出業者、スターバックス、その他の小規模焙煎業者の代表が交渉のテーブルに着いて真剣に取り組むべき問題なのです」とリック・ペイサーは言う。彼はグリーン・マウンテン・コーヒーの社会支援とコーヒー生産地域支援活動の担当役員であり、後に国際フェアトレードの統括組織である国際フェアトレードラベル機構（ＦＬＯ）の理事も務める。だが、訴訟で取り沙汰されたのは、この問題ではなかった。

エチオピアとスターバックスが争っていたのは、エチオピアが特定の地名を商標化しようとすることの是非についてだった。地名を商標として登録すれば、大変な問題が生じるだろう。米国の商標法では、地名は商標登録できないことになっている。コーヒーだけでなく、あらゆる作物について言えることだが、その作物が特定地域で生産されたことを証明するのは一般に不可能であり、産地偽装を生む温床になりやすいからだ。エチオピアのイルガチェフェという小さな町のコーヒーが、その町で生産されたという理由だけで高値を付けるようになれば、「イルガチェフェ産」と不正に表示する業者が出てくることは避けられない。今回の商標をめぐる争いで問題にされているのは、まさにその点なのだ。エチオピア政府は、イルガチェフェ産として販売されるコーヒーが確かにイルガチェフェ産であって近隣地域のものではないことを、どうやって証明するのだろうか。そのような問題はジャマイカ産のブルーマウンテンやハワイ産のコナで実際に起きている。偽物が本物として市場に出回り、本来の評判が損なわれた。それなのに、同じことを繰り返そうというのか。Ｏｘｆａｍは今回の訴訟で、順当に商標登録されていればエチオピアの農家が受け取っていたはずの金額として具体的に八八〇〇万ドルという数字を算出し、エチオピアという地名の使用料としてスターバックスに支払いを求めている。

ＥＡＦＣＡのカンファレンスが開催されているあいだに、アディスアベバでスターバックスとエチオピアの和解が発表された。両者の合意はその後いったん決裂するが、最終的にはどうにかまとまった。エチオピアが態度を軟化すると、スターバックスは交渉の席に着くことに同意し、エチオピアが誇る「名産地」の商標登録ではなくライセンス契約によって利益を得られるようにする方法を話し合った。ここまで来るのに数ヵ月を要し、その間にスペシャルティコーヒーという概念そのものが大きく傷つけられた。少なくとも、ピーター・ジュリアーノは私にそう語った。Ｏｘｆａｍが大学を中心に展開した反スターバックス運動によって、学生の意識のなかに、スペシャルティコーヒー業界は「貧しい人々から搾取しようとする欲深い資本家の集まり」だという考えが植え付けられたのではないかと、ピーターは心配していた。それはピーターにとって、プロとしてだけでなく個人としても、心痛む事態だった。「僕らはフェアな業界を創るために、身を粉にして働いている」とピーターは言う。もちろん、業界に非がないわけではないことも、とんでもない不正が存在することも知っている、と言葉をつないだが、それでもスペシャルティコーヒー業界には、正しいことをしようと努力を続けている人が大勢いる、と語った。

持続可能な農業の世界で周囲の尊敬を集めている人物からも、ピーターと同じ意見を聞いた。食品会社の役員から世界銀行グループのシニアコンサルタントに転身したダニエレ・ジョヴァヌッチである。「私は、コーヒー業界の若者が大好きなんだ」とダニエレは語った。スペシャルティコーヒーは、完璧とは程遠いが、農家のために正しいことをしようと努力する姿勢においては、農業部門のどの産業よりも進んでいるそうだ。しかも彼の調査によれば、コーヒーの質を向上させ、スペシャルティ市場に参入したことで、世界中のコーヒー農家の経済状況が改善されている。

アディスアベバでの初日のランチで、私はダニエレの向かいの席を確保した。十数人の同行者が、エチオピアの伝統的な高級レストランで一緒にランチをとることになったのだ。私たちは椅子やソファにゆったりと座った。食べ物は、籐籠《とうかご》の上に置かれた大皿で供された。四旬節《しじゅんせつ》※5の時期だったため、私たちは四旬節の伝統に則って野菜で作られる「断食料理」を注文した。ダニエレは四八歳。マラソン走者のように締まった体つきで、綺麗に剃られた頭が、長い鼻と隆起した骨格を際立たせていた。筋道を立てて状況をわかりやすく説明する術に長《た》けた男だ。

ダニエレが今、最も関心を寄せているのは、持続可能な農業である。この「持続可能な」という用語は、理解が不十分なまま乱用されているが、農業を営む家族が自分たちの土地を貴重な資源として保護し、その土地での農業を継続し、何世代にもわたって繁栄していけるような農業的・社会的・経済的営みを表す言葉である。持続可能な農業には有機農業も含まれうるが、有機農業だけが持続可能なわけではない。有害な化学物質を大量に撒く農法が持続可能でないのは明らかだが、安全な化学肥料の適量使用なら、持続可能といえるだろう。

カンファレンス二日目、私はダニエレのプレゼンを聴きに行った。国連関連の国際委員会「持続可能性評価委員会（ＣＯＳＡ）」の研究ディレクターとして彼が携わる仕事の内容が紹介された。コーヒー生産国における持続可能性の向上を掲げて様々なプログラムが登場するなか、ＣＯＳＡで

※5　四旬節
キリスト教西方教会において、復活祭の四六日前の水曜日（灰の水曜日）から復活祭前日までの期間のこと。二月中旬〜三月中旬。

は、そのようなプログラムのコストと利益の評価に関する研究が行われている。ダニエレは同僚たちと一緒に、問題の本質的要素を洗い出し、「スペシャルティ」「オーガニック（有機）」「フェアトレード（公正な取引）」「レインフォレストアライアンス（熱帯雨林同盟）」など、サスティナビリティ（持続可能性）の向上を目指すことが本当にコーヒー農家とコーヒー生産地域の金銭的、社会的、環境的利益に寄与しているかどうかを明らかにしようとしている。

ダニエレの話は、高い評価基準を満たすコーヒーの売上が急成長している事実からスタートした。「米国では、コーヒー産業のこの部門で年二〇〜五〇％の成長がみられ、収益の増加につながっています」。これについては、疑いの余地はなかった。スペシャルティコーヒーとして、あるいは「オーガニック認定」「フェアトレード」表示付きで売るからこそ入ってくるお金はある。だが、そのお金を受け取るのは誰か。農家、協同組合、コーヒー生産地域は確実に利益を受け取れているだろうか。コスト増を上回る利益を享受できているだろうか。すべて他のどこかに流れてはいないだろうか。

コーヒー愛飲家の多くは、従来のコモディティ市場の外でコーヒーを売るために生産者がどれほどのコストを支払うものか、知らずにいる。スペシャルティ市場や認定プログラムに参入するには、直接的にも間接的にもコストがかかる。たとえば「オーガニック」や「フェアトレード」の認定を受けるには、農家や協同組合は認定のプロによる定期的な査察を受け、いくつもの要件を満たす農園であると認証してもらわなければならない。そのうえで、毎年、認定料を収める必要がある。

スペシャルティ市場にコーヒーを販売する場合も、認定料を払う必要はないが、余分な出費がかさむことに変わりはない。スペシャルティコーヒーの生産には、通常以上のコストがかかる。収穫量は減ることが多い。最高品質のチェリーだけを収穫するため、収穫量が二五％減少したとしよう。この場合、高品質のスペシャルティコーヒーとしてプレミアム価格で売ったとしても、二五％の割増料では元を取れない。労働コストも余分にかかるからだ。チェリーの色を気にせず摘み取るほうが作業は早く終わり、その分、摘み取り作業者への支払いも少なくて済む。だがスペシャルティコーヒーの場合、完熟した赤いチェリーだけを摘まなければならない。となると農園の同じエリアの摘み取り作業は時期をずらして何度か繰り返さなければならず、収穫期間も長引く。

ダニエレらは研究結果に基づき、ある計算式を導き出した。経済学者はこれを「ツール」と呼ぶ。認定プログラムへの参加に伴うコストを収入の増加で回収できているかどうかの確認に役立つ。彼らが導き出したこの公式を使えば、生産者は数値を代入するだけで、純利益への直接的・間接的な影響を評価することができる。認定プログラムの責任者がこのツールを利用すれば、持続可能性について幅広く検討することができ、認定プログラムの経済的影響——本当に農家の収益は増えるのか——はもとより、環境的・社会的影響についても、コーヒー生産者に説明しやすくなる。ダニエレはこの経済的・環境的・社会的な持続可能性という三方向からのアプローチを有用な新機軸だとしている。

ダニエレの公式を使えば、結果を予測できる。それはつまり、コーヒー農家の力が強まるということだ。スペシャルティ・プログラムについて話し合い、考えを深めるための新しい切り口となる。そのことで、なかにはダニエレに敵意を抱く者もいたし、議論から生まれるネガティブな感情の矛先を彼に向ける人もいた。

フェアトレードの問題は、とくに議論を呼びやすい。フェアトレードラベル運動は、グローバル化が生む極端な不平等から貧しい国の農業労働者を守る手段として、一九八〇年代後半に西ヨーロッパから始まった。この運動の波は一〇年後には米国にまで広まり、コーヒー、チョコレート、綿など、ちょっと贅沢な日用品の生産に従事する海外労働者の過酷な状況に、米国人消費者も目を向けるようになった。

フェアトレードラベルのプログラムに参加するために、コーヒー農家も焙煎業者も相当な手数料を支払う。米国のフェアトレード組織であるトランスフェアUSAは、米国内で販売されるフェアトレード認定コーヒーについて、ポンドあたり約一〇セントのライセンス料を徴収している。その総額は年間で約二〇〇万ドルに達するが、そのほぼ全額がトランスフェアUSAの維持費として使用されている。

他方のコーヒー生産国に目を向けると、生産者協同組合はフェアトレードの認定を受けるために、フェアトレードの国際統括組織であるフェアトレードラベル機構（FLO）に毎年二〇〇〇〜四〇〇〇ドルを支払っている。FLOは認定を与えることによって、その協同組合の労働条件や生活環境がフェアトレードの要件を満たすことを保証する。FLOから認定を受けられるのは協同組合のみで、規模の大小を問わず、農園が単独でフェアトレード認定を得ることはできない。

フェアトレード認定を受けた協同組合は、生豆の最低価格としてポンドあたり一・二一ドルを保証され、オーガニックの認定が重なれば、保証額は一・四一ドルになる。コーヒーの価格は一九九九年にポンドあたり五〇セントまで下落し、その状態が数年間続いた。このとき、フェアトレード認定プログラムは農家の命綱となった。ジェフ・ワッツは、フェアトレードについて長々と論じたインターネット投稿のなかで、「あの頃、以前なら地元の輸出業者の言いなりになっていた地方の協同組合が、フェアトレードの旗印の下で小規模農家の生活を保障して息を吹き返す様を、僕らは目撃した」と書いている。やがてコーヒー価格は上昇に転じる。FLOが規定するアラビカ種コーヒーの最低価格の改定はその上昇スピードに追いついていなかったが、それでも、二〇〇九年一月にはポンドあたり一・二六ドルにまで引き上げられた。また、オーガニックコーヒーとフェアトレードのプレミアム価格――いずれも社会的付加価値に対するプレミアム――は、二〇〇七年だけで五セントずつ引き上げられた。

グリーン・マウンテン・コーヒーの社会支援担当役員であるリック・ペイサーは、FLO理事会のメンバーでもある。彼は、ポンドあたり一〇セントの「社会的プレミアム料金」について、「新しい教室、道路、診療所の建築など、協同組合による社会貢献プロジェクトのために使用されます。社会的プレミアム料金の用途については、民主的に投票で決定しなければなりませんが、それ以外にとくに規定はありません」と説明している。

リックはフェアトレードラベルのシステムについて、「完璧ではないが、公正であり、可能な限り透明性が確保されています。すべてに公正を期すため、個々の農家まで遡《さかのぼ》れるように追跡可能な記録を残しています。協同組合は、各農家が受け取ったコーヒー代や給付金を帳簿に記録することになっています」と述べている。

ところが最近、ジェフや、高級スペシャルティコーヒーを扱う他のバイヤーのなかに、フェアトレードシステムへの参加を考え直す動きがある。フェアトレードの認定要件に品質基準がないことを不服に思っているのだ。「フェアトレードラベルのコーヒーを買う消費者は、人間らしい労働環境下で生産された高品質のコーヒーだと信じて買うのに、品質を保証していないなんて」とジェフは言う。しかも、フェアトレード運動は、多かれ少なかれ、多国籍企業に乗っ取られている。「プログラムの規模が拡大し、大手焙煎業者の参加を積極的に促すうちに、FLOはジレンマを抱えるようになった」とジェフはメール取材への回答のなかで書いている。「大手多国籍企業は、フェアトレード商品の取扱量を急速に増やし、取扱量トップの存在であるにも関わらず、コーヒー価格のいかなる値上げに対しても［ジェフのような小規模企業が軒並み是認している農家のための値上げであっても］、強硬な姿勢でロビー活動を行う。フォルジャーズやネスレのような企業の利害は、スペシャルティ業界が目指すものと一致しておらず」、「いち早くプログラムに参加した企業の多くが幻滅し、長年参加してきた企業からも見放されはじめている」のだと言う。

ジェフは、かつてのようにインテリジェンシアからトランスフェアUSAにポンドあたり一〇セントを支払うよりも、農家に直接払って、インフラ設備の改善や生活の質の向上に役立ててもらうほうがいいと考えている。インテリジェンシアでは今もコーヒーの一部をフェアトレード認定農園から仕入れてはいるが、フェアトレードのライセンス料は支払っていない。スタンプタウンは退会を検討しているが、まだ退会していない。いずれにせよ、インテリジェンシアもスタンプタウンも、そしてカウンター・カルチャーも、日頃からフェアトレード価格より二五％以上高い価格でコーヒーを買い付けている。

リック・ペイサーは、フェアトレードなどの認定プログラムの評価基準に品質の評価を含めるべきだとする意見を一蹴している。「私が知っているコーヒーバイヤーのなかには、認定システムによる『認定シール』一枚で買うかどうかを決めるような人は一人もいませんよ。どのバイヤーも、一杯のコーヒーの質を自分の鼻と舌で注意深く評価し、その評価に基づいて購入を決めています」

コーヒー生産コストの上昇が、フェアトレードの問題を余計にややこしくしている。二〇〇八年一月現在、Cマーケット[※6]では、コモディティレベルの品質のコーヒーも、フェアトレード価格より高値で取引されている。「フェアトレード商品が現状のように高級市場で扱われることを非難するのは簡単です」とリックは言う。「高値で売れているあいだは、農家は収益に目を向けません。し

※6　Cマーケット
ICEフューチャーズU.S.（旧ニューヨーク商品取引所）によるアラビカコーヒー先物取引のコモディティ市場。ここでの価格が世界のコーヒー取引の参考値として扱われる。

かし、FLO理事会の一員として私は、何が起きているのかを見てきました。フェアトレード認定は、価格の急落時に保険契約のように効力を発揮します。そのような時期は周期的に訪れるものです。一〇年前にもコーヒー価格は崩壊し、農家は家族を養えなくなりました。南米の六〇万人もの農家が米国に移住しました。そして、誰もがフェアトレード協同組合に入りたいと思うようになったのです。フェアトレード認定システムは、ある水準の持続可能性を保証するために必要とされているのだと、私は考えます。問題解決の特効薬ではありませんが、農家を守る手段としては最良だと私は思っています」

リック、ジェフ、ピーターだけでなく、多くの業界人が同僚や友人とフェアトレードについて議論を交わしている。互いに意見は違っても、みな相手の意見を尊重している。とはいえ常に礼節をわきまえているわけではない。ここでようやく、EAFCAカンファレンスで行われた持続可能性とそのコストに関するダニエレ・ジョヴァヌッチの講演の話につながるわけだ。コーヒー関連のイベントに出席していると、フェアトレードに関する議論が急に感情的になるのをよく見かける。ダニエレらは、そのような議論に理性と定量的な判断基準を持ち込んだのだ。

その日の夕方にも、私はダニエレにお世話になった。EAFCA主催の大宴会があり、アディスアベバのシェラトンホテルに一〇〇〇人近い人々が集まっていた。会場に行くと、知り合いは一人も見当たらなかったので、カクテルタイムは場の雰囲気に合わせてレポーター業にいそしんだ。やがてディナーの準備が整い、大宴会場に移動するようにと案内があった。広い会場を一巡しながらテーブルを探していると、主賓席に座るダニエレに出くわした。

「あなたと話の合いそうな相手をご紹介しましょう」と言って彼は私と一緒に会場を回り、「だめです。彼らはつまらない」「あそこはやめておきましょう」「ここも違う」などと繰り返した後、「ここがいいでしょう」と言って、あるテーブルに案内してくれた。顎《あご》を覆うように薄く髭《ひげ》を生やし、小さなスカルキャップを被った紳士が何人か座っていた。ダニエレは私を、ターバンを巻いたシャビエル・エリという名の男性に引き合わせた。エリは、イスラム教徒シーア派の分派であるイスマイリ派（宗教的指導者はアガ・カーン）の貿易業者だった。イスマイリ派は世界中に一〇〇万人いて、宗派間の論争には一切参加せず、どちらの味方にもならないことで知られている。そして、イスラエル、エジプト、中国、アフガニスタンなど、相手を選ばず誰とでも取引をする。私がディナーで同席したエリは、インドで五〇〇年間、紙の取引で平和的に繁栄してきた一家の家長だ。彼の話では、イエメン政府から、イエメン産コーヒーの市場への売り出しを手伝ってほしいという打診を受けたそうだ。イエメンといえば、一塊《ひとかたまり》のパンを買うような気軽さでカラシニコフ銃を買える国である。国のイメージはあまり良くなく、マーケティング上の問題も抱えている。そんなわけで、エリの一家はイエメンに移り、五〇〇年前に確立されたというイエメンのコーヒー取引に関して、学べることはすべて学ぼうとしているところだと言う。イエメンの港町アル・モカ（モーハ）から輸出されたコーヒーは、「モカ」の呼び名で全世界に広まった。

エリと私はディナーのあいだ、ずっと話し続けた。エリの調べた限りでは、コーヒーの起源はエチオピアではなく、イエメンだと言う。その根拠として、ケファ（Kefa）の地でコーヒーノキの果実を食べて興奮し飛び跳ねるヤギが目撃され、それがコーヒーの起源となったとする伝説が、実は『アラビアン・ナイト』の物語であったことを教えてくれた。「コーヒーは、エチオピア語ではブナ（buna）と言います。コーヒーを意味するケファ（kefa）やカファ（Kafa）は、エチオピア語ではなく、アラブ語なのです」とエリは言う。この事実こそが、コーヒーの起源がエチオピアではなくイエメンであることを示す確たる証拠だとエリは考えていた。しかし専門家のあいだでは、コーヒーの起源はエチオピアであり、エチオピアで進化を重ねた後イエメンに持ち込まれ、一五〇〇年ほど前から栽培されるようになったとする説が主流である。いずれにしてもイエメンの天日干しされたコーヒーは、何世紀ものあいだ、貴重なコーヒーとして扱われてきた。それがここ数十年、質の低下によって苦境に陥っている。

シェラトンでのディナーの後、私はピーターや他のコーヒー仲間と一緒にヒルトンのバーに繰り出した。話題は戦争のことになった。スペシャルティコーヒー業界の連中には、男女を問わず、そういうマッチョなところがある。輸入業者デイヴィッド・グリズウォルドのもとで働くリビー・エヴァンズは、天使のように穢《けが》れのない美しい顔をした女性だが、首から下は筋肉質で引き締まっている。タンガニーカ湖で泳いだ話をしながら、「死の危険に溢れてはいるけれど、あなたも一度は挑戦すべきよ」と言っていた。

その後、話題は飛行機での恐怖体験談に移った。マラウイの航空会社のパイロットが離陸中に泥酔状態で機内に現れ、搭乗客に向かって「さあみんな、ロックンロールを楽しもう」と叫んだ、という話もあった。私と同じテーブルにいた五人のコーヒー仲間もみな、つい最近、それぞれに恐ろしい飛行体験をしていた。ハリケーンの嵐のなかに漕ぎ出した小舟のように、激しい雷雨で小さな機体が大揺れした話や、山の斜面にある滑走路への着陸でパイロットが滑走路を行き過ぎた話が、次々に飛び出した。

彼らの話を、私は厄払いのようなつもりで聞いていた。要するに、コーヒー生産地を訪問する旅には、時に危険が伴うということだ。ピーターもジェフも、デュエンも、コロンビア山間部のコーヒーを購入しているが、その一帯では麻薬戦争と内戦が数十年前から続いており、今も誘拐が絶えない。コーヒーはそのような危険な山地で栽培されている。麻薬密売人や反乱軍が支配する地域に徒歩やロバで踏み入って無事にコーヒーを買える年もあれば、そうでない年もある。無事に帰れるかどうかは、行って帰って来るまでわからない。情勢を読み間違えることもあるだろう。今年、流れ弾に眉間を撃ち抜かれないとも限らない。コーヒー業界の連中は、そういった物騒な話を運命論のように茶化して話すが、一皮むけば、地獄のように恐ろしい話だ。

やがて彼らは、ジェフの武勇伝について話しはじめた。ジェフは酒癖が悪く、パーティでの悪ふざけが過ぎることでも知られていた。「今年はだいぶましだね。去年は盛り上がった後に燃え尽きて、ジム・モリソンのように急死しやしないかと心配したよ」とピーターが言った。

ジェフに関する噂話はいくらでも出てきたし、アイドルのゴシップ話よりも盛り上がった。ジェフは愛されていたし、妬《ねた》まれてもいた。人の心をつかんで離さない何かが彼にはある。アディスアベバでの最初の夜に、私はそれを目の当たりにした。ピーター、ジェフ、ティムと連れ立って他のコーヒー仲間たちと一緒にエチオピアの伝統的レストランでディナーをとっていた時のことだ。店内の至るところにラグが敷かれ、かご、銀の装飾品、真鍮《しんちゅう》の食器が飾られていた。どれもこれも、遊牧民の族長か裕福なラクダ飼いのテントの中にありそうなものばかりだ。レストラン店内では、三〇〇～四〇〇人の客が背もたれのない籐《とう》製の椅子や長椅子にゆったりと腰掛けていた。やがて踊りのパフォーマンスが始まり、パフォーマンスの途中で、ダンサーが客席から一人選び、首から肩の部分を蛇のように動かすエキゾチックな踊りを教えることになった。さて、ダンサーの女性は誰を選ぶのか。お金持ちのエチオピア人商人か、身なりの良い旅行者か。いや、彼女が選んだのは、ジェフだった。泥ネズミのような服装で、テジというエチオピア伝統の蜂蜜酒を飲んでいたにも関わらず、ジェフが選ばれた。金払いが良さそうに見えたからではない。彼女を一心に見つめるジェフのトパーズ色の瞳に引き寄せられたに違いなかった。

スペシャルティコーヒー業界の多くの人が、同じことを思っていた。ジェフの仕事や人生に懸ける想いの強さや大胆さが、いつか命取りになりやしないかと。世の中にムーブメントが起きる時、必ず悲劇のヒーローが登場する。我々にとってはジェフがそういう存在なのかもしれない、とロサンゼルスのグランドワーク・コーヒーでCEOを務めていたリック・ラインハートは、後日、私に漏らした。

EAFCAカンファレンスは、良くも悪くも、カンファレンス（会議）だった。私はそこで多くを学び、大勢の人に会った。しかし二日目が終わる頃、私は焦りを感じていた。エチオピアまで来ていながらコーヒー農園を見ず、イルガチェフェを訪問しないなんて、正気とは思えない。だが今回の旅程にそのような予定はなかった。私がピーター、ジェフと同行できるのはあと数日だが、その間、ジェフもピーターもアディスアベバに滞在し、できるだけ多くのコーヒーをカッピングするつもりらしかった。

そこで翌朝、朝食後に、私はリンジー・ボルジャーのテーブルに立ち寄った。彼女はバーモント州の焙煎業者グリーン・マウンテン・コーヒーで、コーヒーの調達と供給業者との関係構築を任されている。グリーン・マウンテン・コーヒーといえば、年商二億五〇〇〇万ドルの上場企業だ。リンジーとは以前、一度だけ、ほんの少し顔を合わせただけだったが、ピーターとジェフが彼女に一目置いていることは知っていた。焙煎業者としてもカッピングテイスターとしても優秀で、並外れた鋭い味覚と嗅覚を持ち、スペシャルティコーヒー業界に大きく貢献し、今も世界各地でカッピング技術を教えている。

「あの、ひょっとして、コーヒーの産地を訪れるご予定はありませんか」と私は尋ねた。

彼女は顔を上げて私を見ると、一瞬の間を置いてから、「この後、一時間後に、シダモ［五〜六時間の距離］とイルガチェフェを訪問する二泊の旅にバイヤー仲間と出かけるところよ」と答えた。そして、出発までに準備できるなら、参加してもよいと言ってくれた。

その日の午前中のうちに、私はトラック二台編成の商隊の一員になっていた。リンジーの他に、ピーツ・コーヒーで新しく雇われた購買責任者のシリン・モアイヤドや、甘い顔立ちのリビー・エヴァンズの姿もあった。リビーは、社会的意識の高いことで知られるオレゴン州ポートランドの輸入業者サステイナブル・ハーベストで働く二二歳の女性である。写真家のキム・クックは、コロラド州を拠点に活躍する三〇代後半のワイルドな女性で、サステイナブル・ハーベスト社の依頼で取材に来ている。ワイルドな女性の御多分に漏れず、滅多なことでは弱音は吐かない。グリーン・マウンテン・コーヒーのリック・ペイサーもいる。三〇代前半のジェイソン・ロングは、ミネソタ州ミネアポリスでカフェを展開する輸入業者の社長である。この商隊を率いる若きオランダ人トレーダーのメノ・シモンズは、アムステルダムを拠点とするオーガニック専門商社トラボッカの重役である。トラボッカ社はアフリカでオーガニックコーヒーを「調達」している——つまり、高品質の豆の出所を突き止め、農家のパートナーとなり、輸出業者にライセンスを販売する。ピーター、ジェフ、デュエンのようなバイヤーは、代理人となる輸入業者を通じて、このライセンスを受けた輸出業者からオーガニックコーヒーを買うことになる。この販売システムはかなり複雑だが、エチオピアだけでなく、他の多くのコーヒー生産国でも状況は同じだった。

メノ・シモンズは、二〇〇四年にトラボッカを創業し、現在、三五%の株を所有している。エチオピアでのキャリアは一〇年になる。一九九八年、エチオピアにオーガニックコーヒー認定プログラムを最初に導入したのは彼だった。エチオピアからヨーロッパ、米国、日本に向けて輸出された最高級のコーヒーの多くは、メノによって調達されていた。カウンター・カルチャーもインテリジェンシアも、スタンプタウン、ピーツ・コーヒー、サステイナブル・ハーベスト、グリーン・マウンテン・コーヒーも、コーヒーの調達にメノの力を借りている。ジェフもピーターも、デュエンも、メノのことが大好きだった。なかでもデュエンは、いつか、アムステルダムでメノと組んで事業を立ち上げ、今は美味しいカプチーノよりも合法マリファナを出す店のほうが多いと言われるあの街に、スタンプタウン方式のコーヒー店を出すのが夢だと公言していた。

この旅の最初の行程で、私はリンジー、リシン、リック・ペイサーと同じトラックに乗り合わせた。私たちはみな郊外に出るのは初めてで、熱心に窓の外を眺めた。南へ向かう二車線の舗装道路は、グレート・リフト・バレーを抜けた後、山間部へと入っていく。道路沿いには、いくつかの村が点在していた。エチオピアには道路があまりなく、私たちは、この二年前にピーターとジェフが初めてイルガチェフェを訪問する際に通ったのと同じ道をたどっていた。町を通り抜けるあいだ、窓の外の通りを見ていると、鮮やかなオレンジ色の陽除けの付いた荷馬車、自転車、歩行者、ロバを引いて荷物を運ぶ人の姿が見えた。明るい色の制服を着て通学する生徒たちは、女の子同士、男の子同士で手をつないでいた（エチオピアでは大人も同性同士で手をつなぐ）。女性たちは陽射しと埃を遮る白い薄布を纏っている。よく肥えたこぶ牛が気ままに往来を横断していた。町中にユーカリと焙煎《さえぎ》されたコーヒーの匂いが漂っていた。沿道ではカボチャやジャガイモが売られている。前方をロバが横切っていたので車の速度を落とすと、幼い少女が「お金、お金、お金、お金」と言いながらこちらに手を伸ばしてきた――よそ者を見かけたら取りあえず物乞いをするように仕込まれたこのような子供たちを、私たちはこの旅で何度も見かけることになる。

町から離れると、藁《わら》ぶきの小屋、雌牛の群れ、腰を屈《かが》めて大量の洗濯物を運ぶ女性たちが見られるようになった。驚いたことに、沿道には卓球台が置かれていた。わざわざ国道沿いでプレイするのはなぜだろうかと、私たちは首をひねった。

自家用車とすれ違うことはほとんどなく、トラックとワゴン車が多かった。そのほとんどがトヨタ車で、米国車は少なかった。

暑かった。窓から直射日光が差していたが、エアコンはなかった。助手席にはピーツ・コーヒーのバイヤーであるシリンが座っていた。車酔いしやすいという理由で常に助手席に座りたがった。父方の祖先はペルシア人だが髪は明るいブロンドで、英国アクセントの英語を話すが米国のエリート校の出身である。四〇代前半の彼女は世界各国で居住経験があり、シンガポールに八年、その前は世界で最も暑い国の一つであるパプアニューギニアに住んでいたが、それでもこの暑さは耐え難いようだ。後部座席で使い回していた小さなスプレー缶を時々要求し、顔に吹きかけていた。彼女はピーツ・コーヒーで働きはじめてまだ数ヵ月と日が浅かった。サンフランシスコを拠点としているが、米国人のことを粗野だと感じているらしく、米国暮らしはまだお試し期間中なのだそうだ。

私はずっとリック・ペイサーから、ラテンアメリカとアフリカの農家を支援するグリーン・マウンテンのプログラムについて話を聞いていた。五六歳のリックは、髪は白いが顔は若く見える。常に公正であろうとする「正義の味方」であり、多くの企業から役員の引き合いがあるのもうなずける。リックの話を振り返り、コーヒー農家の将来を親身になって考えるピーター、ジェフ、デュエンのこと思いながら、私はふと尋ねた。「コーヒー業界」の人はみな「左派」なのか、と。

「どういう意味で言っているの？」シリンが聞き返す。

「もちろん、善き行いをする人たちのことよ。虐《しいた》げられた人々と共にあろうとする人たち」

「私はビジネスの力を信じているわよ。ビジネスの力で、人々を貧困から救い出せるって」。シリンはきっぱりと言った。どうやら気を悪くしたらしい。そこで私は話を切り上げ、リンジーに注意を向けた。無駄のない引き締まった体、長い黒髪、意志の強そうな黒い眉、青緑色の瞳、落ち着いた佇《たたず》まい。三〇代後半のリンジーは、どんなに暑くても疲れを見せない。タフなコーヒー業界人のなかでもずば抜けてタフだった。誰よりも明るく輝くスターだ。コーヒー評論家のケネス・デイヴィッズは、自身が運営する『コーヒー・レヴュー』というサイトで、リンジーについて次のように書いている。「（リンジーは）実に誠実で純粋な人である。コーヒー生産者に心から寄り添い、彼らの苦労と成果を深く理解している。同業者からの信頼も厚く、誰もが一目置いている。コーヒーに対する献身的な姿勢は、彼女個人に深く根差したもので、単なる仕事の枠を超え、芸術の域に達している」。リンジーの会社であるグリーン・マウンテンは、スペシャルティコーヒーを少量単位でオンライン販売しているが、スーパーマーケット、ガソリンスタンド、大通りに面した店舗向けの大量市場で高級豆を焙煎して販売する会社としての知名度のほうが高く、コーヒー業界の外ではほとんど名前を知られていない。マスコミ報道はピーター、ジェフ、デュエンを取り上げることが多く、リンジーが表に出ることはほとんどないが、リンジーはストックオプションを保有し、同業者の尊敬を集める経営の安定した会社で働き、リック・ペイサーをはじめとする多くの同業者が住みやすいと評するバーモント州で快適に暮らしている。今回の旅に参加している五人の女性のうち、結婚しているのも子供がいるのもリンジーと私だけだ。リンジーには七歳の息子がいる。夫はハイテク技術者なので、在宅で仕事をしているそうだ。おかげで彼女もずいぶん仕事がやりやすいと言う。そうは言っても、年六ヵ月の旅行生活は決して簡単ではないが。

「どんなときも、味や香りが気になるの。私はこのビジネスに、失われた家族の記憶を見出しているのかもしれないわね」とリンジーは言う。彼女はニューヨーク州ロチェスター郊外の「良い匂いのする家」で育った。父親は建築史学者で、歴史的遺産の修復の専門家だった。母親は情熱溢れる園芸家だった。「本と、ハーブと、古いカーペットの匂いがする家だった。私は物の匂いを嗅ぐのが大好きで、何か物を買うときも、まず匂いを嗅がずにはいられないのよね」

一九八七年、ワシントン州オリンピアでワシントン州立大学の学生だったリンジーは、バットドーフ&ブロンソン・コーヒー・ロースターズで働きはじめた。コーヒーが大好きで、やがてコーヒー焙煎業に魅了され、当時まだ男社会だったこの世界に飛び込んだ。「まずは客として完璧を目指し、次に焙煎業者になり、それから焙煎マスターになったのよ」

そんな彼女を師匠として導いたのは、二〇〇七年に八七歳で亡くなった伝説の男、アルフレッド・ピートだった。ピートは彼女の内に眠るテイスターとしての才能を引き出し、高みへと引き上げた。ピートはオランダ人で、父親は小さなコーヒー焙煎会社を経営していた。一九六六年に米国に移住し、カリフォルニア州バークレーでピーツ・コーヒー&ティーを創業する。コーヒーに関する知識は百科事典並みだった。味覚・嗅覚が鋭いだけでなく、カッピングで体験した味わいを言葉にする能力に秀でていたため、人に教えるのも上手かった。リンジーがピートに出会ったのは、一九八九年、ピートが講師を務めるセミナーでのことだった。「私がむき出しの情熱をぶつけると、アルフレッドは四八時間の個人指導で応えてくれた」。それ以来、二人はずっと親交を温めてきた。

「父親のような存在だったわ。本当に多くのことを教えてもらったの」

午後六時になろうとしていた。午前一一時に一時間遅れで出発したが、道が悪くランチも長引いたため、予定よりさらに遅れ、日が暮れはじめた頃、ようやくショイエ・ダダ(Shoye Dada)協同組合のウォッシングステーションに着いた。シダモ地方の五つの地域の農家約四五〇〇人が所属する組合である。農家一軒あたりの農地は半ヘクタール（約四〇〇〇平方メートル）ほど。それも、すべて借地である。エチオピアの法律下で土地を個人所有できる人はほとんどいない。農家は、土地を抵当に入れることも、売ることも、開発することもできない。家族に食べさせるために、コーヒーだけでなく野菜を育てる農家も多い。また、エチオピアではチャット[※7]の栽培が非常に盛んで、政府を悩ませている。チャットの葉や枝には覚醒剤のアンフェタミンに似た、気分を高揚させる成分が含まれている。エチオピアの田舎地方に行くと、チャットを常用するせいで歯が緑色に染まっている人も大勢いる。コーヒーの価格が下がると、必然的にチャットの生産量が増える。今世紀最初の数年がまさにそうだった。

組合の代表者たちは、かれこれ数時間、私たちの到着を待っていた。

何でも上手に使いこなすリビー・エヴァンズが、手元のGPS機器を見て、「北はこっち」と知らせてくれた。標高は一九九四メートル。不思議なことにこの地のコーヒー生産者は、自分の農地が実際にどれほど高い場所にあるのか知らないようだ。祖父やご近所から聞いた数字を鵜呑みにしている（パナマのコーヒー生産者は違った。ラテンアメリカの生産者は、農園の標高を尋ねられると、わざと大げさな数字を答える。過去に付き合った女性の数を聞かれた時と同じノリである）。

雨の匂いが強くなり、山の冷たい風が吹き抜けた。メノ、シリン、リンジー、リビー、ジェイソン、リック、私の七人は、貯蔵庫の脇の見晴らしのよい場所に弧を描くように並べられた小さな木製の椅子へと案内された。眼前には緑の渓谷の急斜面が見え、振り返ると木々に覆われた山がせまっていた。

ミーティングが始まった。議長は、緑色のTシャツにカーゴパンツ、黒いランニングシューズという出で立ちのメノが務めた。メノは機転の利く人物だ。髪はブロンド。目鼻立ちは小ぶりだがはっきりしている。自身の会社であるトラボッカを通じてシダモやイルガチェフェの農家に協力し、この地域のオーガニックコーヒーの質向上に努めている。トラボッカは、二〇〇五年に設立された官民連携パートナーシップの一環として、パルパー（果肉除去機）、ウォッシング（水洗）装置、乾燥脱穀機、乾燥テーブル、カッピングルームの備品、発電機を、その緊急性に応じて新しく購入している。このベンチャー事業への支援をすでに二年続けており、今後さらに八年間継続することになっている。トラボッカの出資額は約三七万五〇〇〇ドル、対するオランダ政府からの助成金は六〇万ドルである。

メノをはじめとするバイヤーの対面には、擦《す》り切れたシャツとパンツに擦り減った革靴を履いた一七名の生産者が並んだ。椅子が足りず立っている者もいる。全員が改まって自己紹介をした。農家の人たちと組合の代表者たちは真剣な面持ちでバイヤーを見ている。農家の大半は彫りの深い顔にやせ細った体つきをしていたが、何人かはもう少し丸みを帯びた、アフリカもしくはアジア的な

※7　チャット
エチオピア原産のアラビアチャノキ。イエメンやエチオピアではコーヒーより人気が高い嗜好品で、主に新鮮な葉をガムのように噛んで利用する。

外見だった。肌の色の濃さには幅があったが、みな外仕事で日焼けしていた。農家の人々は相当な苦境にある。ここ数年、コーヒー価格は一九九九年の大暴落から持ち直してきてはいたが、予測不可能な天候とインフラ設備の不足が農家の人々の前に立ちはだかっていた。

シダモ・ユニオンに所属するコーヒー生産者の多くは、いまだに電気も水道もない暮らしをしている。といっても、水の供給は豊かだ。いやむしろ豊かすぎて、この地域を苦しめている。数十年に一度の大雨で、コーヒー作物に被害が出ていた。ショイエ・ダダ協同組合の組合長は、同様の規模の組合三六団体を統括する親組織であるシダモ・ユニオンのトップであり、総勢一五万人を超える農家を代表している。

シダモのような大きなユニオンは、輸出業者としてコーヒーを販売し取り次ぐ権利を法的に有している。ユニオンはコーヒー豆をミルで脱穀する。いや、脱穀作業を監督する。それから、アディスアベバのカッピングセンターでカッピングとテイスティングを行い、その後、オークションでの販売を監督する。また、世界市場の構造が複雑化するなかで、多くの協同組合がコモディティ取引[※8]の商慣習を採用するようになった。つまり、身を守る手段として信用取引による売買に手を出したのだ。しかし、国際的な金融ゲームへの参戦は危険行為でもある。シダモ・ユニオンの前組合長は数十万ドルを横領したとして投獄されている。このような罪状は、でっち上げかもしれないし、本当かもしれない。国際市場における協同組合の立場を守ろうと努力したのかもしれないが、そうでないかもしれない。私たちが行く先々で、エチオピア人もそうでない人もこの問題を議論していたが、誰も確実な情報は得ていないらしかった。一つ疑いようがないのは、シダモ・ユニオンはフェアトレードの認定を失いかけているということだ。その理由をきちんと説明できる者はいない。小さな問題が積み重なってこうなったとしか言いようがなかった。

ここ何年か、ショイエ・ダダ協同組合では年間にコンテナ一三台分（約五〇万ポンド）のコーヒーを販売していたが、今年、組合はその約半分の量しか売らないと言う。販売量がそんなにも大きく減る理由がメノにはわからなかった。「甘い汁を吸う」内部の人間が先に買って持ち去ったのか。それとも、この謎に対する農学的な説明が何かあるのか。メノはエチオピア滞在に相当な時間を割き、アディスアベバにエチオピア人の正社員を置いているが、組合からはそれなりに距離があるため、組合内部で何が起きているのかを正確に把握するのは非常に難しい状況だった。

メノの事業は、エチオピア人生産者は適切な支援を受ければ上質のコーヒーを一貫して栽培できるという信頼の上に成り立っている。ところが今、その一貫性と利益性に確信がもてなくなっていた。メノはエチオピアに多くの時間と資源を投じ、最高のコーヒーを生産する組合を探して広く旅をし、彼らと共に働き、現地のインフラ設備を向上させ、栽培方法を改良し、オーガニック認定料を肩代わりし、コーヒー豆を市場で販売する手助けをしている。メノについて、実力以上のことを

※8　信用取引による売買
手持ち資金の数倍～数十倍の金額の売買取引を「信用」によって行うこと。自己資金をはるかに超える大きな額の取引ができる。取引額を大きくして損失が出た場合、損失額も大きくなる。

しようと無理していると言う人もいるが、メノが成し遂げようとしていることについては誰もが高く評価している。部外者でありながらエチオピアの農家をスペシャルティコーヒー市場に参入させようと親身になって体当たりで努力するような人物は、そう多くいるものではない。

私たちが訪問した日、メノは、なぜショイエ・ダダの生産量は激減したのか、翌年のV字回復を後押しするために自分に何ができるのかを知りたがった。英語からアムハラ語、アムハラ語から英語への通訳を担当したアブラハム・ベガショウは、エチオピアのコーヒー業者で、以前は政府の役人だったが、今はトラボッカのアディスアベバ支店でメノの下で働いている。生産量の減少について問われると、農家たちは答える前にあれこれ話し合い、それから、雨のせいだと言った。チェリーを乾燥させることができなかったのだと。資金繰りにも問題があるという。

組合長も口を開いた。「銀行も農家にはなかなかお金を貸してくれません。農家は仕方なく、裏でコーヒーを売るのです」。農家は、絶えず借金に追われ、植付け前の出費を支払うために「事前融資」に頼る。資金繰りが間に合わなければ、不利な条件でお金を借りなければならず、その返済のために、やむなく地元の行商人にコーヒーを売るはめになる。当然、行商人は足元を見る。そのようなバイヤーは、ラテンアメリカでは「コヨーテ」と呼ばれており、値段の折り合いさえつけば、気分しだいで誰にでも物を売る。なかにはフェアな商売人もいるが、欲深い連中もいる。

リンジーが質問した。「問題は、銀行から事前融資を受けるために必要な書類を、組合が事前に用意していないことにあるのでは？　ラテンアメリカでも同じような問題をよく見かけます」。質問する彼女の頭上を、大きな鳥がけたたましい声で鳴きながら飛んでいく。この辺りは野鳥が多く、日暮れ時も木々の梢《こずえ》から鳥の声が響いてきていた。

しかし、どうやらこの問題の根は深く、書類の手続きでどうにかなる話ではなさそうだった。地元の代表者も、事前融資に関して何が起きているのかはっきりとは言えないようだが、どうもアディスアベバのユニオンに対して資金融資がなされたのに、そのお金の行方がわからないらしい。

日が暮れていくなかミーティングは続いたが、確認できたことと言えば、アディスアベバのユニオンからシダモの組合へ、そして五つの地域に散らばる生産者へと届けられるべきお金が正常に流れていないという事実だけだった。電気が通っていないこと、アディスアベバとシダモが遠く離れていること、そして関係者が多すぎることが災いし、事態は余計に混乱していた。組合職員の何人かは携帯電話を持っているが、問題は、農家の人々がアディスアベバの代表者から完全に切り離された状況にあるということだ。

小さな虹が空に架かり、雨粒が数滴、顔に降ってきた。

これまで事前融資としてユニオンに提供してきた資金が、地方の生産者には届いていなかった。この事実を知らされて、メノは困惑していた。では、あのお金は一体どこへ？　とメノは尋ねた。ユニオンは一部の組合に便宜を図り、他に回すべき資金まで注ぎ込んでいるのだろうかと気を揉んだ。これは汚職なのか、組織が機能していないのか、インフラの不備のせいなのか。上記すべてが当てはまるのか、それとも全く別の理由なのか。

「ユニオンのやり方を変えなければならない。このままではいけない」とメノは言った。資金を地方の組合の銀行口座に直接入金できないものか、とメノは考えた。国立銀行の許可さえ下りれば可能なように思えた——そう簡単ではないだろうけれど。農家の人々は、事前融資がタイミングよく届けば、二年後にはウォッシュト（水洗式）コーヒーをコンテナ一七台分は生産できるようになるはずだ、と言う。

山から響いてくる雷鳴を聞きながら、私たちは施設内の見学ツアーへと案内された。メノは、すべてのコーヒーを処理できるだけの十分な乾燥スペースは確保されているのかと質問していた。遠くで遊ぶ子供たちの笑い声が聞こえたが、村は見えなかった。

リンジーは、生産者グループのメンバーに女性が何人いるのか知りたがった。答えは一二七人だった。一%にも満たない。ほとんどが未亡人だ。エチオピアでは法的にも慣習的にも女性が農家として表に出ることはない。

メノは二ヵ月以内にまた戻って来ると農家に告げた。コーヒーチェリーが熟しはじめ、収穫に向けて資金が必要になる七月までに、資金を調達できるように努力するつもりだと言った。私はメノと一緒にトラックに戻ったが、彼は何か考え込んでいた。

私はメノに尋ねた。エチオピアで金を稼げるのかと。

「わからない」と彼は言った。「昨年、私はエチオピア産のコーヒーを数百万ポンド売った。売ろうと思えばもっと売れたが、品質を維持する必要がある。大切なのは、時間を投資することだ。何度も足を運んで、信頼を築くことだ。人々と共に働くことで、状況を変えていける。普通に取引するよりも、そういうやり方のほうが好きなんだ。壁が一枚足りないような場所で踊るのが好きなんだと思う」。つまり、壁が崩れ落ちてこようと恐れない、リスクを取るのを厭《いと》わない、ということだ。

訪問を終えた私たちのために、組合の人たちが前方の大きな木戸を開けてくれた。門の外では、この組合のコーヒーがオーガニックの認定基準を満たすかどうか査定するためにトラボッカに雇われたオーガニック認定員が、施設に入ろうと待機していた。ショイエ・ダダ協同組合は、フェアトレードの認定も受けている。

次の目的地、一時間半の距離にあるイルガアレムに向けて出発する頃には、すっかり暗くなっていた。この夜はイルガアレムで居心地のよいカントリーホテルに泊まり、翌朝、イルガチェフェに向かう予定になっていた。山道は危険だった――雨で道はぬかるみ、赤い粘土質の泥道には轍《わだち》が広く深く刻まれていた。突然、私が乗っているトラックのヘッドライトが消えた。故障だ。私たちは、スキー場の上級者コースを滑降しようとした瞬間に猛吹雪に襲われたスキーヤーのようだった。雨、路上の轍、暗闇の中の急な山道という危険な状況だったが、他に選択肢はない。運転手は前方のもう一台の車のヘッドライトを頼りに、じりじりと数センチずつ車を前に進めた。私は目を閉じ、この下り道が終わるのを待った。

目的地に到着した時には午後九時を回っていた。イルガアレムのアレガシュ・ロッジというエコツーリスト向けホテルは、森の奥深くに建てられており、伝統的なシダモ村のゲスト用の宿泊小屋に似ていた。翌朝、私たちが日の出前に目覚めると、遠くからキリスト教の祈りが聞こえてきた。コプト教会の四旬節だ。近隣の村の敬虔な信者が夜明け前から祈りを唱和するために屋外に集まっていた。その数分後、今度は別の村からイスラム教の祈りが聞こえてきた。私たちは、セーターを羽織って宿泊小屋を出た。周辺に自生するフランキンセンス[※9]と月下美人[※10]の香りが漂っていた。私はこれまで、こんなにもよい香りのする場所に立ったことはなかった。こんなにも鳥の多い場所も初めてだ。ピーターとジェフはイルガチェフェを「エデンの園」だと表現していたが、それも大げさではなかったのだろう。

朝の空気はひんやりと冷たかったが、私たちは屋外で朝食を食べた。遠くの木の高いところからサルがこちらをちらちら見ていたので、私たちもちらちらと見返した。顔が白く、滑稽なほど長い尻尾も白い、コロブス属のサルだった。リンジーが手を叩きながら、朝食の給仕をしているメイドを大声で呼んだ。「ブナ。ブナ、ちょっと来てちょうだい」

「ここはとんでもない場所ね」とキムが言う。「昨晩、小屋の中で、何か大きな精気が流れ込んでくるのを感じたわ。稲妻に撃たれたのかとも思った。感電したのかと。遠くで動物の声も聞こえていた。とにかく、エネルギーが充満し、かき乱されて……」

「夜にはジャッカルやハイエナも来るわよ」とシリン。

幻覚でも見せられているようだ、と誰かが言った。

「私は、大気中にエネルギーの波動を感じたわ」とリンジー。

男性陣は森へ散歩に出ていたため、古代ケルトのドルイド教に今にも入信しそうになっているのは女性だけだった——リンジー、リビー、キム、シリン。でも私は違った。私は「聖なる森」や「月の女神」に興味はない。おそらく、ワシントンDCの暮らしが長すぎたのだろう。

私は他の女性たちを見た。シリンは背が低いほうだが、他の三人は長身で引き締まった体をしている。何らかの自己選択が働いているのだろうか。コーヒー取引に興味をもつ女性には、このように手脚が長く、引き締まった体格の女性が多いのだろうか。全員がスポーツで体を鍛えていた。シリンは乗馬とポロのプレイヤーだ。シンガポールでは毎朝、馬に乗り、午後はポロをプレイし、いつもスティックキャンディー柄のTシャツを着ていた。本人によると、ピーツ・コーヒーに就職するための最終面談としてピートと携帯電話で話した時も、乗馬中だったそうだ。写真家のキムは、

※9　フランキンセンス
乳香。古代エジプトの宗教儀式に用いられた香水
※10　月下美人
年に一度、夏の夜に香りの強い白い花を咲かせるサボテン科の植物

乱れた髪のまま満面の笑みで笑う手足の長い女性で、ハイキングとスキーとバイクを嗜《たしな》む。危険だからこそ夢中なのだ。リビーは森林警備隊員だった両親の間に生まれ、乗馬中に背骨を骨折するまで、乗馬射撃のオリンピック選手だった。「競技会は大好きだったけれど、乗馬界の上流階級ぶった感じは嫌いだった。今はバイクしか乗ってない」と言っていた。リンジーは、大学時代にボート競技でオリンピックを目指していた。その目標にかなり近づいていたが、ある時、自分には闘争本能がないことに気づいた。

「ボート選手を辞めた日は、私の人生で最も幸せな日だった。全米代表チームの座を賭けてチームメイトと争うのは嫌だった。オリンピックに出たければ、仲間を蹴落とさなければならない。そんな闘争心は私にはなかった。かなりの負けず嫌いではあるんだけどね。スポーツジムでローイング・マシンを使うときは、必ず夫と競争するの」

　手脚が長く多動性ぎみのキムは、仕事熱心で、一枚でも多く写真を撮らなければならないという強迫観念に駆られているようだった。イルガチェフェのウォッシングステーションに向かう途中、小さなコプト教会のある村に立ち寄ったときもそうだった。車が停止するやいなや外に飛び出し、いま来た道を走って戻り、ある家の写真を撮っていた。私たちが車を停めた場所は、ポインセチアの華やかな赤と艶やかな緑で作られた全長約一〇メートルの壁の正面だった。この辺りでは、至るところで野生のポインセチアが見られた。村の子供が私たちを取り囲み、笑いながらデジタルカメラを指さしていた。その子たちの家の前で写真を撮り、見せてあげると、みな笑い転げた。さらに何枚か、今度は母親と一緒の写真を撮った。そこにキムが、通りを猛スピードで走って戻ってきた。老人と彼の妻たちを写真に収めたと言って興奮気味だった。

「彼は顔中が皺《しわ》だらけで不格好なのよ」とキムは言う。「きっと八〇歳ぐらいね。あそこの屋敷に住んでいて、三〜四人の妻と一緒に暮らしてる。まだ幼い息子がよちよち歩いていたわ。三歳にもなっていないと思う。その老人は、最初は恥ずかしがって写真を撮らせようとしなかった」

私たちは、彼がコーヒー栽培に精力的に取り組む人物であることを確信した。キムは旅の経験が豊富で、その土地で実際に何が起きているのかを見極める目をもっている。その後、私たちはもう一つ別の村にも立ち寄った。

車を飛び降り、周りを見回すと、その村は豊かな植物に囲まれていた。大人も子供も、女性は髪を編んで後ろでアップにまとめていた。一人の幼い少女は、「The United Colors of Benetton」と書かれたTシャツを着ていた。

キムは、大きく深呼吸し、空気の匂いを嗅いだ。すると、マリファナの匂いがした。あるいは、マリファナとチャットを一緒に刻んだものかもしれない——チャットの植付けと使用はコーヒー生産地域で広まっているから。キムはその匂いをたどり、写真を撮ろうと一軒の家に入った。そこでは、キムの言うところの「見事なデブ」が二人、喫煙中だった。

「一人は少女、もう一人は男だった。二人は私を見ると走って逃げたわ」とキムは言う。私は彼女の大胆さに恐れ入るばかりだった。

キムはジェフ・ワッツと一緒に旅をしたことがあり、私がジェフに同行していたことも知っていたため、私をまっすぐ見て、笑いながら言った。「ジェフがここにいたらマリファナに気づいたはずよ。賭けてもいい」

私たちはウォッシングステーションを訪問した。ここでは、コーヒーチェリーの果肉の除去、豆の表面に残る粘質物の除去、発酵が行われる。メノが資金を出してブラジルのピンハレンセ（Pinhalense）社から購入した新しい機械は、コーヒー豆をわずか三時間で発酵させ、重くて赤い完熟実と軽くて緑色の未熟実を選別する。

「地元の人は、この機械を邪悪だと言っている」。なぜなら未熟なチェリーを除去し、コーヒーの質を向上させるが、農家への支払いを減らすことになるからだと、メノは説明した。農家は重量に応じて支払いを受けている。

貯蔵庫には、コーヒー豆がいっぱいに詰まった麻袋が積まれていた。

「このコーヒーを月曜日にカッピングしたけど、素晴らしかった」とリンジーが言った。

メノは農家たちにTシャツを手渡した。リンジーは集まってきた子供たちの手に虹色の魚のシールを貼り、今日の写真を後日送ると約束していた。子供たちはみな、私たちが水を飲み終えた後の、空のペットボトルを欲しがった（どこに行っても、子供たちは空のペットボトルを欲しがる。何に使うのか、私には全くわからなかった。誰も知らないようだったが、一つ確かなのは、この地域では物資が不足しているということだ）。

次に訪れた組合で、メノとアブラハムは地元の人々と長時間、話し合っていた。「ここも同じだ」とメノは吐き捨てるように言った。「事前融資としてユニオンには何千ドルも支払っている。ユニオンは確かにその金を受け取っているのに、農家には届いていなかった」

何が起きているのか、農家の人たちにはわからなかった。「彼らはいつも暗闇に取り残されている。情報の流れは一方的で、信頼の欠片もない。みんな怒っている」

メノも怒っているように見えた。大金を投じているのに、内情が何も見えない。コーヒーを売ることもできない。約束した資金を届けることができなければ、農家との信頼関係を深めることもできない。

私たちは、メノの打ち合わせのために、もう一つ農協を訪れた。

キムは写真を撮ろうと車を降りたが、すぐに舞い戻ってきて、「やだ、あの子、レンズケースを盗ろうとしたのよ」と憤慨した。この辺りは伝統的な地域社会で、物を盗まれることはあまりない。この窃盗未遂は私たちの気分を沈ませた。そして、暑かった。どこにも行かずにトラックの中に居ると体調を崩しそうだ。メノのミーティングはまだまだ続いている。間もなく私たちは、こちらに手を伸ばし、声を合わせて呼びかけてくる子供たちの一群に包囲された。

「自分は世界のことを気にかけすぎているんじゃないかって感じることはある？」とリビーが尋ねた。「私たちみたいな人間は、［旅をしない人に比べて］世界のことを知り過ぎているじゃない。私の知人たちは、私がどこへ行き何を見てきたのか、何も尋ねない。知りたくないみたい」

「アディスアベバに行ってきた、と言えば、それどこ？　って聞かれるけど、彼らは別に知りたいわけじゃないのよね」とシリンが答えた。

「他の母親たちは私のことを、息子を残して旅に出るダメな母親だと思ってる。長旅を終えて家に帰り、誕生日パーティか何かに参加しても、誰も何も聞いてこない。私はどこにも行っていなかったみたいな顔をして、ただ日常に戻るのよ」とリンジーは言った。

メノがトラックに戻ってきた。「買取価格を値上げして、組合に直接支払うことにした。今後、ここのユニオンとは取引しない。もう限界に来ている。彼らに手を差し伸べる必要がある」

この組合の農家たちは、翌日アディスアベバまで出向き、署名済みの契約書類をメノに届けた。ユニオンではなくメノを、法的な代表者として指名したのである。

第5章
パナマ

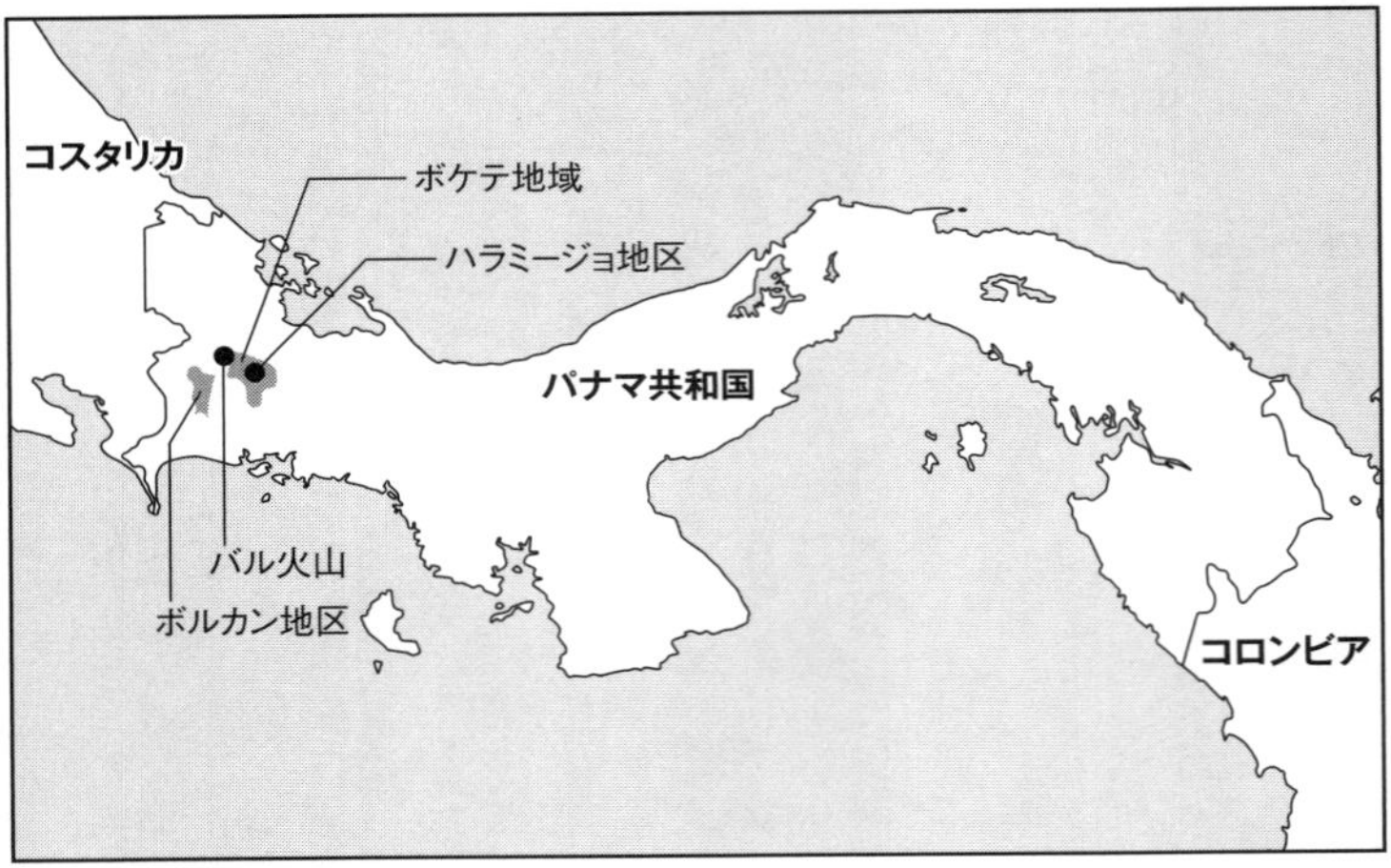
コスタリカ
ボケテ地域
ハラミージョ地区
パナマ共和国
バル火山
ボルカン地区
コロンビア

パナマのボケテを旅してくる、と言えば、スペシャルティコーヒー業界の人々はうっとりとした表情になる。ボケテ地域は、生産量は少ないながらも、パナマのコーヒー産業の中心地であり、伝説のコーヒー「ゲイシャ」誕生の地である。ゲイシャコーヒーを評したドン・ホリーの言葉、「セイレーン[※1]の歌が聞こえた、オデッセウスを誘惑する甘美な歌が」は、今も人々の記憶に刻まれている。ゲイシャ種がなくとも、ボケテ地域は訪れる者を魅了する。標高三五〇〇メートルのバル火山、その東に広がる緩やかな斜面に、アーサー王の時代の都のようにコーヒー農園が位置し、美しい花を咲かせている。太陽は明るく湿度は低く、地元の人はフレンドリーで、山間に鳥の声がこだまする。人口一万五〇〇〇人のこの町が『フォーチュン』誌の「引退後に住みたい世界の町ベスト五」の一つに選ばれたのも、不思議ではない。

パナマでは毎年、コーヒー品評会「ベスト・オブ・パナマ」が開催される。二〇〇七年四月、私は品評会に出席するためだけでなく、ゲイシャコーヒーについてもっと知るために、ボケテ地域を訪れた。品評会の審査を依頼された二五名のスペシャルティコーヒーのプロたちは、一週間近く時間を取られるにもかかわらずみな快諾したそうだが、その理由は聞かなくてもわかる。審査委員会には、ゲイシャ関連のプロジェクトを数多く手掛ける二人の有名なオランダ人も名を連ねていた。

※1　セイレーン
ギリシャ神話に登場する海の怪物。上半身は女、下半身は鳥（後世には魚）の姿をしているとされ、美しい歌声で船人を惑わせ、岩礁へと引き寄せる。

一人はエチオピアでイルガチェフェ訪問を率いたコーヒー調達人のメノ・シモンズ、もう一人は二〇〇六年一一月に泥まみれの極限状態に陥ったことで知られる「ゲシャを目指す旅」を企画したコーヒーコンサルタントのウィレム・ブートである。ウィレムは、数年前に購入したボケテ地域近くのコーヒー農園でゲイシャを栽培している。メノは、エチオピアにモデルとなるようなコーヒー農園を作り、そこでゲイシャ種をはじめとする高品質のエチオピア・バラエタルを栽培したいと考え、努力している。審査員には他に、小規模ながらもスコア九〇点を上回るエチオピア産とパナマ産のコーヒーを輸入しているコロラド州のノボ・コーヒーの創業者ジョセフ・ブロドスキーもいる。審査員長は、ロサンゼルスを拠点とするグランドワーク・コーヒーのリック・ラインハートが務める（ピーターとジェフは、この品評会には最後まで登場しなかった。ジェフはニカラグアに赴《おもむ》き、大手協同組合セコカフェンと再び大勝負を演じていた。ピーターは米国スペシャルティコーヒー協会（SCAA）の職員による横領事件の後始末に追われていた）。

パナマの品評会に参加すると、ゲイシャをはじめとする素晴らしいコーヒーを数多く試飲することになる。ゲイシャも、正確には一つではない。現在パナマで、収穫できるほど成熟したゲイシャ種の樹木を栽培する農園は三つある。そのうちの二つが作るゲイシャ――エスメラルダ農園のエスメラルダ・スペシャルと、生産者名の明かされていない謎のゲイシャ――はベスト・オブ・パナマの品評会で互いに競い合っていた。

品評会に出品されていないもう一つのゲイシャは、ボケテ地域のゲイシャ種すべての祖先であり、この地域のトップレベルの農園であるドン・パチ農園でフランシスコ・セラシンによって栽培されている。彼の父、フランシスコ・シニアは、一九六〇年代にゲイシャ種をパナマに持ち込み、その後のゲイシャブームの発端となった人物である。農務省の役人という公的な立場で病気に強いコーヒーノキを探していたフランシスコ・シニアは、ゲイシャ種の種子をコスタリカから輸入し、近隣の農園に分け与えた。その種子から育った樹木は、収穫量も少なく、味もぱっとせず、失敗作だと思われたため、その後あまり多くは植えられなかった。そんなゲイシャ種を高地で栽培すると女神のように官能的なコーヒーに生まれ変わることを、エスメラルダ農園のダニエル・ピーターソンが発見したのは、何十年も後のことだ。

ドン・パチ農園を営むセラシン家は、自分のところのゲイシャを品評会に出品してオークションで販売するのではなく、チェリーを収穫する前の段階でスタンプタウンのデュエン・ソレンソンに売却した。デュエンはどこよりも早く動き、どこよりも高値を支払った。大胆で有能なスタンプタウンのコーヒーバイヤー、アレコ・チゴニス（三〇歳）がボケテ地域を訪れたのは、二〇〇七年の品評会の前の週だった。品評会に出品されるコーヒーはすべて準備が整っていて、アレコは、セラシンとピーターソンのゲイシャも含め、すべての出品コーヒーをカッピングすることができた。

アレコはスタンプタウンのウェブサイトに次のように書いている。「オークション会場で、エリダ、レリダ、ドン・パチ、ドン・ペペ、サン・ベニート、ドナ・ベルタといった農園のコーヒーを欲しがらないバイヤーがいるだろうか？　レモンの風味からタンジェリン、メロン、ベイカーズチョコレートまで、その幅広いフレーバーを思えば、喉《のど》から手が出るほど欲しくなる」。パナマコーヒーのオークション表には、「世界トップクラスの質を誇る輝かしいコーヒーがずらりと」並ぶことになる。

二つのゲイシャについて、アレコはまるで恋する若者のような語り口で説明している。エスメラルダ農園のゲイシャを女性に例え、「エスメラルダは美しい。今年も、カップのなかで宝石のように輝いている。その香りは、メープルシロップに浸したパパイヤ、切りたてのサトウキビ、そしてジャスミン。口に含むとまず、期待どおり、複雑なフレーバーが立ち上がる。柑橘、マンゴー、パパイヤ、そして強いベルガモットの風味。ピーターソンは毎年、完璧な仕事をしてみせる」

ドン・パチ農園のゲイシャの質についてはどうか？「エスメラルダよりもベリーの風味が強くて甘いが、エスメラルダのような紅茶のような風味や柑橘系のフレーバーは感じられない。私の意見としては、今年はエスメラルダよりもドン・パチのほうに軍配を上げるが、その差はほんのわずかだ」

「今年のドン・パチはずっしりと重みがある」と書いたアレコだが、彼自身も認めているとおり、ドン・パチはスタンプタウンの独占販売になるので、この判定には多少の偏りがあるかもしれない。アレコは、ゲイシャコーヒーを複数扱う焙煎業者はスタンプタウンだけである、と誇らしげに書いている。エスメラルダとドン・パチのほかにもう一つ、デュエン・ソレンソンがコスタリカで小用休憩の際に発見したゲイシャもある。

パナマコーヒーを褒めたたえるバイヤーはアレコだけではない。パナマの生産者数は世界のコーヒー生産者数の一％にも満たないが、彼らが作るコーヒーは、毎年開催されるＳＣＡＡの「カッピング・パビリオン・コンペティション」で世界トップ一〇の常連になっている。二〇〇七年は、ボケテ地域のエスメラルダ・スペシャルが一位、バル火山の反対側に位置するボルカン地区のカルメン農園のコーヒーが七位だった。二〇〇六年には、エスメラルダが一位、ボケテ地域のコトワ農園内の有機農地「ダンカン」で栽培されたコーヒーが四位に入っていた。

国際的なコーヒー協定が一九九〇年代前半に効力を失い、パラシュートの開かないスカイダイビングのようにコーヒー価格が暴落した際、パナマの生産者たちは、生き残るためには生産物のグレードを上げ、品質を売りにしなければならないと気づいた。彼らはそれを実行に移し、一部の者は成功した。そうして一息ついた頃、今度はベトナムの安いコーヒーが市場に大量に流れ込み、世界市場のコーヒー価格は半値になった。

「私たちは一九九七年まで生き延びました。そして再び、コーヒーの価格破壊が起きたのです」と業界リーダーのマリア・ルイスは語る。彼女の一家はボケテ地域最大のコーヒー事業主である。「私たちは、質が高ければ常に高値が付くと考えていました。一九九五年にドイツを訪れたとき、コーヒーは一袋七マルクでした。それが二〇〇〇年には、一袋三・五マルク。半額まで下がったのです。消費者が低品質を受け入れたため、質の高さは重視されなくなりました。しかもドイツでは、味が劣るとされるロブスタ種の処理に新たに工業的過程が導入され、味が改善されていました」

「私たちは再び立て直しを迫られました」とマリアは言う。彼女も他の生産者も、大量市場から完全に抜け出し、スペシャルティ市場に参入しなければならないと気づいた。生産者は誰も金を稼げていなかった。「土地の所有権は銀行に握られていました。私たちはローンを組み直したいと、銀行に掛け合いました」

そして一九九九年、風向きが変わる。「ある雑誌［フォーチュン誌］の特集で、ボケテ地域が『引退後に住みたい世界の町ベスト五』の一つに選ばれました。すると突然、銀行は米国人に土地を売るよう、私たちに勧めてきたのです。私たちの土地にそれほどの価値があるなら、なぜ融資を断るのかと、私たちは応じました」

パナマの生産者たちは、国外に出向き、専門家に助けを求める必要があることをすぐに理解した。「パナマ・スペシャルティコーヒー協会（SCAP）を設立し、米国のSCAAのミーティングに出席しました」と、エスメラルダ農園のプライス・ピーターソンは当時を振り返った。

「会議の席で起立し、『私はパナマの生産者です』と発言します。次のセッションでも、別の誰かが起立し、『私はパナマの生産者ですが……』と発言します。業界の人々は、『またパナマか』と思うでしょう。そうやって、バイヤーや業界人に存在をアピールしました」

「SCAAは、バイヤーと直接コンタクトを取れるフォーラムも用意していました」と、マリアも当時のことを語った。「私たちは自ら中間業者となり、SCAAのミーティングで会ったバイヤーたちと直接取引を開始しました」

パナマの生産者は、自ら外に出て、バイヤーの視点からスペシャルティ市場の原理を学んだ。おかげで、「仲買業者は全員が知り合いであり、一度でも質の低いコーヒーを売ればすぐに評判が下がり、ビジネスを続けられなくなる」ことに気づいたのだと、ピーターソンは言う。パナマの生産者は、自分たちで設立したSCAPを活用し、質向上のため、互いに支え合いながら努力した。その結果、ゲイシャが登場する前から、パナマコーヒーの評判は良くなっていた。そして二〇〇四年、ゲイシャがスペシャルティコーヒー業界に一大旋風を巻き起こした時には、一丸となってゲイシャコーヒーに意識を集中し、パナマのコーヒー産業全体を潤《うるお》すことができた。

パナマのコーヒー産業の中心は、ボケテ地域とボルカン地区である。この二つは、バル火山を挟んで反対側に位置する。似たような自然条件を有し、コーヒー栽培に適した条件が数多く揃《そろ》っている。火山性の豊かな土壌と標高の高さ。局所ごとに異なる特有の微小気候は、コーヒーに多様な個性を与える。自然条件だけではない。パナマの農家は、人間が生み出した地の利にも恵まれている。まず、出荷しやすいということ。世界の取引の大部分は、パナマ運河を通過する。そしてパナマは、スイスに次ぐ世界で二番目に活気のある銀行業の中心地だ。パナマ国民の所得の中央値は低いが、インフラ設備は世界級である。また、パナマの生産者には高度な教育を受け、先進的な考えを持つ業界リーダーが何人もいる。彼らの多くは英語を話す。コトワ農園のリカルド・コイナー、エリダ農園のウィルフォード・ラマスタス、レリダ農園のジョニー・コリンズは全員、ノリエガ政権[※2]時代に北米で暮らし、教育を受けた。エスメラルダ農園のプライス・ピーターソンは、以前はペンシルバニア大学で神経化学の教授をしていた。有機農業の専門家であるマリオ・セラシンは、農学博士である。マリア・ルイスと彼女の三人の兄弟姉妹は、米国で教育を受け、英語を話す。ルイス家のコーヒー事業で品質管理その他を監督しているマリアは、オハイオ州クリーブランドにあるケースウエスタンリザーブ大学で組織行動学の博士号を取得した。同様の例はまだまだある。

ピーター・ジュリアーノはパナマのコーヒー産業を、伝統農業のノウハウと高度先進技術のスキルを混合させたハイブリッド型産業だと考えている。「ひねくれた気分のときは、結局、人より抜きん出て最高のコーヒーを育てるのはプライス・ピーターソンのように教養のある人物なのか、と思ってしまう」とピーターは私に打ち明けた。ピーターは、地球上の隅から隅まで、どんな片隅にいる農家でもコーヒーの質を高めることはできるはずだという強い信念に基づき、相当な距離を旅して、ボケテ地域よりも遥かに厳しい自然環境にあるコーヒー農園を訪問してきた。それでも、極度のフラストレーションを感じる瞬間はある。相応の教育を受けていない農家を相手に、世界を科学的に観察しながら自分の農園を体系的に変革していくよう励ましても、努力は一向に報われない。ギリシャ神話に登場するシーシュポスの重労働が思い出される。毎年毎年同じことを教えるが、ピーターがいなくなると、すぐに元のやり方に戻ってしまう。人は変化に抵抗する。地元の伝統に根ざした暮らしをしてきた人ほど激しく抵抗するものだ。パナマの生産者は、新しい考え方や運営手法を柔軟に受け入れたからこそ、世界中の他の産地を大きく引き離すことができたのだ。

そうした人材に恵まれているパナマのコーヒー業界が、カップ・オブ・エクセレンス（COE）

には参加せず、自分たちで独自にコーヒー品評会を運営するのも、当然の成り行きだろう。この決断には、良い面も悪い面もある。自分たちの見せ方を自分たちで管理できるのは有利だが、他国ではCOEが面倒を見る物流関連の手配を自分たちでやらなければならない点は不利である。コーヒー品評会の演出は、一週間続く豪華な結婚式を企画して遠方から多くのゲストを招待するようなものだ。招待客のために食事を用意し、祝宴を開き、身の回りの世話もしなければならない。品評会そのものを取り仕切るのも、なかなかに厄介な仕事だ。数百銘柄のコーヒーサンプルを、豆ごとに固有の特性を引き立てるように完璧に焙煎しなければならない。焙煎はしすぎても足りなくても、コーヒーの味のプロファイルを損なう。大勢の作業者とボランティアが協力して力を尽くさなければならない。会場を探し、カッピングテーブル、電気ケトル、その他のハイテク機器、ローテク機器を揃える。ディスカッションルームに椅子を並べ、録音機器を設置する。カッピング用の青いエプロンには胸元に審査員の名前を入れる。当日には審査員の口直し用に、フルーツを載せた大皿と水の入ったボトルを延々と提供し続ける。

※2　ノリエガ政権
マヌエル・ノリエガ将軍によるパナマの独裁政権（一九八三～八九）。隣国コロンビアの麻薬組織と連携して密輸やマネーロンダリングに手を染めた。一九八九年、米軍の侵攻によって終わりを迎えた。

四月中旬、品評会の数日前に、私はパナマ入りした。事前に地元の色に染まっておきたかったし、エスメラルダ農園のオーナーにも会っておきたかった。到着して早々、私はボケテ地域の虜《とりこ》になった。中心部は大通り二本ほどで、酒場、居酒屋、宿屋の類が多く、米国旧西部の街を思わせたが、町そのものと周囲の山は目を見張るほど美しかった。どこを見ても、野生の花が色鮮やかに咲き乱れている——鮮やかな色のホウセンカ、ハイビスカス、ジャカランダ、珊瑚《さんご》のように赤くトランペットのような形をした花、ポインセチア、派手な赤色のクリスマスリリー。空気中にはコーヒーの花の香りのほか、レモングラスや甘いグアバの匂いが漂っていた。

私は山の高いところにある、レリダ農園の敷地内にある宿に滞在した。受賞歴のある大農園である。部屋は素朴で飾り気がなかったが、シャワーヘッドからはお湯がふんだんに出た。テラスにはベンチが置かれ、朝には山頂の霧が晴れゆく様子、午後には靄《もや》が下りてくる様子をそこから眺めることができた。客室の裏手には山へ分け入る小道があり、毎朝夜明け前に、双眼鏡を首にかけた野鳥ファンがそっとすり抜けていく。パナマには毎年九五〇種の野鳥が訪れるそうだ。なかでも、光沢のある濃緑色の羽根をもち、長い尾羽を棚引かせて飛ぶケツァール（キヌバネドリ）は、華やかで美しく「捕らわれると死ぬ」という伝説から、「自由の象徴」として知られている。

レリダ農園のジョニー・コリンズは、頑固一徹だが基本的には優しい人物だ。コーヒー事業の資金を少しでも多く稼ごうと、この宿泊施設を建てた。ジョニーはエンジニアとしての教育を受けており、レリダ農園の敷地や建物にも、彼の完璧主義が反映されていた——二四万本のコーヒーノキは正確に列を成して植えられており、西洋伝統の整形式庭園のようだ。

ジョニーは歴史マニアでもある。パナマにおけるコーヒーの歴史がパナマ運河の歴史といかに深く絡《から》んでいるかを私に説明してくれた。パナマで最初にコーヒーを生産しはじめたのは、一九一七年に完成したパナマ運河の仕事に就くために欧州から移住してきた技術者や経営者だった。例えばレリダ農園は、パナマ運河の緊急用ダムを設計したトーレフ・バッケ・モニゲ（Tollef Bache Monniche）という名のノルウェー系のエンジニアによって開拓された。ダム設計の仕事を終えたモニゲは、妻と共に、パナマ市の恐ろしい暑さと湿気から逃れて涼しく美しいボケテ地域に移り、持てる技術を駆使して、山の高いところに近代的なコーヒープランテーションを作り上げた——現在、モニゲが作った精製工場はジョニーによって修復され、記念館になっている。ジョニーと妻ゾライダが住んでいる家も、一〇〇年前にモニゲが妻と住むために建てた家である。

レリダ農園で迎えた最初の朝、朝食の際に、小さなキッチンで三人の女性と一緒に立ち働くゾライダを見かけた。彼女たちは親しげに話し、笑っていた。ジョニーは外に開けたダイニングルームで、よく躾けられた毛艶《づや》の良い二匹の犬と一緒にいた。ジョニーはどこに行くにも犬を連れていく。ボケテ地域では犬たちも幸せそうだ。この農園はどこもかしこも手入れが行き届いている。それでいて、居心地が良い。私は、米国の脚本家ジョージ・S・カウフマンがペンシルバニア州バックス郡にある友人モス・ハートの大邸宅を訪れたときに言ったという有名な皮肉を思い出した。カウフマンはモス・ハートが施した手入れをじっくり観察し、「神も、お金があればこうされただろう」とコメントしたそうだ。

ジョニーもこれだけの大修繕を賄《まかな》えるだけのお金を持っているのだろうか、という考えが私の頭をよぎった。彼は敷地内を案内してくれたときに、宿泊施設の建設費は数十万ドルだったと言っていた。同時に、農園内に新たに六万本のコーヒーノキを植えるつもりだと話していた。ジョニーには四人の子供がいる。私は、レリダ農園の経営に興味を示しているお子さんはいるのかと尋ねてみた。「息子が一人、この事業に魅力を感じているようだが、私が経験してきたようなお金の苦労はしたくないと言っている」とジョニーは答えた。

ボケテ地域の他の多くの生産者と同じく、ジョニーもコーヒー事業を続けるために、金銭的に相当な犠牲を払ってきた。生産者たちはみな、コーヒーを愛し、ボケテ地域での暮らしを愛している。ここでは、北米の暮らしではめったに感じられない場所の感触、過去と現在がつながっているという実感が得られる。彼らは、いずれスペシャルティコーヒーの価格が高値で安定し、利益が出る日が来るという希望を抱いている。コーヒー価格が暴落したらどうなるかは、ほとんど語られない。「今ある暮らしを自分たちの代で終わらせず将来につないでいこうと思ったら、コーヒーに頼るほかにどんなやり方があるでしょう?」。マリア・ルイスの小さなオフィスを訪ねると、彼女は一家が営むコーヒー農園の生産エリアを窓越しに眺めながら、そう問いかけた。「コーヒー農業によって、何世代にもわたって農地を保持してきました。コーヒー農業は、この渓谷に暮らす人々を一つにまとめるための活動でもあるのです。コーヒー農業のおかげで、私たちはここでの暮らしのすべてを――私たちの歴史、過去、家庭、生き方を――失わずに済んでいます。毎日電話をかけてくる開発業者に売り渡してしまったら、どうなるでしょう？」

ルイス家はボケテ地域で一〇〇年近くコーヒーを栽培してきた。マリアの祖父は、摘《つ》み取り作業者だったそうだ。現在、一家は高品質のコーヒーを年間七〇～八〇コンテナ分――三〇〇万ポンド近く生産処理している。自分たちの土地でコーヒーを栽培し、提携する個人生産者からも購入する。カフェを所有し、国内外の市場向けにコーヒーを焙煎する。ルイス一家のビジネスは、品質重視を貫く模範的な垂直統合型ビジネスである。

ハート型の顔に黒い髪と眉。小柄ながら意思の強さを感じさせるマリア（四六歳）は、コーヒービジネスを深く、かつ閃光《せんこう》の煌《きらめ》きのように鋭く理解している。彼女は、社会的変化の創造をテーマに博士論文を書いた。「国家レベルでの変革の起こし方が、私の論文テーマでした」と彼女は言う。二〇〇〇年にパナマ運河が国営化されることを見越して、彼女はこの研究に着手した。「運河の国有化という変化をどのように生かせば、社会全体の利益につながる動きを作れるのか、私はそれを知りたかったのです。そして私は、持続可能な変化に関する理論を考案しました」。つまり彼女の理論は広く応用可能であり、政府、コーヒー生産者団体、個人農家、事業主が、経済的・社会的成長と発展を遂げていくためにどのようなステップを踏むべきかを理解する助けとなるのだ。

変化は促すことができる、とマリアは考えている。「よく観察し、確かな大局観から出来事を眺めれば、変化を生み出すことができます。私が得た最大の学びは、言語が果たす役割でした。ストーリーをどのように伝えるかが、とても重要なのです」。具体的な説明として、彼女はマーティン・ルーサー・キング牧師の言葉の使い方を例に挙げた。キング牧師は、差別に屈せず立ち上がろうとアフリカ系アメリカ人に訴えかける際、彼らが伝統的に聖書を読み、教会に行くことを踏まえて、旧約聖書の物語を引用した。

「人々が知っていることのなかから変化を生み出していかなければなりません。現在のあなたは、過去から生み出されたものです。その過去を理解すれば、未来の可能性を見ることができるのです。過去を知らなければ、空回りして時間を無駄にする可能性があります」とマリアは言う。彼女の言葉は抽象的だが、彼女が推し進めようとしている類の社会的変化も、変化を生み出すために彼女が採った作戦も、具体的で計測可能である。

マリアが自分の理論上の理解をどのように実践に落とし込んでいるかは、彼女が企画したモデルプログラムを見ればわかる。それは、ノベ・ブグレ（Ngobe Bugle）族が一族の所有地で栽培したコーヒーでオーガニック認定を取得するのを支援するプログラムだった。マリアは、このプログラムがいずれは自己複製されること、つまり、ノベ族の誰かが他のメンバーに教えるようになることを望んでいる。

ノベ族はパナマのコーヒー産業の中心的存在である。パナマとコスタリカでは、数万人のノベ族が摘み取り作業者や労働者として働いている。多くは移動労働者として生活し、離れて暮らす複数の部族コミュニティの間を行き来しながら、中規模から大規模の農園で現金を稼ぐ。

ノベ族の母語はノベ語で、スペイン語の話せない者や、話せても流暢ではない者が多い。もともと移住生活では、農業はあまり行われてこなかったため、彼らは農業のノウハウを次の世代に伝えようとしない。そのような知識不足は、彼ら自身のコーヒー事業にとっても、彼らを雇う生産者にとっても問題になっていた。一九八〇年代、いくつもの訴訟の末、ノベ族は高地の居住区内または郡内の一〇万エーカーの土地を自分たちで管理することになった。

ノベ族は郡内でコーヒーを栽培しているが、その品質はお粗末だとマリアは言う。「彼らはコーヒーを収穫して山から運んできても、売ることができません。年によっては、数十万ポンドのコーヒーが廃棄されます」。ノベ族のコーヒーの品質を向上させようと、平和部隊（米政府運営のボランティア計画）や他の開発機構が支援を重ねたが、結果は散々だった。「他の地域でうまく栽培されていたコーヒーノキをノベ族に与えても、良い結果は生まれませんでした。他の農家は肥料を使って栽培していましたが、ノベ族は肥料を使用しなかったり、購入できなかったりしたからです」とマリアは言う。あるプロジェクトでは、「ノベ族が栽培しようと努力していたコーヒー品種がその地域に適さないことに一〇年近く誰も気づかず、時間とエネルギーを無駄にしたこともありました」

どうすれば変化を起こすことができるかを知っていたマリアは、ノベ族にこのような誤った努力を繰り返させないための方策を考案した。「社会に変化をもたらそうとするなら、全員に同じサイズの服を着せられるはずがない、相手に合わせて服のサイズを変えなければならない、ということを意識しておかなければなりません」とマリアは言う。例えば、「ノベ族のように家族全員が働く場合は、幼い子供から高齢の年寄りまで全員に持ち場が与えられるようにする必要があります」

ノベ族の農法は、もともとが有機農法である。しかし、オーガニック認定を取得するには、彼らの慣習的農法が認定基準を満たしていることを書面で説明できなければならない。

「ノベ族には書き言葉がありません。オーガニック認定を申請できるように、有機生態系に関連する農業手法について永久的に記録を残すための何らかの方法を、彼らに習得してもらわなければならず、どうすればいいか私は頭を悩ませました。結局、デジタルカメラを使って撮影し、撮影日を記録してもらうことにしました」とマリア。だが言葉で説明することのできないマリアには、たくさんのデジタルカメラを手渡し、彼らが自分たちの農法をカメラに記録しはじめるよう期待することしかできなかった。

まずは、先生役の人々にマリアが教えなければならない。マリアは、ノベ族と一緒に作業する平和部隊や他のボランティアに向け、彼らの世界観、歴史、精神構造を理解する一助となるセミナーを開発した。ボランティアの大半は、一度聞いただけでは彼女のプレゼンを理解できなかったので、同じセミナーを三回開いた。ノベ族の目に世界がどう映っているのかを理解できていなければ、ノベ族に教える立場として通用しないからだ。

マリアのセミナーに出席している平和部隊のボランティアの一人、グレゴリー・ランドリガンは、最寄りの町から歩いて二時間の距離にあるノベ族の村で二年間生活している。そんな彼も、ノベ族に関するマリアの講義を一回では理解できず、二回目で、ようやく要点をつかめるようになったそうだ。セミナーで何を学んだのかと尋ねたところ、「言語の問題は、一般に考えられている以上に重要でした」とグレッグ（グレゴリー）は答えてくれた。「単語がわからない、といった単純な話ではありません。概念や、物事に対する考え方そのものを理解していないのです。ノベ族は言葉で学ぶことに慣れていません。彼らは体の動きを通して学びます。動きを真似し、実践しながら覚えるのです。そのことを理解するのに、私はずいぶん時間がかかりました」とグレッグは言う。

平和部隊のボランティアたちが動き出すと、ノベ族のオーガニック認定取得支援プログラムはようやく前に進んだ。「参加者には、日付入りの写真を連続して撮影してもらいます。その写真を見れば、時間の経過とともにどのように変化が起きるかを見ることができます」とマリアは言う。写真は、オーガニック認定の取得に必要なノベ族の作業工程の記録となる。また、その写真をノベ族の農家に見せれば、ある特定の農作業がどれほど重要な意味をもつかを伝えることができる。「時間とともに植物が育つ様子、剪定《せんてい》などの作業の仕方、その作業法がコーヒーノキにとっていかに有益か、といったことを自分の目で見てもらえるのです。赤いチェリーの見た目も、目で確認できます」。それに、カメラはそれほど高価でもない。

「私のやり方の基本姿勢は、相手を尊重することです。その人、そのグループごとに、正統とされる世界観は異なることを、理論レベルに留まらず、受け入れる必要があります」とマリアは言う。そのうえで、相手を尊重しつつ効果を出せるようなやり方で相手のシステムに入り込む方法を見つけなければならない。

マリアの理論は、コーヒー原産地をめぐって旅したこの年に私が幾度となく目にした核心的な問題にも応用できた。どこに行っても、問題は同じだった。スペシャルティコーヒーとして売り出せるコーヒーを生産するために、チェリーの摘み取り方や精製方法を変えてほしいと小規模自作農家や労働者に働きかける時、どうやってきただろうか。ジェフがニカラグアで協同組合ラス・ブルマスを相手に手こずったのも、メノがエチオピア全土で苦労したのも、ピーターがニカラグアのサンラモン市で直面したのも、同じ問題だった。事実上すべてのコーヒー産地が抱える核心的な問題なのだ。部外者は外からやってきてコーヒーの生産方法について指図はするが、その指示がどのように受け取られるか理解できていないことが多いのだ。

マリアの話を聞いていると、スペシャルティコーヒー事業に関する私の理解はどんどん広がり、コーヒー業界人が直面する問題についての理解も深まった。おそらくこの問題は、伝統に縛られた農家や労働者による抵抗の問題ではない。おそらく、その一部は、スペシャルティコーヒーのバイヤー側の問題である。マリアによれば、農家がより品質の高いコーヒーを生産し、より良い生活ができるように支援するためには、彼らが自分たちの過去をどのように理解しているのか、自分たち自身についてどう認識しているのか、支援に来たという部外者たちのことをどう思っているのかを、知る必要がある。そのような理解がなければ、彼らの行動に影響を与えることはできない。

いよいよ、ゲイシャ種について、その火付け役となった本人から詳しく話を聞く時がきた。私はピーターソン家の誰にも会ったことがなく、本物のゲイシャ種の樹木を間近で見たこともなかったため、エスメラルダ農園のオーナーであるプライス・ピーターソンからご家族との昼食に招待されたときは、この上なく嬉しかった。招待された場所はボケテ地域内のパルミラ地区にある牧歌的な酪農場で、プライスと妻のスーザンはそこに住んでいる。ピーターソン家のコーヒーのマーケティングを担当しているレイチェル・ピーターソンは、品評会に出席するために町に来ていた。レイチェルは普段は二人の子供と一緒にプエルトリコに住んでいるが、ちょうど学校も春休みなので、三人揃ってパルミラの農場に滞在していた。自営農家をしているダニエル・ピーターソンは、結婚し、妻と一緒に町の反対側に住んでいるが、彼も昼食に同席した。

　私はピーターソン家の古い友人であるコーヒー品質協会（CQI）のデイヴィッド・ロシュと、車でパルミラに向かった。デイヴィッドはパナマに長く滞在しているので、私は彼が辟易《へきえき》するほど質問攻めにした。パナマの国民一人当たりの収入について尋ねた時は、僕は農学者だ、経済学者じゃない、と怒鳴られてしまった。怒鳴られるのは好きではないが、彼の真意はわかった。それに、やたらと飛び跳ねるレンタカーのカローラを達人の腕前で操作し、延々と続く曲がりくねったでこぼこ道をピーターソン家の邸宅まで運転してくれていたのだから、邪魔するべきではなかった。

私たちは、骨組みを白く塗られた広い母屋に到着した。するとすぐ、レイチェル、デイヴィッド、ダニエルは母屋の最上階に増築されたピーターソン家の豪華な木目調のカッピングルームへと姿を消した。コーヒーを淹れに行ったのだ。そのカッピングルームからは、晴れた日には、車で一時間の距離にある太平洋まで見渡せる。

プライスは私を、「メンデルの庭」へと案内してくれた。白髪で長身の彼は、上品でありながら威厳があった。案内された先は山に面した高地で、牧草地がいくつも広がっていた。ここで彼は、ゲイシャ種と遺伝的に関係のあるコーヒーを実験的に栽培している。「ごく最近のことですよ、一五年ぐらい前からかな」と彼は説明してくれた。コーヒーの遺伝学を研究するようになったのは最近で、「それまでは、研究対象になる遺伝子素材が手元にほとんどありませんでしたから」と言う。

プライスとスーザンは、パルミラ地区に住んで三〇年以上になる。プライスの話では、この夫婦は二人とも都会育ちで、農業について何も知らなかった。プライスの父親は銀行家で、引退後に住むために一九六〇年代にパルミラ地区に土地を購入したが、移り住んでみると引退生活は苦痛で、農業にもあまり関心が湧かなかった。一方プライスは、一九七〇年代前半にはペンシルバニア大学の終身教授になっていたが、夫婦揃って旅行熱に取りつかれていた。

「私たちは、何度か夏にこの地を訪れ、心から楽しみました。しかし私の父の農園に対するフラストレーションは膨らむ一方でした」。そこで、プライスとスーザンは、過去と決別して農業を始める決心をした。「大学を退職し、ペンシルバニアを離れてパナマに移住する旨を理事長に伝えると、『一年間はポジションを残しておきましょう。きっと戻って来るでしょうから』と言われました」

「農業の経験はありませんでしたが、それが最大の強みになりました。経験があれば、パナマに来ても米国のやり方で押し進めてしまっていたでしょう」。最初のうちは、夫婦で牛を育て、野菜を栽培した。それから酪農に切り替えた。酪農業は儲《もう》かるとわかったからだ。そして二五年前からコーヒーも栽培しはじめた。ゲイシャコーヒーで大成功を収め、二〇〇五年以降、収益性は少しずつ上昇してきていたが、現在もコーヒー事業は酪農業に支えられていると言う。

プライスは、実験用の庭で栽培され、丁寧にラベルを付された三〇~四〇種のコーヒー品種を指差した。そして、そのなかの一つ、葉の先端が赤銅色になっている木を見るように促すと、私にあることを告げた。それを聞いた私は、脳内の埃《ほこり》が吹き飛ばされて耳から出てきたような心持ちだった。それは、プライスの考え――持論――だった。エスメラルダ農園を一躍有名にしたゲイシャ種は、初期のゲイシャ種とは異なると言うのだ。つまりゲイシャ種は一つではなく、二つある。

プライスはこの「二つのゲイシャ」説について、次のように説明している。「初期の植物学の記録には、ゲシャ由来の栽培品種は新芽の色がブロンズ色で飲料には向かない（不味い）が、真菌に対してかなりの耐性を示すと書かれています。一方パナマのゲイシャ種は、新芽の色は緑色で飲めば非常に美味しく、赤さび病には耐性を示しますが、コスタリカとパナマのコーヒー農家に恐れられているオホ・デ・ガジョ（Ojo de Gallo、ニワトリの目という意味）という真菌には弱いのです」

昔のゲイシャと今のゲイシャは互いに似ていないが、いつ、どのように入れ替わったのかは誰にもわからない。プライスの言う「優れた保管のリレー」のおかげで、ゲイシャ種がエチオピアを出てから世界をどのように巡ったのかは、概ね追跡できる。「しかし、この謎に包まれた父子鑑定の真実は、精密なＤＮＡ解析でなければ解き明かせません」とプライスは言う。

これまでの調査では、ゲイシャの物語は、一九三一年に英国人領事がエチオピア南西部のゲシャ近くの森に分け入り、コーヒーの種子（豆）を収集したことが発端となっている。この時に取集された種子の一部は、一九三二年にエチオピアからケニアに送られたらしい。一九三六年、タンザニアのリャムンゴでゲイシャ種の木に関する記述があり、どうやら英国人領事が集めた種子から育てられたようで、ＶＣ４９６として識別されていた。一九五六年には、このＶＣ４９６から採取された種子を誰かがコスタリカに送付したようで、コスタリカではこの種子から新たな世代のゲイシャ種の木が栽培された。そして一九六〇年代のどこかのタイミングで、ゲイシャ種の種子はパナマに送られた。

二〇〇四年から二〇〇六年までエチオピアのジマにあるエチオピア農業研究所に勤務していたフランス人生物学者ジャン＝ピエール・ラブイスは、研究所にある公式記録を調べ、この「保管のリレー」を見つけ出した。

ゲイシャ種が進化したと考えられる町がエチオピア南西部に三つあることを発見したのも、ラブイスだった。ケファ地方のカッファ州に「ゲシャ」という町がある。マジ・ゴルディヤ地方のカッファ州にも二つ目の「ゲシャ」がある。そして、イルバボル州にも三つ目の「ゲシャ」がある。

しかし、ラブイスによる最も衝撃的な発見は、オリジナルのゲイシャ種の種子の収集法に関するものだった。二〇〇六年二月にプライス・ピーターソンに宛てたメールのなかで、ラブイスは次のように書いている。一九三一年に森に分け入ってコーヒーの種子を収集した英国人領事は、「おそらく複数の異なる樹木の種子をまとめて大量に集めていたようです」。つまり、収集された最初の時点ですでに、異なる木の種子が区別されずに一括《くく》りにされ、「ゲシャ」と分類されていたのだ。

プライスはこの物語に注目している。「私は、エチオピアのこの辺りに赴任した英国人領事について調べました。どうやらこの領事は個性的な人物で、なかなかの無法者だったようです。同僚たちからは、現地の人を挑発して常に事件を起こしたがっている、と非難されていたようです」とプライスは言い、さらに続けた。「こうしたことを考えると、この領事が『大量に』集めた種子というのは、この村一帯にある多数の木からの寄せ集めであった可能性が高そうです。エチオピアのコーヒーに関して私が理解していることから考えると、それだけ多くの木がすべて同じ栽培品種だった可能性はきわめて低いので、彼は、少なくとも数種類の栽培品種から種子を集め、その種子を混ぜてしまったものと思われます」。これなら、アフリカから新世界まで同じ経路で伝わった特性も特徴も異なる二つの木がいずれも「ゲイシャ」と呼ばれるようになった理由を説明できる。

エスメラルダ農園の小さな愛らしい豆によって提起されたアイデンティティに関する疑問の一部

は、遺伝学によって、少なくとも部分的な答えが得られはじめている。植物遺伝学の進展のおかげで、その植物がどのように進化したかを決定することができるのだ。二〇〇二年、フランスとコスタリカの生物学者は、増幅断片長多型（ＡＦＬＰ）と呼ばれる遺伝工学の手法でコーヒーノキの進化系統樹を作成したと論文で発表した。この進化系統樹を見れば、コーヒーの栽培品種同士が進化的にどれほど異なり、進化のどの時点で分かれたのかを知ることができる。

この科学者チームが系統樹の作成に用いた三五～四〇種類のコーヒー栽培品種には、ブルボン種とティピカ種も含まれていた。新世界のコーヒーはすべて、この二品種の子孫である。それ以外の品種はほとんどがエチオピア原産のコーヒーノキだった。

この研究の概要を、プライスは次のように説明した。「枝分かれしながら左から右へ伸びる五〇本の枝を想像してください。遥か左に位置するのが新世界のコーヒー品種です。ブルボン種もティピカ種も、この両品種の交配から生まれたすべてのハイブリッド品種も、新世界のコーヒー品種から派生しました。これらはすべて近縁関係にあり、過去二〇〇〇年以内に進化しました」

プライスはさらに続けた。「エチオピアに生育する他の品種も、枝分かれしながら左から右へと伸びています。これらは少なくとも一万年以上前に進化しました。この系統樹を右へ三分の二ほど進んだ辺りがエチオピア原産のコーヒーで、ゲイシャ種もその辺りに位置し、ゲイシャ種の周りには、遺伝的に類似した興味深い外観のコーヒーノキが六品種存在します」

そして、その六品種をプライスは実験用の庭で栽培している。「種子は、コスタリカの熱帯農業研究・高等教育センター（CATIE）から取り寄せました。その種子を発芽させ、移植し、今は農園で栽培しています。目的は、ゲイシャ種よりさらに味の良いコーヒーか、あるいは、ゲイシャ種と遺伝的に類似していて味も同等だが収量で勝るコーヒーを見つけ出すことです。まあ、たぶん、ここで育てているコーヒーはすべて遺伝的敗者でしょうし、ゲイシャ種が遺伝的にも変わり種であることがわかるだけかもしれません」とプライスは言ったが、新たな金脈を掘り当てる可能性もなくはない。

「これまでに扱う機会があったのは三五品種ほどです。次は、AFLP解析の対象を三五品種から、CATIEのコレクションにあるエチオピアの栽培品種八〇〇品種すべてに広げたいと思っています」とプライスは言う。そのためには実験研究所や大学と関係を築く必要があるが、どうすればそのような研究に助成金が下りるのかわからず、プライスはいまのところ、そこで行き詰っていた。

一通り話し終えたプライスは、栽培中のコーヒーノキのサンプルのうち、進化系統樹上のE－238に相当するサンプルのところに私を連れて行き、「この品種は興味深いですよ」と言った。艶やかな緑の葉を茂らせた樹木が一列に並んでいる。両隣りの品種に比べ、背丈も葉の量も二倍ほどある。「こいつはものすごい勢いで、急速に育つんです。ひょっとすると大物に化けるかもしれません。化けないかもしれませんが。成熟するまでにあと二年はかかります。チェリーを収穫し、カップに淹れて飲むまでは、どうなるか全くわかりません」

プライスと私は、昼食のために母屋に戻り、ピーターソン家の大きな丸テーブルを囲んだ。デイヴィッド・ピーターソンが口を開き、ゲイシャ種の登場でコーヒーの遺伝子研究の様相はすっかり変わりましたね、と言った。それまではコーヒーの研究と言えば、病気に強い品種や収量の多い品種を探すことが目的だった。たとえば、ブラジルの研究所で生み出されたさび病に強く生産性の高いカティモールや、ケニアの研究者たちが二〇年かけて生み出した交配種のルイル・イレブン（Ruiru11）のように。「カティモールもルイル・イレブンも病気には強いのですが、カップに淹れたときの味は、こう言っては何ですが、最高の味とは言い難い」。ケニア人はルイル・イレブンの話題にはいくぶん過敏になっていて、生産性が高く、しかも伝統的なケニアの品種と同じぐらい美味しいと主張しているが、実のところ、その意見に賛同するコーヒー業界人はほとんどいない。「それが、ゲイシャ種の登場を機に、遺伝子研究の中心は味の追求に切り替わりました」とデイヴィッドは言う。

デイヴィッドがとくに関心を寄せているのは、テロワール（産地特有の気候風土）と品種の関係だった。ケニアやグアテマラで栽培されたゲイシャ種は、パナマ産のゲイシャ種と同じような味なのか。今のところ誰もその答えを知らないが、デイヴィッドは、その答えに迫るために、一〇品種のコーヒーを一〇通りの異なる環境で栽培してカッピングを行うための研究プロトコールを作成している。

プライスはデイヴィッドの意見に耳を傾けたあとで、こう言った。「時々思うんだ。私たちは、ここパナマでゲイシャコーヒーを作ったが、もしエチオピアで作っていたら、ここまで珍重してもらえただろうか。ゲイシャ種にはイルガチェフェのウォッシュトコーヒーのような透明感と華やかなフローラルの風味があるという人もいるが、私はそうは思わない。ウィレム・ブートは、ゲイシャコーヒーをエチオピア人に飲ませたら驚いていたと言っていた。エチオピア産のコーヒーでこのような味のものは飲んだことがないと言われたそうだ。何がどうなっているのか、私には理解できないよ」とプライスは言った。彼だけではない。今はまだ、誰も理解していないはずだ。

数日後、私はベスト・オブ・パナマ品評会の審査員団と合流し、ダニエル・ピーターソンの案内で、エスメラルダ農園のハラミージョ地区にある畑を訪れた。パルミラからハラミージョまでは、直線距離にして八キロほどだが、車では、いったん山を降りてから別の山を上がる必要があるため、一時間半かかる。ゲイシャ種の木は、スキー場のような急斜面の中腹に植えられている。

現地で大まかな説明を受けながら、私は、初めて見るその姿にがっかりしていた。背が高く枝がやけに細長いその外観は、ゲイシャコーヒーの風味についてカップテイスターたちが語る豊かで華やかな表現とあまりにかけ離れていた。世界で最も甘い桃のようだと、一口かぶりつけば官能的な香りの果汁が溢《あふ》れ腕をつたって滴《したた》り落ちる、そんな果実のようだと聞かされてきた。そのようなコーヒーが、細くひょろ長い不格好な木に実るというのだ。そのあまりに不釣り合いな現実に、私は衝撃を受けた。そしてその衝撃を、ダニエルの前でつい言葉に出してしまった。長身で骨太で色白の綺麗な顔をしたダニエルは、ビクッとして、少し傷ついた様子だった。まるで、自分の初めての子供をけなされたかのように。「確かに、他のコーヒーの木とは見た目がだいぶ異なります。長くて、か細い。採れる豆も同様です」と述べたダニエルは、しかし、ここが大事なところだと前置きして、続けた。「この木は特別なのです。他の木が枯れてしまうような場所でも健康に育ちます。一月《いちがつ》には二～三週間、風の強い時期がありますが、風速三〇メートル／秒ほどの強風が吹きつけても、この木が傷つくことはありません」

ゲイシャ種は高さ三・五～四・五メートルまで生長するが、日当たりを確保するためには、他のコーヒーよりも木と木の間を広く取って植える必要がある。背が高いこと、急斜面で栽培されることが、この木の世話を難しくしている。剪定作業はまさに悪夢だ。背が高いため梯子《はしご》が必要なのだが、山の急斜面では梯子を安定させることができない。ゲイシャ種の木の枝には、チェリーができる節の部分が七～八センチメートル間隔で存在する。この間隔の広さのせいもあって、ゲイシャ種の収量は、他の交配種の約五〇パーセントほどだと思われる。

ダニエルがゲイシャ種を発見した（七五～七六頁、二〇九頁参照）のは偶然にすぎない、と言う人もいるが、運の力以上に、才能、忍耐力、仕事熱心さがこの発見を招いたのだ。ダニエルは、ハラミージョ地区の農園を買った時にはすでに、農園で栽培するすべてのコーヒーノキの体系的な研究に着手していた。そして、通常より標高の高い場所でも生き抜けそうな収量の少ない他の数種の木と一緒に、標高一四〇〇メートルの畑で生長しているゲイシャ種を発見した。ダニエルは高所で見つかったコーヒーをすべてカッピングした。「標高一四〇〇メートルではゲイシャ種のフレーバーに波があり、美味しい時もあれば、苦い時もありました。そのなかから、私たちは四つに絞りました。そして私たちのハートを射とめたのが、ゲイシャ種でした。カッピングから期待は高まっていました。二年かけて八ヵ所で収穫しました。理想的な標高を見つけ出すまで味はなかなか安定しませんでしたが、ついにこの微小気候を探り当てたとき、私たちはその美味しさに唸《うな》りました」

最初の頃、ダニエルはゲイシャ種の木を剪定する際に最上部の枝を刈り込んでいた。そうすれば世話が楽になると思ったのだ。しかし、それではうまくいかなかった。現在は、相応の人手をかけ、きちんと選別して剪定している。「この木については、私たちもまだまだ勉強中です」

ダニエルはゲイシャ種の栽培に合成肥料は使用しているが、殺虫剤は使用していない。防菌剤は、ゲイシャ種が生育する微小気候がかなり多湿であるため、選択的に使用している。土壌の改善には、鶏の糞を肥やしとして使っている。こうしてエスメラルダ農園は、「レインフォレスト・アライアンス（熱帯雨林同盟）」の認証を受けているのだ。レインフォレスト・アライアンスの認証基準では、指定の合成肥料の使用は許される一方で、ＤＤＴなど、「汚染源リスト」に掲載された二〇種あまりの毒性化合物の使用は禁止されている。「幸い、コーヒーの栽培に殺虫剤を使用する必要はありませんから」とダニエルは言う。

ゲイシャコーヒーの豆はパティオ（中庭テラス）で天日干しにされた後、発酵処理を行わずに粘質物が除去される。「パナマでは、発酵させない手法が主流になっており、現在、他の地域でもこの手法が広がっています。発酵させるよりも安全だからです」とダニエルは解説した。

「発酵にはリスクが伴います。夜中の午前二時にコーヒーが完全に発酵したとしましょう。このタイミングで水洗いし、表面の粘質物を除去する必要がありますが、現場の作業監督は、夜の冷たい水に手を浸したくないという理由で、作業を朝まで待つことにするかもしれません。しかし、後からでは手の施しようがありません。発酵中のコーヒーはすべて腐ってしまって、台無しです」とダニエルは言う。

「私たちが粘質物の除去に使用している無発酵技術は、一〇年ほど前に考案されました。私たちと付き合いのあるバイヤーたちは、長らくこの無発酵処理を受け入れようとしませんでした。そこで私たちは、ブラインド方式でカッピングを行い、無発酵で粘質物除去を行ったコーヒーのほうが美味しいことを証明しました」

高品質のコーヒーの味わいに発酵はほとんど関係ないとするダニエルやパナマ人生産者の主張には、誰もが賛同するわけではなかった。試しにピーター・ジュリアーノにこの「発酵すべきか否か」問題について尋ねてみたところ、「適切に行えば、発酵によってコーヒーの味に見事な深みが出ると僕は信じている」という答えが返ってきた。彼の意見では、発酵工程を省いたため、パナマのコーヒーは、ゲイシャコーヒーでさえも「中性的」だという。発酵を行えば、味に深みと面白味が加わる可能性がある。ただし、発酵にマイナス面があるのも確かだと言う。「タンクが汚れていたり発酵時間が長すぎたりすれば、汚水のような味になりかねない」

無発酵なら、労力は少なくて済む。パナマでは、人件費の問題は大きい。最低賃金は時給九四セントで、上昇する一方だ。後でレイチェルに聞いた話では、一一月から三月までの収穫繁忙期には、農作業者一〇〇〇人とその家族がハラミージョ地区とパルミラ地区のコーヒー農園に住み込みで働きに来るそうだ。その大半はノベ族である。

ピーターソン家も他の生産者と同様、住む場所、台所設備、バス・トイレ、医療、さまざまな社会保障と、日々の食料を提供している。デイケア・センターでは、妊娠中・育児中の母親に食事を提供しているし、母親が働いている間は乳幼児を安全に預かってくれる。資格のある教師も配属されている。ノベ族が暮らす山間部の生活環境は、他の人々の基準から言えば非常に厳しいが、ピーターソン家の農園にいるあいだは、医療を受けられる。

「他にも、イエズス会の会員が修行の一環としてここで徹夜するプログラムも用意し、収入の足しにしています。摘み取り作業者の稼ぎは、三〇ポンドの完熟実を摘んでもせいぜい一・七五ドル。ゲイシャ種の摘み取り作業者はその二〜三倍の額を受け取りますが、完熟実のみを確実に摘み取るように言われているため、その分、収量は少なくなり、結局、一日の稼ぎはたいして変わりません。剪定作業、メンテナンス作業、その他の作業にあたる労働者は、最低賃金より一〇〜一五パーセント増しの賃金になります」

このように人件費がかかることもあり、ピーターソン家のコーヒー生産量に占めるゲイシャ種の割合は、わずか四パーセントである。そのうちオークションに出品されたロットは二〇〇七年にはポンドあたり一三〇ドルで売れたが、同年に販売したゲイシャコーヒーの大部分は、ポンドあたり一二・五〇ドルというオークション前に設定された比較的安い価格で売られた。二〇〇七年、ピーターソン家ではカッピングスコア八四～八八点（一〇〇点満点中）の高品質コーヒーを二つ目のスペシャルティコーヒー商品ライン「ダイヤモンド・マウンテン」として売り出したが、販売価格はポンドあたり二ドルだった。三つ目のスペシャルティコーヒー商品ラインとなるカッピングスコア八二～八三点のコーヒーの大部分は、フェアトレード価格よりは高値でスターバックスに売られた。

このように、コーヒーは比較的低い価格帯で売買されるため、「生産コストや社会保障費を賄えないことも多いのが現状です。生産者は教師を雇い、食費と医療費を支払い、進学した子供たちに奨学金を支給し、そのうえで、年二回のボーナスの支払いまで要求されるのです。バイヤーたちは取引の際に少しでも値切ろうとしますが、そうした行為が摘み取り作業者から金を奪うことになるとは思い至っていないようです。しかし、現に彼らは作業者から奪っています。全員に行き渡るだけの収入が確保できないのです。生産者は、コストを回収できない場合、まず社会保障費を削ることになります」とレイチェルは言う。彼女の言葉は、生産者に大金をもたらすドル箱商品であるはずのゲイシャ種が、資源は豊富だが所得の低い地域の住人にとってどのような存在であるかを明確に示していた。

ベスト・オブ・パナマの品評会は、公式には水曜日の午前九時に開始され、土曜日の午後まで続くことになっている。パナマの生産者は「もてなし」の心に溢れていた。水曜日、木曜日、金曜日の昼間には、訪問審査員二〇名あまり、地元民一〇〜二〇名と私をトラックに乗せ、山道を往復して、野外活動や昼食のために農園や大自然の中まで運んでくれた。夜には毎晩パーティが開かれた。木曜日には、ジョニー・コリンズと妻のゾライダがホストを務めるビュッフェ式のディナーがレリダ農園で開催された。山々を望む石畳のパティオでカクテルと前菜が供され、日が暮れて気温が下がってきた頃、夕食のために室内に通された。私は皿に料理を取ると、長椅子に座るレイチェルを見つけ、隣を確保した。私たちはお互いの家族のことや息子を育てる苦労について話した。私は、水曜日と木曜日のカッピング会場でレイチェルの様子を見ていた。彼女は、コーヒー品質協会（CQI）の厳しい感覚試験とカッピング技能試験に合格した「Qグレーダー」と呼ばれるカップテイスターで、パナマのコーヒー生産者も国際審査委員会のメンバーも彼女のコメントには一目置いているようだった。賢くてフレンドリーだが警戒心が強いというのが彼女の第一印象だったが、しばらく二人で話すうちに、その警戒心は解けていった。

翌晩には、また別のパーティがあった。今度は、コーヒー農園をいくつも所有する生産者であり、小さなカフェをチェーン展開する実業家であり、コミューター航空会社とバス会社のオーナーでもあるコーヒー業界のリーダー、リカルド・コイナーの超豪華な自宅が会場だった。山の高台にある邸宅は広いベランダ付きで、遠くまで景色が見渡せ、どこもかしこも艶やかに磨き上げられ、煌《きら》びやかに輝いている。生演奏の音楽、非の打ちどころのないサービス、ふんだんな料理とドリンク。

私はビュッフェテーブルの前に陣取ってあれもこれも味わいながら、同じく料理を旺盛に楽しんでいたウェンディ・デ・ヨンとのおしゃべりを楽しんだ。肌の透ける白シャツを着た小柄で細身の彼女は、トニーズ・コーヒーのディレクターで、ワシントン州のベリンガムを拠点にしている。

その時に聞いた話では、ウェンディは、ウィレム・ブートが企画したエチオピアの三つのゲシャ村を訪ねる冒険の旅に同行したらしく、参加したコーヒーのプロのなかで唯一の女性だったそうだ。もともとは、ウィレムが米国国際開発庁（USAID）の依頼で企画した、エチオピアコーヒーを欧米のバイヤーに紹介するためのコーヒー・カンファレンスに参加するつもりでエチオピアを訪れていたらしい。

部屋の反対側には、エチオピアの「調達屋」であるメノ・シモンズの姿が見えた。彼も、パナマの品評会で審査員を務める。

「エチオピアで彼と一緒に旅をしたけど、いい人だったわ」と私が言うと、ウェンディは「そうね、彼はいい人かもしれない。でも注文したコーヒーは届けてもらわないと。いつ届くのか尋ねても、彼はごまかすばかりで答えない」と苛立《いら》ちを隠さなかった。彼女はロイヤル・インポーツ社を通じてメノからコーヒーを大量に購入していた。「オーガニックのフェアトレードコーヒーを買ったのに、いつ届くのか全くわからないのよ」。自社のブレンドコーヒーに使うつもりだったそうだ。

「それ、どういうこと？」と私は尋ねた。

「私は二月にコーヒーを注文したの。すでに収穫は終わっている時期だった。そのコーヒーが、もう四月中旬だというのにまだ到着していない。どうやら出荷さえされていないみたいで」

「私も同じだよ」と言って、リック・ラインハートが話に加わってきた。ロサンゼルスを拠点とするグランドワーク・コーヒーのリックは、パナマの品評会の審査員長をしている。

「注文したコーヒーが届かない。ナチュラル（自然乾燥式）とウォッシュト（水洗式）のイルガチェフェ産コーヒーをメノに注文したのに、届かないと困るよ」

その後、メノからコーヒーが届かず困っている焙煎業者はウェンディとリックだけではないことがわかった。ピーター、ジェフ、デュエンも、二月にエチオピアコーヒーをコンテナ単位でメノに発注していたが、四月中旬になっても出荷されていなかった。


世界で最も高額なコーヒーのマーケティングを担当する女性は、一家に三年連続で名声と幸運をもたらした品評会を今年も楽しんだことだろう、と思う人がいるかもしれないが、実際には、彼女は楽しんでいなかった。ベスト・オブ・パナマ品評会の期間中、レイチェルは、今年は勝てない、という嫌な予感でいっぱいだと漏らしていた。

エスメラルダ農園のゲイシャは、過去三年連続で優勝し、オークションに出品されたロットは、二〇〇六年には生豆ポンドあたり五〇ドルで競り落とされた。これはもうひとつの卸ルートであり、この落札価格はスペシャルティコーヒーの平均流通価格の四〇倍だった。エスメラルダが表舞台に姿を現して以来、ピーターソン家はコーヒー業界内で「金持ち」と見なされるようになった。実際には、ポンドあたり五〇ドルで売れたのはオークションに出品されたロットのみ――二〇〇六年は約一〇〇〇ポンドのみ――なのだが、その事実に注意を払う者はほとんどいなかった。しかも、品評会で優勝したゲイシャの小ロットで稼いだ五万ドルのうちの三〇%――一万五〇〇〇ドル――はオークション会場費としてパナマ・スペシャルティコーヒー協会（SCAP）に納められる。

そして今年二〇〇七年、自分たちは名前の明かされていない生産者のゲイシャ種に王座を奪われるに違いない、とレイチェルは感じていた。名前を明かさないのは、優勝が確定してから姿を現し、「やったぞ！」と叫ぶ計画なのだろう、とレイチェルは言う。

ボケテ地域は狭い。コーヒーに携わる人の大半は、匿名の出品者の正体が誰なのか見当が付いていた。すくなくとも皆、そう思っていた。何も持たずにスペインからボケテ地域にやってきて、頂点を目指して着実に爪痕を残している男がいる。町の人気者の部類には入らないが、彼には友人も支援者もいる。

四〇歳のレイチェルは、長身で健康的な体つきをしており、ブロンドの髪をポニーテールにまとめ、耳にゴールドのフープのピアスを着けている。見るからに育ちが良さそうで、優勝トロフィーを持ち帰るにふさわしい雰囲気だった。レイチェルは、ピーターソン家のコーヒーのマーケティングを担当してまだ一年だが、その間に四〇%の値上げに成功していた。彼女は勇敢だが、その勇敢さが発揮されるのは値段交渉の時だけで、コーヒーのこと、それもピーターソン家のコーヒーのこととなると、明らかに不安そうだった。

レイチェルは週に三回、サッカーリーグの試合に出ている。そのため、勝負事にはアスリートとして慣れ親しんでおり、優勝を逃しても大丈夫だと踏んでいた。「ときには負けることも必要よ」と彼女は私に言ったが、こうも言った。「父と兄は、今年も絶対に優勝すると意気込んでいるけれど、私は、今年は勝てるとは思えなくて」。しかし、品評会が始まり、実際に二つのゲイシャコーヒーが同じテーブルで審査員の寵愛《ちょうあい》を受けようと競う立場になると、レイチェルは明らかに緊張の度合いを高めていった。お金と、国際的な注目と、評判、地位、プライドがかかっている。

今回の品評会では、三一銘柄のコーヒーが国際委員会による審査を受ける。ニカラグアのカップ・オブ・エクセレンス（COE）と同様に、パナマの品評会でも、コーヒーはブラインド方式でカッピングされる。つまり、出品されたコーヒーには番号が割り振られるため、どのコーヒーがどの生産者のものか誰にもわからないようになっている。それでも、カッピング技術の高いテイスターなら、名札を見なくても自分のところと近隣の農園のコーヒーくらいは言い当てられるし、レイチェルのカッピング技術は非常に高い。しかも、カッピング対象のコーヒーにゲイシャ特有のフレーバープロファイルが感じられれば、私のような素人でも、すぐにそれとわかる。だが、二つのゲイシャの違いを感じ分けるとなると、簡単ではない。

一つ目のゲイシャがカッピングテーブルに上がったのは、品評会一日目のことだった。審査員はみな感動していた。リックは会場の上階に設置されたSCAP本部の審査員席を順に回り、テーブル席の審査員のコメントを聞いた。審査員たちは、最初にスコアの数字を告げた後、味についてコメントした。「アニス、ウーゾ[※3]、シロップ、黒コショウ、華麗なクチナシとコショウ、ラズベリー、ハネデューメロン、リンゴ、イルガチェフェ産のコーヒーのよう、ナチュラル製法のエチオピアコーヒー、イチゴジャム、アプリコット、パイナップル、フルーツバスケット」といった具合に。

各審査員のスコアの内訳は、九三、九五、九二、九三、九四、九五、九九・二五、九五、九二、九〇、九〇、九三、九三・五、九四、九六、九五、九二、九一・五、九五、九二・五であった。一人だけ、八九点を付けた審査員もいた。

後日、リックはこのコーヒーについて、最高級の非水洗式イルガチェフェのような味がした、と言っている。そして、一つ目のゲイシャはレイチェルのではない、と思ったそうだ。

翌日の午後、もう一つのゲイシャが登場した。二五人の審査員が九〇点を上回るスコアを付けたが、その数字はトップに躍り出るほどではなく、称賛のコメントにも大げさな表現はなかった。

この二つ目のゲイシャは、絹のように滑らか、フローラル、水晶のような透明感、などと評された。最高級のコーヒーなのは確かだが、一つ目のゲイシャに比べると、インパクトに欠けていた。

レイチェルも、おそらく一つ目がもう一人の生産者の者だろうというリックの意見に同意していたが、確証はもてていなかった。はっきりしたことが言えない原因の一部は、ピーターソン家の自宅にある焙煎機の不調にある。どうも調子が悪く、品評会前にレイチェルとダニエルはサンプルを何度も焙煎し、テイスティングしてみたが、結果は芳しくなかった。スペシャルティコーヒーの御多分に漏れず、ゲイシャの味も焙煎によって大きく左右される。品評会本番では、すべてのコーヒーが高性能の小さなプロバット社製焙煎機で焙煎される。レイチェルもダニエルも、自分たちのゲイシャが最高の条件で焙煎されたときにどんな味になるのか、全くわからなかった。

ダニエルもレイチェルと同じように心配していた。「私たちのゲイシャの時代は終わったのだと思います」

品評会の最終選考は金曜日と土曜日に行われ、スコアが高かった上位一六銘柄のカッピングが再度行われる。そして、土曜の午後には上位八銘柄が最後にもう一度カッピングされ、一位から八位までの順位が決まる。品評会後のネットオークションでは、この上位八銘柄が販売される。SCAP本部には、上位出品銘柄についての審査員の議論を聞こうと大勢の人が詰めかけていた。噂では、二つのゲイシャがトップを競う形になっているらしい。現在三位のコーヒーもゲイシャのブレンドではないかと考える審査員もいるようだったが、レリダ農園のジョニー・コリンズは、それは違うだろうと言っていた。誰もが二つのゲイシャの謎めいた存在感に翻弄されているようだった。

「気分はどう?」審査員による最終選考の開始前に、私はレイチェルに声をかけた。

「まずまず、としか言いようがないわ」と彼女は答えた。

※3 ウーゾ
ハーブで香りづけされたギリシャの蒸留酒

審査の最終ラウンドで、二つのゲイシャの順位は入れ替わったように思われた。土曜の午後に先に登場したゲイシャは、比較的インパクトが弱く、レイチェル、ダニエル、リックがエスメラルダ農園のゲイシャだろうと予想したほうのゲイシャだった。

スコアは素晴らしかった。九〇、九五、九二、九二、九一、九二、九六、九一、九三、九四、九三、九四、九三、九一、九〇、九三、九二、そして、リックも九六点という高得点を付けた。

「見事なゲイシャだ」と誰かが言った。

「これは一つ目だったほうのゲイシャ？　二つ目？」と他の審査員が尋ねた。

誰にもわからない。審査員たちも、二つのゲイシャに困惑させられていた。

「とても美味しい。華やかで、雑味がなく、爽やかな酸味が感じられる。フレグランスがやや控えめで、ボディ（コク）も少し弱いように思うが、それでも、とてもとても素晴らしい……」

その後で、もう一つのゲイシャが登場し、想定以上の高得点が並んだ――九四、九五、九四、九六、九七、九六、九五、九六、九三、九三、九五、九八（これはウィレム・ブートが付けたスコア）、九四、九六、九四、九二、一〇〇。なんと、一〇〇点が出た。そう簡単に出るものではない。

「シロップのようで、気品もある」

「ふっくらと豊かでジューシー。ブドウのようでもあり、とても好ましく、素晴らしい。ボディもしっかりしている。しっかりと熟れたベリーのようだ……」

またしても、審査員たちはカップの中に神を見た。

パナマ人スタッフが審査員にビールを手渡しはじめた。品評会は終わったのだ。生産者たちは、もう何もできない。おとなしく帰宅し、夜の晩餐会で入賞者の名前が発表されるのを待つのみだ。

その日の夜、晩餐会の会場でレイチェルを見つけ、隣に座ると、「できるだけのことはしてきた。また来年、優勝を狙うわ」と彼女は言った。黒い絹のパンツにビーズのトップスを合わせている。表彰台からできるだけ遠く離れた席で、テーブルの陰に隠れていてもいいかしら、とも言った。「二位で名前を呼ばれても、私は表彰台に上がりたくないし、受賞の盾も欲しくない。ダニエルが代わりに行ってくれるだろうし」と言って、いたずらっぽく笑っている。優勝を逃したときのために、心の準備をしているらしかった。

ディナーの料理を食べ、ワインを飲んだ。このイベントの責任者が、ボケテ地域の住人一万五〇〇〇人に対し――一人ひとりに直接――お礼を述べ終えるのをじっと待つ。そしてようやく、入賞者が、美人コンテストの場合と同様、順位の低い者から順に表彰台に呼ばれていった。

第一四位、第一三位、……第三位。

そして、第二位。二位は、ピーターソン家ではなかった。

今年も勝ったのだ。優勝はエスメラルダ・スペシャルだった。レイチェルは喜びの悲鳴を上げた。

ダニエルも叫び、両腕でガッツポーズを決めている。ピーターソン家は四連覇を達成した。

一ヵ月後、仲買人向けに開かれた非公開のオンラインオークションで、エスメラルダ・スペシャルは生豆ポンドあたり一三〇ドルで落札された。卸価格である。こんな高値は聞いたことがない。だがスペシャルティコーヒー業界の人たちは、ピーターソン家の連覇が永遠に続くわけではないことを理解していた。

パナマ滞在中、農学者のグラシアーノ・クルスも言っていた。あと二年もすれば、「何もかも様変わりするだろう。オークションに出品されるゲイシャの数も五銘柄ほど増えるだろうし、その後も一五銘柄、二〇銘柄と増えていくはずだ。それだけ数が揃《そろ》えば、微小気候を調べるのに格好の試験になる」

数週間後、ジェフ・ワッツと電話で話すと、彼はこんなことを言っていた。「パナマでは、誰もがゲイシャ種を植えようとしている。映画『スター・ウォーズ』の戦闘シーンを思い出すよ。クローン兵団が攻めてくるあのシーンだ。これから市場はどうなるんだろうね」

第6章

オレゴン州
ポートランド

コーヒー好きの米国人に「米国でスペシャルティコーヒーの中心地と言えば？」と尋ねると、多くの人が「シアトル」と答える。エスプレッソを飲む喜びが米国人に広まった最初の街であり、あのスターバックス誕生の地でもあるシアトルは、米国のスペシャルティコーヒー産業における「空母」のような存在だ。しかし、コーヒー好きのなかでもとくに熱心な愛飲家や専門家に同じ質問をすると、もう少しマニアックな地名が返ってくる。シアトルからいくぶん南下した太平洋岸北西部の街、オレゴン州ポートランド――そう、世界で最も高価なコーヒーを扱うスペシャルティコーヒー焙煎・小売業者を自任するスタンプタウン・コーヒーの本拠地だ。他にも、社会的意識の高いスペシャルティコーヒー専門輸入業者のサステイナブル・ハーベスト、スペシャルティコーヒー業界を詳しく特集してきたコーヒー専門誌『バリスタマガジン』、スペシャルティコーヒー業界誌『ローストマガジン』、コーヒー&ティー専門誌『フレッシュカップマガジン』、アルコール・嗜好飲料専門誌『インバイブマガジン』、世界中のスペシャルティコーヒー入門者にカフェ経営術やエスプレッソの淹《い》れ方を指導してきたコーヒー専門コンサルタント&トレーナー企業のベリッシモ・コーヒーがこの街を拠点としている。

スペシャルティコーヒーは、「美食の街」として知られるポートランドの食文化の一部として息づいている。ポートランドの人々は「地元産」の食材をこよなく愛す。地産ビール、ウィラメット渓谷のブドウ園で作られた上質なワイン、豊富な果物、野菜、チーズ、魚、近郊の牧場で牧草を食べて育った家畜の肉、そして、地元焙煎のコーヒー。このような地元愛は、貧富の差や世代の差を超えて人々に共有されている。流行の最先端をいくヒップスターも、格調を重んじるブルジョア階級も、ポートランドが「食の中心地」として注目を浴びるようになったことを同じように喜び、熱狂している。自分たちで地元を盛り上げようという意識が、ポートランドにコーヒー文化を根付かせ、育んだ。地元の人々がコーヒーに注ぐ情熱の深さは、他の都市ではちょっと想像できないほどだ。例えば、地元焙煎のコーヒーと地元産の珍味を組み合わせるディナーイベントのチケットが二晩連続で完売するなんてことは、この街以外では考えられない。そのような「ペアリング」ディナーが、二〇〇六年八月、ポートランドでもとくに人気の高いレストラン「ナヴァー」で開催された。ナヴァーのシェフとスタンプタウン・コーヒーのオーナーであるデュエン・ソレンソンが、ワインも含め、全七品のコースメニューのすべてを考案した。パナマ産のエスメラルダ・スペシャル・ゲイシャ・リザーブには、スパイスブレッドとガチョウのパテ。イルガチェフェ産のコーヒーには、フォアグラと、ハモンセラーノのテリーヌ。ニカラグア産ロス・デリリオスには、ビートの砂糖漬け。そんな調子で料理が続き、コースの最後には、エチオピア産シダモが、ヒッコリー材で薫製されたチョコレートのムースと一緒に登場した。もっと最近では、やはりスタンプタウン・コーヒーの顧客である地元ポートランドのシェフが、エスメラルダを粉にしてステーキに擦り込んだ。スタンプタウンのオペレーティングチーフ、マット・ラウンズベリーは言う。「この街の美食家のあいだでは、『地産地消』が食の倫理とされており、今ではスタンプタウン・コーヒーも、その倫理に完全に組み込まれているのです」

二〇〇七年五月上旬、私はポートランドを訪れた。ポートランドで明るい太陽を拝める日はめったにないそうだが、快晴、微風、気温は摂氏一五～一八度、という完璧に近い天候だった。ポートランドの魅力はたくさんあるが、一年のうち八～九ヵ月は太陽が顔を出さないところもその一つだと思う。そうでなければ、ポートランドらしさがなくなり、ロサンゼルスと何も変わらない街になってしまうだろう。

私は時間通りにエースホテルに到着し、荷物を置いた。ホテル周辺は高級化が急速に進む浮かれた繁華街で、地元の人はこのエリアを「ワセリン」街と呼ぶ（理由はご想像にお任せする）。エースホテルの客層は、バスルーム付きの部屋に宿泊する私のようなごく普通のビジネス旅行者と、破れたジーンズと「チャックテイラー」のスニーカーといった出で立ちでドミトリータイプの部屋を利用する若者に分かれていた。私の部屋は八階だった――掃除は行き届いている。バスルームには、かぎ爪足のバスタブ。窓の外は、ギラギラと賑《にぎ》やかな大通り。それだけ確認すると、私はすぐに部屋を出た。スタンプタウンでエスプレッソ技術の指導をしている若き天才、ステファン・ヴィックに会うためだ。ステファンとは、この年すでに、ニカラグアで会っていた。一粒ダイヤモンドのイヤリングをつけたステファンは、人当たりが良く、機知に富み、星の数ほど友人がいる。まだ三〇歳にもなっていないが、シアトルの元バリスタ・チャンピオンだ。スキのない筋の通った話し方で話し、いま何が起きているのかをつねに把握している――ツアーガイドを頼むのに、これほど心強い人物はいない。

私はステファンにレンタカーの鍵を渡した。赤いGMカマロに乗り込み、いざ、ポートランドのスタンプタウン・ツアーへ。スタンプタウンの焙煎所と、五つあるカフェのうちの四つに立ち寄る。五つ目のカフェは、私が滞在するエースホテル内にある（スタンプタウンとエースホテルはパズルのピースのようにぴったりはまっていて、別会社の運営とは思えないほど一体化していた）。ステファンはポートランドとスタンプタウンに関するあらゆる情報を、よく考えられた順序で立て続けに解説してくれた。ポートランドは、都会として成長しようにも、「地理的な境界線」のせいで外に向かっては成長できないため、代わりに中心部を成長させてきた。そしてスタンプタウン・コーヒーは一九九九年の創業以来、地元の商業区域に重点を置くこの街の再開発戦略において、一定の役割を果たしてきた。

太陽はまだ輝いていたが、東部時間ではすでに夕食の時間だったため、私は腹ぺこだった。私たちは何かと人々の話題に上る新しいレストラン「ロケット」に向かった。屋上のパティオ席で、この街に新しくできたロープウェイを眺めながら、小皿料理を何皿か注文した。最初に出てきたサラダは、エビが器のようになっていて、その中に丸くカットされたアボカドがコロコロと入っていた。半分にカットしたアボカドを器に見立てた中にエビを入れて出すのが定番のところを、その期待を裏切る逆の組み合わせで出してきたのだ。私は間もなく、ポートランドの特徴に気づいた。この街の人は、普通の逆を行くユーモアをもって物事に取り組んでいる。会社のネーミングにしても、レストラン「ノーブル・ロット（貴腐）」しかり、コーヒー企業「スタンプタウン（切り株の町）」しかり。この社名は、森を開拓して木材の輸出で発展してきたポートランドの歴史に敬意を表したものだ。スタンプタウンが提供するエスプレッソブランド「ヘアーベンダー（髪をカールさせる人）」も、一号店の場所にかつてあった美容室の名前にちなんで付けられている。

ポートランドはエコ意識が非常に高く、自転車人口が多い。この街の自転車専用道の総延長は米国内の他のどの街よりも長いのだとポートランドの人々は誇らしげに語る。ポートランドでも他の街でも、自転車は、コーヒーを取り巻くヒップスター文化にしっかり入り込んでいる。私もステファンから聞くまで知らなかったのだが、ネバダ州ブラックロックデザートで開催される年に一度のバーニングマンフェスティバル[※1]には、自転車を電力源とするエスプレッソマシンが出展されていたそうだ。そのエスプレッソマシンが置かれたバーには四〇メートルほどの行列ができたという。

ディナーの後、私たちは繁華街のビジネス区域にあるスタンプタウンのカフェに立ち寄った。ここはおしゃれで都会的な店舗で、コーヒーのほかにワインとビールも飲めるバーカウンターがあり、カウンターの背後の長い壁には、巨大なガラスアートが埋め込まれている。私たちはローデンバッハ醸造所の酸味のあるベルギーエール一杯を二人で飲んだ。ここポートランドのライフスタイルには、市民道徳と美味しい料理・飲み物とがうまく組み合わされている。これなら私もすんなり馴染めそうだ。

翌朝、エースホテルでルームサービスを頼むと、スコーンと一緒に、ポットに入ったスタンプタウンのコーヒーが運ばれてきた。トレイの上には小さなカードが添えられており、「ルワンダ・ムササ農園――パイナップルジュースや酸味の少ないメイヤーレモンを思わせる、豊かなフローラルの香りが特徴的」と記されていた。エースホテル内のカフェはホテルロビーと直結している。ロビーでは二〇代の客五～六人がＷｉ‐Ｆｉを利用しながらコーヒーを飲んでいた。店の内装には落ち着いた色の木材が贅沢に使用されている。抽出マシンは「クローバー」[※2]だ。一台で一万一〇〇〇ドルもする小粋で高性能なクローバーを使って、バリスタは、すべての抽出操作をカスタマイズしながら一度に一杯ずつコーヒーを淹れる。見た目にも美しいこのステンレス製のマシンが一店舗に四台も並ぶ光景は、他店ではお目にかかれないもので、なかなかの圧巻である。

　クローバーは二〇〇六年に市場に登場した。設計者は、カリフォルニア州出身でスタンフォード大学を卒業したばかりという三人の若者だった。二〇〇八年前半の時点で、約二〇〇台が全世界に販売されている。高価だが、熱狂的なファンを獲得しており、このマシンを目にしただけで有頂天になるファンもいる。クローバーの降臨以降、「コーヒーの抽出はこうあるべき」といったことが

※1　バーニングマンフェスティバル
毎年八月の最終月曜日から約一週間、荒野で開催される大規模なイベント。参加者は何もない平原に街を作り上げ、自己表現をしながら共同生活を営み、一週間後に全てを無にかえす。

※2　クローバー
減圧による吸収ろ過方式を採用したコーヒー抽出機。スタンプタウンでは発売当初からこの抽出機を使っていたが、製造元のCoffee Equipment Co.が二〇〇八年にスターバックスコーヒーに買収されると、店舗での使用を中止した。

語られるようになった——イタリア・フィレンツェで手作りされ世界中で愛されてきたコーヒー機器「ラ・マルゾッコ」※3を使うときのように、神秘的な儀式として、セクシーに淹れるべきだと。

クローバーは丸みを帯びたステンレスの造りで、よく考えられたデザインだが、けっして奇抜ではなく、車で言えば、「マセラティ」よりも「サーブ（Saab）」を思わせる。箱型テレビほどの大きさなのでカウンター上に設置でき、内蔵コンピュータに時間、撹拌《かくはん》パターン、温度をプログラムしておくこともできる。マシン上部には直径一五センチほどの丸い穴があり、この穴に挽《ひ》きたてのコーヒー粉を入れると、そこに熱湯が噴霧される。湿った粉は下からの真空吸引で圧縮され、フィルターを通ったコーヒー抽出液がマシン下部からカップに注がれる。このすべてが約一分で行われる。

デュエンは、クローバーを熱烈に支持している。コーヒーの繊細さを引き立てる点で他の抽出法よりも優れ、とくに小ロットで扱われる単一産地のコーヒーを淹れるときにその個性を際立たせるからだと言う。「繊細なフローラルのフレーバーも、微かな甘みも、口に広がる芳香も、柑橘味も、逃さず味わえるんだ」

スタンプタウンの営業マーケティングを担当するマット・ラウンズベリーによれば、クローバーの登場は「人々のエスプレッソ離れに拍車をかけ、ドリップコーヒーのファンを増やした」。一度に一杯ずつしか淹れられないところも、クローバーの長所になっていると言う。おかげでスタンプタウンの客は、何種類ものコーヒーのなかから一杯を選ばなければならない。「うちには、本日のコーヒーという選択肢はありません。作り置きのコーヒーをポットや魔法瓶に入れておくようなことはしません。三五種類のなかから、飲んでみたいコーヒーを自分で選ぶんです。その多くは小ロットで流通しているコーヒーです。客は、選びながらコーヒーについて店員と言葉を交わすことになります。そうやって選ばれたコーヒーを、私たちはそのお客様のためだけに、シングルカップ分だけを淹れてお出しします」。コーヒーを選び、入るのを待つという儀式的な手順を踏むことによって、客はその一杯の味に一層注意を払うようになる。

ジェフ・ジャスモンドが運営しているスタンプタウンの公開カッピングルーム「アネックス」では、コーヒー豆を買いに来て順番を待っている客に、さまざまなコーヒーのテイスティングを勧めている。

「アネックス店にもクローバーを導入し、正式なカッピングで味わえるのと同レベルの、本物のコーヒー体験を再現しています」とジェフは言う。スタンプタウンに一台目のクローバーが導入さ

※3　ラ・マルゾッコ
デザイン性と機能性で世界的に有名な一九二七年イタリア・フィレンツェ発の高性能エスプレッソマシン。半自動式でボイラーを二つ設置すること（ツインボイラー）によりコーヒーの抽出とスチームの作成を切り離し、温度を安定させてエスプレッソの質を劇的に向上させた。ワールドバリスタチャンピオンシップの認定機種の一つでもある。

れた時、「バリスタたちは『コーヒーロボット』と呼んで警戒しましたが、実態はまったく異なりました。とても高価ですが、使いこなすには相応の訓練が必要です。美味しいコーヒーを淹れられるか、二流の味のコーヒーになるかは、使い手の腕しだい」とのことだ。

実はジェフ自身も、各コーヒーの特徴を引き出せるようにクローバーを正しく使いこなすのがいかに難しいかを知って、驚いたと言う。スタンプタウンでも、豆の種類によっては、最高の味を引き出すまで五〇回でも一〇〇回でも豆を挽き直し、抽出時間から分量まで、各種パラメータの調整を重ねたそうだ。

「調整のために豆を使いすぎだと文句を言う人もいる」とジェフ。「新しい豆が入荷されるたびに試すが、なるべく少量で試すようにしていて、わずか一二グラムの豆で約二四〇ミリリットルのカップに淹れることもある。豆を無駄にしたくない気持ちと、産地ごとの特徴や産地で栽培に関わった人々の労力を尊重する気持ちから、そのような工夫をしているんだ」

クローバーについては、「実際に使いながら習得しているよ。多様な淹れ方を試し、お客様の反応を見ながら変更を重ねる。また、生豆の熟成期間が味に影響するかどうかも解明したいと考えている」と言っていた。

コーヒーごとのクローバーの理想的な設定を探るため、五〇回でも一〇〇回でも試飲するというジェフのことを話したら、ピーターは何と言うだろうか。どうしても聞きたくなったので、私は電話してみた。「コーヒー業界の連中はそんなもんだよ」とピーターは言った。「抽出パラメータをいじるのが大好きなんだ。僕らはそういうふうに生まれついているのさ。クローバーは僕らに、自由に管理する権利を明け渡してくれている。そんなものを目の前に差し出されたら、バリスタなら手を出さずにはいられない。そりゃあ、パラメータいじりに没頭するだろう」。さらに、夢中になる対象はクローバーだけとは限らない、とピーターは言う。「フレンチプレス[※4]を使うときだって、バリスタは時間を忘れてパラメータをいじりつづけるはずさ」

ピーターもクローバーのファンで、美味しいコーヒーを淹れたければ一度に一杯ずつ淹れるべき

※4　フレンチプレス
日本では紅茶を淹れる器具として知られるが、もともとはコーヒー用抽出器具。金属のフィルターで濾すため、コーヒーの油分が抽出されやすいと言われる。特にジョージ・ハウエルをはじめとする浅煎りスペシャルティコーヒー派には、エスプレッソに代わる一杯抽出用器具として愛用されている。

だ、と言う。「ガソリンスタンドやホテルのロビー、香料を加えた安物のコーヒーを飲ませる店でよく見かけるような、まとめて抽出して魔法瓶に入れられたコーヒーは、スペシャルティコーヒーを愛する者の美学に反するからね」

「クローバー、フレンチプレス、それから、サンフランシスコのブルーボトルコーヒーで採用された、熱源にハロゲンランプを用いた二万ドルの日本製のサイフォンの良いところ――それは、一般の消費者の予想を裏切る味を引き出せるところだろう。これはとても大切なポイントだと思う。消費者に新鮮な驚きを与えることができなければ、客は昔なじみの味を求めて闇雲にコーヒーショップに入る。僕らは、ここは昔ながらのものとは異なる種類のコーヒーを売る、昔ながらの店とは異なる種類のコーヒーショップなんだってことを客に気づかせるために、何かドラマティックなことを仕掛けなきゃいけない。そういう意味で、クローバーは完璧な仕事をしてくれる」

念のために記しておくが、クローバーで淹れたコーヒーは実に美味しい。私はいつも朝のコーヒーにはミルクを入れて飲んでいるのに、エースホテルで銀のトレイに載せて運ばれてきた「クローバー抽出」のルワンダ・ムササは、あまりにも美味しくて、何も混ぜたくなかった。カードの説明書きにあった「パイナップル」のフレーバーは感じ取れなかったが、「レモン」と「フローラル」は素晴らしい透明感と共に感じられた。一緒に出てきたスコーンもなかなかの味だった。パン菓子はコーヒーよりも鮮度が落ちやすく、どんなに頑張ってもほんの数時間で「焼きたて」ではなくなるのに、高品質コーヒーの小売店は、どこもみなパン菓子の質にまでこだわっている。

朝食後、私はホテルに隣接する繁華街「パール区域」を歩いて回った。この区域には、環境意識の高いテナントしか入れないことで知られる「エコ・トラスト・ビルディング」がある。美しく改修されたこの歴史的なビルには、フェアトレードのオーガニックコーヒーを専門に扱う輸入業者サステイナブル・ハーベストもテナントとして入っている。私はサステイナブル・ハーベストを訪れ、創業者のデイヴィッド（デイヴ）・グリズウォルドに会った。四〇代半ばのデイヴは、顔を合わせるなり、いくつもの情報を一気に話して聞かせてくれた。サステイナブル・ハーベスト社は民間の輸入会社であり、年間一〇〇〇万ポンド近くのフェアトレード・オーガニックコーヒーを売り、営業予算一〇〇〇万ドルで粗利益一七〇〇万ドルを得ている。稼ぎの約半分――年間約五〇〇万ドル――は生産者のトレーニング費用に充てており、海外支店を通じて、農家がスペシャルティコーヒー焙煎業者の基準を満たせるように支援している。年間一〇〇万ドルの予算で世界各地の四つの支店で働く二四人の従業員を支えている。ラテンアメリカ支店と東アフリカ支店には五人の農学者がいて、どうすればコーヒーの品質を急速に向上させられるかを生産者に指導している。

デイヴは、コーヒー業界の若者にありがちな、いかにもコーヒーに夢中といった風情で興奮気味に話す。最初のうちは、少し利己的で思い上がっているような印象だったが、スペシャルティコーヒーの取引に関連するお金の流れをすべて詳《つまび》らかにしたいという彼の意欲には好感がもてたし、他にも人を惹《ひ》きつける特性が数多く見受けられた。彼は、自分で考案した高性能ソフトウェアを駆使して、「透明性」を実現した――会社の全財務・輸入データをウェブで公開したのだ。たとえば、輸入業者デイヴを介してインテリジェンシアやカウンター・カルチャーのような一流の焙煎業者にコーヒーを販売するメキシコの農家でも、すべての金の流れをオンラインで詳細に追跡できる。コーヒーがメキシコの農家からメキシコのミル工場、メキシコ人のトラック輸送者、メキシコの倉庫会社へと渡り、コンテナ出荷業者を経由して、ニューヨークの港でニュージャージー州の倉庫会社に運び込まれ、最終的に、ノースカロライナ州ダーラムにあるカウンター・カルチャーの焙煎機やシカゴにあるインテリジェンシアの焙煎機へと至った後、倉庫の外に出されてポンドあたり六～七ドルで卸業者に卸されるまでのあいだに、どこで誰がどれだけ稼いだのかを、正確に知ることができるのだ。

　私はこの一年、一流の焙煎会社の社長たちに話を聞いて回っているが、コーヒー事業の実状をデイヴほど積極的に洗いざらい語ろうとしてくれた人はいなかった。財務諸表を見せたり収支の内訳まで教えてくれたりしたのは、（ロサンゼルスのグランドワーク・コーヒーのリック・ラインハートを除けば）デイヴぐらいである。私が後をついて回った若きスペシャルティコーヒー焙煎家たちは、彼らのような小規模焙煎業者がどのように資金を調達し、どのようにコーヒーを購入しているのか、その大まかな流れすら明かさなかった。サステイナブル・ハーベストや、カリフォルニア州ペタルマを拠点とするボルカフェ・スペシャルティコーヒーのような輸入業者の場合は、コーヒー購入資金を調達し、倉庫保管などの物流を管理し、必要に応じてコーヒーを少量ずつ放出し、供給したコーヒーが売れた頃に請求書を送る。

デイヴは、サードウェーブの男にありがちな情熱あふれる興奮屋だが、自社のビジネスモデルについてはよくよく考えている。カウンター・カルチャー、インテリジェンシア、スタンプタウンのような小規模焙煎業者が小額のツケを重ねたところで、彼の会社が破産するようなことはない、と説明してくれた。みな、コーヒーの小売価格は上昇すると信じていたし、なかでもデイヴは、中央アメリカその他の地域のコーヒー農家が生き残るためにはポンドあたり一二～一三ドルという小売価格の天井をぶち破らなければならないと考えていた。「高く買って高く売る」ビジネスモデルは株式を公開しているスペシャルティコーヒー会社にとっては実現が難しい。スペシャルティコーヒーを大量に扱っている会社——具体的な社名は聞かないでほしいそうだ——は農家の味方であろうとしているが、いよいよ追い詰められれば、彼らも株主への法的義務を果たすために、安く買って高く売るはめになるだろう。彼らはあくまで倫理的でいようとするだろうが、「それでも、双方の対話はコスト削減と中間マージンの引き下げの方向に進む」とデイヴは言う。「これは現在の経済システムの課題です。バイヤーたちは、ウォール街からの短期的圧力と、貧しい農家を持続的に支援しようという長期的関心の間で板挟みになっています」

「そのような『値下げ競争』を生き抜くのは至難の業です。僕らは直接対話を重視したサービスを提供していますが、そのようなサービスを行わない多国籍の大手輸出入会社とコスト面で張り合わなければなりません。僕らは幅広いトレーニングを農園レベルで行い、産地での実際の作業をデジタル動画に残すために、現地に撮影スタッフを送っています。取引先のバイヤーはその動画を店内で流すことで、コーヒーがどこから来て、どのように育てられたのかを顧客に伝えることができます」。ストーリーで語れば、高品質のコーヒーを作るには余計に費用がかかるということも、そのようなコーヒー作りを支援しているのは小規模の一流焙煎業者だけで、大手業者はあまり熱心でないことも、客に理解してもらいやすくなる。「企業のバイヤーたちには、『デイヴ、きみの言うことはご立派だが、多国籍企業に近づくためにも、この価格で』などと言われてしまいます」

デイヴは、小規模農家の代表である協同組合に対する一流スペシャルティコーヒー会社の態度を問題視している。デイヴも協同組合を相手にする難しさは認識していて、「何を聞いても明快な答えが返ってこないのは辛いものです」と悲しげな表情を見せた。それでも、協同組合を避けて通るのでも排除するのでもなく、支援するべきだと考えている。なぜなら組合は「該当地域の農家に年間を通じて医療サービス・教育サービス・コーヒー栽培学・脱穀ミル施設を提供しています。政府当局の手が届きにくい遠隔地域にも社会サービスを届けています。組合を閉鎖してしまったら、農家は利害関係者ではなく小作人に成り下がってしまいます」とデイヴは言う。つまり農家は、金回りが健全かどうかもわからない個別営業の民間バイヤーに販売していたのでは社会福祉サービスを受けられないが、組合の一員になれば、生産者としてより大きな団体の利害関係者となり、恵まれた年はもちろん、ひときわ厳しい年にも社会福祉制度を当てにすることができるのだ。

デイヴはスペシャルティコーヒー業界の人々の優しい心根を信じてはいたが、彼らも産地の歴史的経緯や経済的状況を完全に把握できているわけではない。デイヴはある疑問を投げかけた。経済が悪化しはじめたときにこそ、より重要性の増す疑問である。私がポートランドを訪れてから数ヵ月以内に、輸送費は増加し、金融は引き締められた。「スペシャルティ業界の焙煎業者が倒産したら、彼らと買取契約を結んでいた農家はどうなりますか？　彼らは永続的に高値を支払うと農家に約束したことでしょう。しかし、その約束が守られる保証はどこにあるのでしょう？　会社というのは、いつ倒産してもおかしくありません。組合が提供する社会福祉サービスがなければ、農家は苦境に立たされたときにどうやって家族を守ればよいのでしょうか？」

世界のマクロ経済について聞いたら、次はポートランドのミクロ経済について聞く番だ。私はスタンプタウンの営業マーケティングチーフであるマット・ラウンズベリーに会いに行った。マットは三〇歳、MBA取得者だ。「以前は上着とネクタイを着用して働いて」いたらしく、容姿端麗で、四角い顎髭《あごひげ》はさっぱりと剃《そ》られ、髪もきちんと散髪され、ピンク色のシャツを着こなしている。スタンプタウンで働く他の「音楽漬け」の社員——タトゥーを入れ、いくつもピアスをつけた華奢《きゃしゃ》なミュージシャン風の若者たち——とは一線を画している。

スタンプタウンの卸売先の一つを見せたいと言って、マットは私を「クレマ」というカフェ＆ベーカリーに連れて行った。クレマはバーンサイドと呼ばれる新興のオフィス・小売商業区域にある、天井が高く窓の多い広々としたカフェだった。

マットはスタンプタウンと地域社会とのつながりを強調し、クレマのようにスタンプタウンのコーヒーを売る独立カフェと、スタンプタウンの五店の自営カフェが、この街全域の高品質で人に優しい経済開発の推進に一役買っていると指摘した。しかも、スタンプタウンはそのような取り組みを内部から推進していた。従業員への福利厚生を充実させ、十分な賃金を支払っている。「弊社のバリスタは市内に家を購入し、子供もつくっています」

コーヒーについては、「七ヵ国でコーヒーのオークション落札価格の最高記録を更新しました」とマットは言う。スタンプタウンは他のどこよりも上質のコーヒーを焙煎・販売していると言いたいのだ。しかし、店舗を全米に展開するつもりはないそうだ。大きくなりすぎるのは、ポートランド流ではないからと。

「顧客は私たちの動向に目を光らせています。私たちが大きくなりすぎれば、『帝国』の拡大だと文句を言うでしょう」とマットは言う。地元を大切にする姿勢を貫き、ビジネスばかり追いかけず、マーケティング活動を行わない。マットの語るストーリーを聞く限り、スタンプタウンの姿勢はむしろ「反マーケティング」である。

「私たちは取引先候補になる店、コーヒーを淹れて提供するレストランやコーヒーショップなどの小売店に対して面接を行い、機器への投資やスタッフのトレーニングなどで弊社の基準に達しない場合は取引を断っています。私たちは毎日、豆を焙煎して配達します。配達した豆は七~一〇日以内に使用するようにお願いしています」とマットは言う。

私たちはスタンプタウンの焙煎所に隣接する営業所に立ち寄った。焙煎所は小洒落ていたが、営業所は小さな隠れ家のようだった。オフィスに入ると、経理担当者の一人、腕に象のタトゥーをしたシャリ・バグウェルが、相談があると言ってマットに寄ってきた。

山間部の高級リゾート地であるワイオミング州ジャクソンホールのベーグル店がコーヒーを五〇ポンド注文したがっているとのことだった。「彼らはスタンプタウンの主義に合う、純粋に美味しいベーグルを追求しているお店です。店にトースターを置いていないそうです。焼きたてをその日のうちに食べてもらいたいからと。即日配達の空輸費は喜んで支払うと言っています」とシャリ。

「だめだ」とマット。「よく知らない相手に思いつきで五〇ポンドのコーヒーを出荷するような真似はしない」

「私は彼らと話しました。彼らは本物だと思います」とシャリは食い下がった。

「わかった。私が電話しよう」とマットは折れた。

車に戻ると、マットは座席からジャクソンホールのパール・ストリート・ベーグルズに電話した。ヘッドセットを装着して会話していたため、私にはマットの声しか聞こえなかった。

「弊社では州外への卸売はしていません。シアトルのゾッカコーヒーに電話してみてはいかがですか？　……ドリップ式で淹れるならまだしも……ドリップコーヒー・ショーケース？　……二店舗。一週間で五〇ポンド？　うちの深煎りはフレンチローストだけです。……清掃プロトコールはどうなっていますか？　抽出後に洗い流す？……エアポットの洗浄は？　いえ、責めているのではありません。ただ、うちでは賞味期限を七～一〇日に設定しているので。なんと！　うちはグアテマラの農家への支払いの最高額を更新してきました。ウエウエテナンゴのエル・インフェルト農園……

あそこのコーヒーは素晴らしいですよ。生産者は今ちょうどグアテマラから来社中なんです。後ほど情報を送りましょう。……もう少しお話ししたいですね。またいつでもご連絡ください。午後三時までに発送します。はい、ぜひ、今後ともよろしくお願いします」

この電話の内容をかいつまんで言えば、最初はワイオミング州ジャクソンホールくんだりにあるという二店舗展開のベーグル店で一週間に五〇ポンドものコーヒーを淹れて売るなんて、と疑ってかかっていた。スタンプタウンでは、コーヒーを速やかに消費するよう顧客に期待している。戸棚に何ヵ月も保管して鮮度も味も落とすようなことはしてほしくないからだ。

話を聞いていくうちに、このカフェではエスプレッソは販売しておらず、週替わりで一流の焙煎業者から仕入れたコーヒーを目玉商品として紹介し、ドリップ式で淹れて提供していることがわかった。それが、先の会話に登場した「ドリップコーヒー・ショーケース」だ。マットは一週間で五〇ポンドを使い切るという相手の言葉を信用しはじめ、出荷に反対する気持ちも和らいでいった。

次にマットは、カフェの清掃プロトコールについて、コーヒー抽出機だけでなく、抽出したコーヒーを一時的に入れておく魔法瓶など、エアポットの洗浄まで含めて質問した。エアポットに入れておくと、加熱しなくてもコーヒーの保温が可能で、従来のようにコーヒーをホットプレートの上で再加熱して味を殺すようなことをしなくて済む。後でマットは私に次のように説明してくれた。

「清掃は、毎日のことですから。コーヒーがどんなに上質でも、抽出機とエアポットを専用の洗浄製品で定期的に洗っていなければ、客はコーヒーの味じゃなくて、汚れたエアポットの味を味わうことになります」

さて、マットはジャクソンホールのベーグル店がスタンプタウンの基準を十分に満たす相手だとわかって満足すると、声の調子が変わり、彼らにコーヒーを売ることに前向きになった。「またいつでもご連絡ください」と言ったのは、供給業者としてこの店と積極的に関わっていきたいという意味だ。コーヒーを通じて正しいことをしようとしている立派な顧客だとわかって、マットは嬉《うれ》しそうだった。

その夜、エースホテルで開かれたスタンプタウン主催のパーティの席で、私はエル・インフェルト農園から来ていた農家たちに会った。つい先ほどジャクソンホールに向けて出荷された五〇ポンドのコーヒーを生産している農園である。出席していたのは農園主のアルトゥーロ・アギーレ親子だった。息子のほうは三〇代で英語を話すが、父親は話さない。二人は先週ロサンゼルスで行われた米国スペシャルティコーヒー協会（ＳＣＡＡ）の年一回の品評会に出席するために訪米した後、得意先の焙煎業者を訪問しようとポートランドへ飛行機で移動してきたそうだ。スタンプタウンも他の一流焙煎業者も、生産者の訪問を受けたときには、顔合わせができるように従業員、優良卸売顧客を非公式に集めて歓迎会を催すことが多い。

エスメラルダ農園のダニエル・ピーターソンも、私の数週間後にスタンプタウンを訪れたらしく、自分たちが生産したコーヒーの最終ユーザーと会えるのは農家にとって非常にありがたい機会なのだと話してくれた。「コーヒー生産者はコーヒーの供給チェーンの終点から遠く離れた場所にいるから、自分たちが作ったコーヒーがどのように抽出され、どのように販売されているのか、どんな人たちが買ってくれているのか想像もつかない。つまり、まったくの暗闇のなかにいるようなものなんだ」とダニエルは言う。

アルトゥーロ・ジュニアとダニエルは年齢が近い。彼らと話すうちに、私は、スペシャルティコーヒーの「サードウェーブ」に含まれるのはバイヤーだけではないのかもしれない、と思うようになった。英語を話し、自分たちのコーヒーはコモディティ商品ではなく匠《たくみ》の技で作られる貴重な作品だと自負する、三〇代のスペシャルティコーヒー生産者も含まれるのだろう。

アルトゥーロは、コーヒーでさらに稼げるチャンスを与えてくれるデュエンにどれほど感謝しているかを語ってくれた。「彼は僕らにカッピングを教えてくれた。今ではうちの農園にはカッピングラボがある。従業員たちもそこでカッピングを学んでいるんだ」とアルトゥーロは言う。「デュエンは僕らの背中を押し続けてくれている。今はうちの農園でも、ブルボン種と他の品種のコーヒーは一〇〇%分けて扱っているよ」

パーティ会場は賑やかに混み合っていた。私はシャリ・バグウェルと一緒にビュッフェのそばでアルトゥーロと話していたが、途中で誰かがアルトゥーロを連れていってしまったので、シャリがアルトゥーロのコメントの前後を捕捉説明してくれた。農園の近代化には資金が必要なので、コーヒー農家はプロフェッショナルでなければならない。コーヒー生産は労働集約的だが、労働力の供給は減少している。米国への移住が増えているせいもあるが、グアテマラではエタノール生産用にサトウキビを作付ける農家が増えている。コーヒーよりも栽培が容易で、価格も上昇しているからだ。農家の稼ぎを増やせなければ、中央アメリカにコーヒー農園は残らないだろう、と。

その夜、混み合ったエースホテルのパーティルームを泳ぐように歩き、人と話をして回っている人物がいた。マサチューセッツ州アクトンを拠点とするテロワール・コーヒーのジョージ・ハウエルだ。ジョージはセカンドウェーブを代表する業界人の一人であり、カップ・オブ・エクセレンス（COE）の設立者だ。彼にはニカラグアでも会っていたし、アクトンにある彼の焙煎工場も訪問したことがある。ジョージも他の何人かと連れ立って、ロサンゼルスのSCAA品評会の後、ポートランドに流れてきた。このような訪問者が多いことからも、スタンプタウンがスペシャルティコーヒー業界人の旅の目的地になるほど重視されていることがよくわかる。ジョージとデュエンは、生い立ちも生き様も、これ以上ないほど異なる。ジョージはニューイングランド生まれ、イェール大学出身、いつの日かパリでカフェを開くのが夢。デュエンはロックンロール魂でコーヒー業界に挑む不良少年、といったところだ。しかしこのような属性の違いも、二人の間に友情が芽生えるのを阻《はば》むことはできなかった。両者は、細かいことまで正確に把握しないと気が済まないところがよく似ている。デュエンはジョージを連れ出し、山間部にあるお気に入りのワインメーカーにも案内している。デュエンと親子ほどの年齢差があるジョージは、以前はクローバーを見下していたが、現在ではクローバーがスペシャルティコーヒーの世界に何かをもたらす可能性もあるのではないかと、前向きに考えられるようになっている。

メノ・シモンズもポートランドにいた。やはり、この夜のパーティに出席し、ビールを飲んでぶらついていた。メノはまだ、スタンプタウン、カウンター・カルチャー、インテリジェンシア、グランドワーク、その他のエチオピア国外の小規模焙煎業者から数ヵ月前に発注を受けたエチオピアのコーヒーを、入手できていなかった。だがスタンプタウンの異端児たちと彼との友情は、そんなことではゆるがなかった。

その夜は気温も穏やかで、パーティがお開きになった後も、エースホテル前の歩道でコーヒー業界の一団が立ち話をしていた。私はジョージを含む何人かで話していた。ポートランド出身だという三〇代のオタクっぽい男性も一緒だった。野球ファンにも熱心な追っかけがいるものだが、その男性はコーヒーの熱烈なファンだった。ジャズ愛好家がマイルス・デイヴィスやチャーリー・パーカーのディスコグラフィーを勉強するように、彼はスペシャルティコーヒーを勉強しているらしく、その場にいるコーヒー業界人全員の名前を知っていた。ピーター、ジェフ、デュエン、デュエン、デュエン。

「デュエンは神だ」と言っていた。

翌朝、私はスタンプタウンのシニア焙煎士ジョエル・ポラックからコーヒー焙煎の初歩を教わるため、身支度を整えた。ジョエルは、当初はスタンプタウンの小株主だったが、その後、買い取りに応じたため今はスタンプタウンの株は所有していない。ジョエルが言うには、大量市場相手のコーヒー会社は自動化された機械を使って一度に数百ポンド単位のコーヒーを焙煎するため、人手をほとんど必要としない。一方、スタンプタウンのような高級路線のコーヒー会社では、欧州から輸入され修理調整を重ねた鋳鉄《ちゅうてつ》製の機械を使って一度に少量ずつ手作業で焙煎する、昔ながらの手法が選好されている。

スタンプタウンで使っているのは世界中の焙煎士に愛されてきた老舗プロバット社の焙煎機[※5]で、

※5　プロバット社の焙煎機
プロバット社は一八六八年、ドイツ・エメリッヒで創業した焙煎機の開発と製造に特化する焙煎機メーカー。スタンプタウンではプロバット社のアンティーク・ドラム式焙煎機を七台所有、日々の焙煎を行っている。

内も外も手入れが行き届き、アンティークのロードスターを磨き上げる自動車愛好家に勝るとも劣らぬ完璧さで磨き上げられている。プロバット社からは、スタンプタウンが保有している一九一九年製のアンティークの焙煎機を買い取って博物館に展示したいという申し出もあったそうだが、デュエンは売らなかった。スタンプタウンの焙煎所にある大型機は、最大一〇〇ポンドのコーヒーを一度に焙煎できる。同社ではこの他に、ポートランドの食の中心地であるディビジョン・ストリート沿いにあるカフェ店舗の一角に小ロット（二六ポンド以下）用の小型のプロバット焙煎機を置いて稼働させている。

スペシャルティコーヒーの自家焙煎事業にはリスクが伴う。一歩誤れば、おそろしく高価なコーヒー豆をロット単位で焦げつかせることになる。

コーヒー業界の人々に聞くと、焙煎機は業務用の衣料乾燥機に似ていると言われることが多い。大きな回転ドラムの中にコーヒー豆を入れて熱するからだ。ただし、コーヒー焙煎機の場合は上から入れて、前の取り出し口から取り出す。スペシャルティ業界で使用される焙煎機のエネルギー源はたいてい二系統になっている。ほとんどの機能は電力で動くが、加熱部には調節が容易で瞬時に切断できるガスの炎が使われる。ガスの炎で加熱されると、ドラム内部の空気の温度は摂氏二三〇度程度まで上昇する。ドラム内部の電動の羽根がコーヒー豆を攪拌《かくはん》し、豆は均一に焙煎される。

コーヒーの焙煎は、ポップコーン作りにも例えられる。はじける前のトウモロコシの実と同じで、コーヒーの生豆には水分が多く含まれ、重量の九・五〜一三・五％はただの水である。加熱が進み、生豆から水分が抜けていくと、やがてポップコーン製造機内のコーンに起こるのと同じような現象がコーヒー豆にも起こる――豆内部の圧が高まり、豆が膨らみ始め、パチッとはじける音（ハゼ）とともに一気に膨らむ。[※6] ポップコーンと違ってコーヒー豆は破裂しないが、豆の縦方向に走る筋目がはちきれる。これを「一ハゼ」という。膨張過程で豆から剥がれた薄皮は「チャフ」と呼ばれる。「一ハゼ」の段階で焙煎を止めれば「浅煎り」になる。ゲイシャ種のようなフローラルなコーヒーは、フレーバーを際立たせるために浅めに焙煎されることが多いそうだ。また、カッピング用のコーヒーも浅煎りにされる。深煎りにするとコーヒーの生来の特徴がいくらか消えてしまうからだ。

一ハゼの後、焙煎過程は加速されるため、豆を台無しにしないようにタイミングを注意深く見極めなければならない。焙煎過程をモニタリングするために、細長い専用スプーンを焙煎機の内部に差し入れ、焙煎中の豆を引き出し、色を見て、すぐに中に押し戻す。思い通りの焙煎度で正確に止めるために、制御装置を操作しながら何度もモニタリング動作を繰り返す。アグトロン社製の特殊な分光光度計で「アグトロン値」を測定すれば、焙煎度を客観的に測ることもできる。そのまま煎り続けると、コーヒー豆は先ほどより高く小さな音で、再びはじける。これを「二ハゼ」という。スペシャルティコーヒーの場合、二ハゼより前に焙煎機から取り出されることもある。深煎りにしたければ時間をかけて焙煎し、二ハゼを起こさせる必要がある。

※6　巻末の監修者解説も参照

焙煎所に行くと、ジョエルは客からの注文のうち、この日に発送される予定のコーヒーを焙煎していた。「重要なのは時間と温度の曲線です」と言いながら、ジョエルは一九五九年ヴィンテージのプロバットを優雅に操作した。「二ハゼのタイミングが近づいてくると、柑橘系とフローラルの香りは失われていくので、温度を急変させないように気をつけながら、火力を徐々に落とします。ドラム内の温度が急激に下がると、コーヒーの複雑味が損なわれるので注意が必要です」

「こうやって一ハゼまでは大まかに、二ハゼまでは細かくパラメータを決めていき、コクと甘みのバランスを追求します。高品質の豆で一ハゼ後すぐに焙煎を止めれば、柑橘系の香りも、ワインのようなシロップのようなフィニッシュも楽しめます」。そこに程よい酸味が加わるような焙煎度合を焙煎士は高く評価する。ジョエルはさらに説明を続けた。「重要なのは、そのコーヒーの個性を引き出してあげること。……焙煎時間が長すぎるとチョコレートのように甘くなり、酸味が失われ、複雑味も弱くなる。朝食用のブラウニーのような味になってしまいます」

一ハゼから二ハゼまでの間は「温度を緩やかに下げてやってください。[※7] 甘く複雑な香りがしてきますから。そのような香りがしてこなければ、何か異変が起きているので、スプーンで豆を取り出し、何が起きているのか確かめます。焙煎が進むにつれ、豆は膨張します。水蒸気が盛んに出ているあいだは、豆の内部でカラメル化などの焙焦《ばいそう》反応が進行していると思ってください。糖分が褐色に色づかなければ、コーヒーのあの甘みは生まれません。一ハゼから二ハゼまでの時間を長引かせることで、様々なフレーバーを引き出せます」

最後にジョエルは、自分の大っぴらさに自分でも驚きながら、「昔は、焙煎技術を教え合うなんてことは絶対にしませんでした」と、国家秘密でも扱っているかのように囁《ささや》いた。

スタンプタウンが焙煎のレシピや技術に関する情報をあまり発信しないのには、もう一つ理由がある。後日、マット・ラウンズベリーが教えてくれた。「私たちが追求すべきは、それぞれのコーヒーを最高の状態で出すことです。コーヒーはつねに変化します。自社のブレンドや焙煎方法について多くを語れば、本来の道から脇にそれることになります。私たちは、脇道にそれることのないよう努めています。焙煎の仕方は季節によっても異なりますし、その日、その週ごとに、手に入った生豆に合わせて理想の焙煎方法を追求し、絶えず変更を重ねています。『ブレンドの味が前と違うね』とよく言われますが、もちろん、違います。スタンプタウンのブレンドや焙煎については、内情を知っているかのようにもっともらしいことをあれこれブログに書く人がいて、私も目は通しますが、基本的に私たちがそのような情報を発信することはありません」

さて、ジョエルは小さな焙煎機でもう一回分、コーヒーを焙煎し終えた。ドラムの口を開け、小さなブラシで清掃しておいた空のトレイに、焙煎豆を移す。「毎回、トレイに残ったかすを綺麗に落としておきます。そうしないと、新鮮な食材を汚れたフライパンに投入するようなことになってしまいます。トレイの清掃は優しく行います。悪臭を放つものや残りかすが付着しているものは使

※7　巻末の監修者解説も参照

えません」。焙煎豆がトレイから清潔なバケツに移された。焙煎中に豆の重量は一五〜二〇％減少する。水分が失われるだけでなく、揮発性物質も失われるし、焙煎中に進行する多種多様な化学反応のなかには、糖のカラメル化のように副産物として水と二酸化炭素を発生させる反応もある。「コーヒーの焙煎には感覚を使う必要があります」と、次の焙煎の準備をしながらジョエルは言った。「パン作りやワインの醸造と同じで、繊細な感覚を必要とします。感触と嗅覚が頼りです。出来上がる一杯のコーヒーのことを考えてください。それが仕上がりに影響します。例えばスマトラ産のコーヒーであれば、力強い風味が求められますから、そうなるように焙煎します」

温まった焙煎機のドラムに豆が注ぎ入れられた。私は思わず顔をしかめる。生豆の焼ける臭いは不快だ。

「少し傷んだバターで作ったポップコーンのような臭いですね」と私が言うと、「いや、トウモロコシの毛を燃やしたときの臭いのほうが近いでしょう」とジョエルは訂正した。そのとおりだ。「スマトラの場合、生豆から立ち上る水蒸気は魚醤《ぎょしょう》のような臭いがしますよ」と言ってジョエルは、焙煎前の豆の臭いにも品種ごとに特徴があることを教えてくれた。

もうすぐ一ハゼが始まる。ジョエルは焙煎開始から八分三〇秒が経過したところで状態を確認し、その後も確認を繰り返した。専用スプーンで中の豆を取り出し、観察してから、豆を焙煎機の中に戻す。「豆を『焼く』のではなく『煎る』ことが大事です。焼いている状態では、仕上がるまでに時間もかかりすぎますし、酸味とアロマが奪われ、煙になって逃げてしまいます。玉ねぎのソテーと同じで、焼くのでも煮込むのでもなく、カラメル化させたいのです」

ジョエルは焙煎機の温度計を見ていなかった。なぜ見ないのかと私は尋ねた。

「ですから、感覚を使って、体で覚えるんです」とジョエルは繰り返した。

「僕たちがしていることを軽く見てもらっては困ります。僕らは週に一度、スタンプタウンに集まって焙煎の勉強会もしているんです」と言うと、彼は色々なコーヒーの味について説明してくれた。例えばインドネシア産のレイクタワールは大麻のような味がするそうだ。そうやって説明するジョエルは実に楽しそうだ。

実は、スタンプタウンで働く人の多くは、レイクタワールは大麻のような味だと私に教えてくれながら、にやにやと笑っていた。この界隈で大麻の人気が高いのは確かなようだ。

大麻とコーヒーを結びつけて考えることに、最初は私も戸惑いを覚えた。社会通念では、大麻は怠惰な人々が使う麻薬だと考えられている。しかしスタンプタウンの人々は目的意識が高く、長時間、熱心に働いている。正気とは思えないほど自分たちの仕事に惚れ込んでいる。

「覚醒作用と鎮静作用の問題なのでしょう？　カフェインと大麻でバランスを取っているのね？」

と私はジョエルに尋ねた。

「もう一つ、ビールを忘れていますよ」とジョエルは言う。「ポートランドには小さなビール醸造会社がたくさんあります。カフェインと大麻とビール。北西部の人間はみんな、鬱《うつ》ぎみなんですよ。冬は晴れの日がほとんどないから、誰もが季節性の情動障害になります。冬は街全体が陰鬱になるから、街全体で自己治療に励んでいるわけです」

このジョエルの見解は、その後スタンプタウンの「飲料部門のチーフ」――カッピングテイスターのチーフ――であるジム・ケルソーと話しているときに、改められた。「カフェインとビールのほかに、運動、カッピング、そして長さ一八〇センチのマリファナ用水ギセルでバランスを取っているんですよ」とジムは言った。

その日の午後、私はステファン・ヴィックとスタンプタウンの研修用キッチンにいた。ステファンはオープン間近のビストロのオーナーとウェイター／ウェイトレス部門に入るベテランの二人に、キッチンでエスプレッソとカプチーノの淹れ方を教えていた。ラ・マルゾッコのコーヒー機器の使い方を学ぶのは、ギターの弾き方をマスターするのに似ている。習得は難しく、手と目を巧みに連動させた動き、スキル、知識、練習、そして、生み出される「音楽」を聞く耳を必要とする。ウェイトスタッフの二人は基礎を早く正しく習得していた。自動車レースの運転手のように、彼らは機械と一体化することを目指してスタートを切る。しかし、ビストロのオーナーは事情が違っていた。彼はクマのような印象の男性で、白髪まじり、おそらく六〇歳前後で、自分のことを「生まれながらの不器用」だと言っていた。誰だって、彼にエスプレッソを淹れてもらいたいとは思わないだろう。レストランで注文したカプチーノを彼のような人が淹れる可能性の高さを考えれば、忙しいレストランにはエスプレッソマシンを置くべきでないとスペシャルティコーヒー業界の大勢が考える理由もはっきりする。

ステファンは、ミルクを泡立てた後にマシンのノズルに付いたミルクをしっかり拭き取ることの重要性を強調し、空気を含ませるためにミルクを高いところから注ぐ方法を説明した。ミルクの入ったピッチャーをクルクルと揺り動かしながら持ち上げて、注ぐ。この研修では、バリスタ見習い生はオーガニック（有機）ミルクと世界最高級のコーヒー供給業者の豆を使用して、何杯も何杯もカプチーノを淹れる。失敗したカプチーノは次々に流しに捨てられていた。

この日の次のメニューは、ビールだ。スタンプタウンの従業員のたまり場になっている「ホース・ブラス」というパブで、スタンプタウンの生豆のバイヤー、アレコ・チゴニスに会うことになっている。ホース・ブラス・パブはポートランドのサウスイーストベルモント通りにある伝説的な店である。スタンプタウンには、いつも人で賑《にぎ》わうこの木目調の内装の地元醸造酒専門店にまつわる逸話がいくつも残されている。オーナーのドン・ヤンガーはデュエンに開業資金を提供した人物で、毎週金曜の午後にはスタンプタウンの全社員がこのパブに集まり「定例会議」が開かれる。ビール代はすべてデュエンが払う。なんともデュエンらしい。彼はいつもビール代を支払っている。

私がホース・ブラスに到着したのは、午後六時前だった。すでに店内は混み合い、賑やかだ。アレコは、三〇歳になったばかり。色白で中背で、赤みがかった細い髪をしている。スペシャルティコーヒー界で急速に名を上げた期待の星だ。アレコは容赦のない性格で、デュエンはアレコのことを親しみを込めて「ハンマーを入れた小さな袋のように無骨な男」と評したこともある。また、デュエンはアレコについて「アレコは、世界で最も華々しいコーヒー焙煎業者のコーヒーバイヤーであることをすごく楽しんでくれている」とも語っている（デュエンのこうした自信過剰気味で自我の強いところについて、コーヒーコンサルタントのアン・オタウェーはかつて、「まったく新しいタイプで、目が離せない」と書いた）。

デュエンがアレコについて語った言葉は、アレコの雇用が業界を騒がせたことを暗に示唆していた。デュエンはこの若き生豆バイヤーを、ロサンゼルスを拠点とするグランドワーク・コーヒーのリック・ラインハートのところから引き抜いた。リックには、才能ある人物を見抜く才覚があり、コスタリカでアレコに目をつけ、原石の状態から育ててあげてきた。当時リックは、インテリジェンシアがグランドワークのおひざ元のロサンゼルスでカフェとロースタリー（焙煎所）の開店準備を進めていることを知り、競争力を高めるためにコーヒー・プログラムを強化しようとしていた。アレコをコーヒーバイヤーとして教え育て、彼独自のコーヒー・プログラムを実践したのだ。そのアレコを、一年もしないうちにデュエンに引き抜かれたのだ。高級スペシャルティコーヒー界の台風の目であるインテリジェンシアが進出してくるタイミングで一番の秘蔵っ子を失ったことをリックは苦々しく思い、アレコは激しいバッシングを受けた。アレコは言う。「リックのことは好きだし尊敬もしているけれど、スタンプタウンの話を断るなんてことは、僕にはできませんでした」

私とアレコは、エチオピアで挨拶ぐらいは交わしていたが、きちんと話すのはこれが初めてだ。私はバーのカウンター席でアレコの隣に座り、地元産の醸造酒を注文してから、一つ二つ、質問を投げかけた。するとアレコは、自分からどんどんしゃべりはじめた。「遠慮なく率直に話すことで有名なんです」と彼は言う。その性格が災いすることも少なくない。彼がポートランドに移ってきたのは、三～四ヵ月前のことだ。「友達も増えて、今ではこれまで仕事で滞在したどの街よりもたくさんの友人に囲まれて生活しています。飲みに行ったり、パーティをしたり。今の会社は、家族みたいなものです」

アレコは、フィラデルフィアで育った。父親はギリシャからの移民で、コーヒー焙煎会社のオーナーとして成功していた。アレコは父の会社で働きながら仕事の要領を学んだ。豆の入った袋を運び、壁の塗り替えを手伝い、店頭に立って販売した。そして一五歳でカッピングを学んだ。アレコが言うには、父親は優秀な事業家だったが、事業の内容は「大量消費市場を相手にした商売で、価格に左右されるコモディティ事業でした。ちっとも面白くなくて」

大学を卒業後、アレコはコスタリカに移り、そこで四年間、輸出業者としてコーヒー生産者側の立場で働いた。その仕事の一環として、年に七～八ヵ月は農園や脱穀場を訪れていた。スペイン語も流暢《りゅうちょう》に話す（他にギリシャ語と、フランス語も少々）。「ここからが、本当の意味でのコーヒー修行の始まりでした。カッピングについて自分は知っていると思っていたけれど、実際は何も知らなかった。欠点豆について学び、微かなニュアンスの感じ取り方を覚える。カッピングテイスターとしての実力をつけるには、少なくとも五年は経験を積む必要があります」

「カッピングにも、正しい方法と間違った方法があります」とアレコは言う。「コーヒーのカッピングは主観的だと言う人もいますが、そんなことはありません。コーヒーは、客観的に評価できます。フローラルな香りの有無、酸味の有無、甘みの有無、コクの有無。ただし、その有無を感じ取れる人と感じ取れない人がいます」

「そんなに旅ばかりの生活で、旅の孤独にどう耐えているんですか?」と私は尋ねた。

「ブルンジやペルーで飛行機を降りると、降り立った瞬間にエネルギーが湧いてくるのを感じます。これから一〇時間かけて車やトラックに揺られ、あり得ないほど劣悪な場所に寝泊まりし、朝食に得体の知れないものを食べることになるとわかっていても、僕が関わることで、生産物の価値が上がれば、地域社会全体に影響を与えられると知っているからです。世界を舞台に、影響力をもつことができる。そう考えるだけで力が湧いてきますよ」とアレコは言った。

それから私たちは、エチオピアについて——エチオピアがいかに複雑でややこしい状況にあるかについて——少し話した。

「何が起きているのか解明するためにも、アムハラ語[※8]を学ぶ必要がありますね」と言ったアレコは、「あの国のコーヒー産業は政府が握っています。業界の仕組みそのものが腐っているんですよ」と続けた。

「うまく機能していないのではなく、腐敗している、と?」と私は聞き返した。

「金は取るのに、ろくな仕事をしない。コーヒーはすべて、カッピングする前に売られます。出荷前になってようやくカッピングが行われるんです」とアレコ。

「つまり、スタンプタウンは味見もせずにコーヒーを買っているということ?」

「うちだけでなく、どこもそうです。僕らはオークションに出席するだけ。エチオピアでライセンスを取得している輸出業者は六社あり、彼らがオークションのすべてを取り仕切ります。あらかじめ関係は出来上がっていて、オークションが始まる前から自分がどれを買うことになるかわかっているんです」

「カッピングしていないのなら、どの豆を買えばいいのか、どうやって判断するのですか?」

「そんなの判断できませんよ。完全に運任せです」

「そういう状況のなか、メノ・シモンズはどんな立ち位置にいるんですか?」

「彼は最高品質のものを調達してきます。そんなことができるのは彼しかいません。ところが、実は昨年、彼は二ヵ月の納品遅れを起こしています。今年はすでに三ヵ月遅れていて、コーヒーはまだ届いていません。彼のことは友人として好きだし、同じ業界の人間として尊敬しています。ただ、彼はマラウイ、コスタリカ、パナマでも仕事をしているし、エチオピアはそう簡単に飼いならせる相手ではありません。抱え込みすぎて手に負えなくなっているようです」

「納品されるコーヒー豆の味はどうなんですか?」

「風味が落ちていないことを祈るばかりです。今年のコーヒーはまだエチオピア国内にあるらしく、そこで毎日、現地の湿気を吸っているわけです」

※8　アムハラ語
エチオピアの公用語

さらに私たちは、スペシャルティコーヒー業界の人々について話した。「ピーターとジェフは、僕にとって兄弟みたいな存在ですよ」とアレコは言う。一緒に旅して、一緒に飲み歩いて、カッピングの研修も一緒に受講して、一緒に羽目を外した仲だと。仕事面で互いに深く尊敬し合いながら、同時に互いをいつも気遣っている。

そして、兄弟のように「僕らは切磋琢磨している。相手を追い落とす機会、出し抜いて先頭に躍り出る機会、誰もが欲しがるコーヒーの取得契約を結ぶ機会を窺《うかが》い、行動に移します。誰に機会がめぐってきても、同じことをするでしょう。いや、ピーターはしないかな。彼は冷徹になりきれないから」とアレコは言う。

「僕とピーターは昔からの仕事仲間です。デュエンとピーターも古くからの仲間でしたが、今は色々と変わってしまいました」と言ってアレコは、二人の関係を変える原因となったホンジュラス産コーヒーをめぐる競争について語り、それからこう言った。「世界が小さくなり、市場が過密化するほどに、競争は激化します。そうなると、素手でやり合うしかありません」。他のスペシャルティコーヒーバイヤーが同じ考えを口にするのを私は聞いたことがあった。ダイヤモンド級のスペシャルティコーヒーが増えていけば、最高級のコーヒーをいち早く手に入れるために醜い競争が繰り広げられるようになるだろうと。

「スタンプタウンの立場で言えば、私たちは最高のコーヒーを仕入れなければならないし、一番でなければならない。最高のコーヒーをどこよりも早く手に入れるために、必要とあれば何でもするでしょう」とアレコは言う。

「ピーターは私から見て、誰よりも優秀な学び手であり、誰よりも優れた話し手です。彼には圧倒的な話術と情熱があります。バイヤーとしての腕もなかなかのものです。でも商売としてピーター（とカウンター・カルチャー）は完全に卸売業者なので、色々と難しいのではないかと思います」

小売業のほうがまだ簡単だと、アレコは言う。小売業には販売のための基盤があるからだ。「カフェに人が来て、コーヒーを好きになってくれれば、その人はスタンプタウンのことも好きになります」。さらに、小売りのほうが卸売よりも利幅が大きく、売上も現金で入ってくるので豆の仕入れにも事業の拡大にもお金を回しやすい。「カウンター・カルチャーのほうがコスト意識が高いし、そうでなければ立ち行きません」とアレコは言った。

デュエンも、「俺にとってカウンター・カルチャーは何の刺激にもならない。あそこは最先端を行くようなことは何もしていないからね。インテリジェンシアの仕事ぶりは素晴らしいよ」と同じことを言っていた。

そこで私はアレコに、インテリジェンシアとジェフについて尋ねた。「ジェフ・ワッツはスペシャルティコーヒー業界きってのロックスターですね」とアレコは言った。ジェフのファンや友人の多くと同じ意見だ。「でも僕らはみな、ジェフのことを心配しています。あのような生き方で大丈夫だろうかと気遣っているんです。彼のやり方は正気ではありません。うちの会社に、ニカラグア出身でハビエルという名の焙煎士がいるのですが、入社初日の夜にみんなで彼をバーに連れ出したところ、彼はバーにギャングがいるのではないかと気にして怯《おび》えていました。ニカラグアでは夜も遅くなるとバーにギャングが姿を現し、暴力沙汰が絶えないからだそうです。僕らがジェフの身を案じるのも、これと同じです。いつの日か、バーで誰かに刺されやしないだろうかと心配なのです。ずいぶんと無茶をしていますからね。ジェフは加減を知りません。全力で突っ走り、倒れるときは前のめりに顔面から突っ込み、傷だらけで床に横たわる。僕なら、もう少し自制して安全を確保します。何であれ、最先端を目指さずにほどほどのところで妥協するのが嫌なのでしょう」

アレコはさらに続けた。「ジェフは業界の有名人です。ビジネスの世界でつねに多くのファンの応援を受けているからこそできる生き方なのでしょう。誰もが彼に近づきたがり、どうにかして彼にコーヒーを売ろうとしています」

アレコや他の業界人によるこうしたコメントを、ジェフ本人はどう思うのかが知りたくて、後日、私はジェフに連絡を取った。すると、ずいぶん折り目正しい答えが返ってきた。

「確かに、我ながら無謀としか言いようのない時期も過ごしてきました。それが生活の一部になっています。ですが大きなリスクを負わない人は、知っておくべき極上の部分を発見しないまま人生を終えることでしょう」と述べた後で、ジェフは、もう若い頃のような無茶はしていない、と言い添えた。

ジェフにしてみれば、そういう無茶をしながら、スペシャルティコーヒー産業の発展を心から大切に思い、年間に数百時間をボランティア活動に費やしてきたのだ——アレコはそこのところを理解していない。アレコは言う、「デュエンも僕もSCAAに参加していません。あれはくだらない。ロースターズ・ギルド（四七頁、五八頁参照）なら話は別ですが」（この時、ピーターはロースターズ・ギルドの元トップ、ジェフは現トップだった）。「でも僕は思うんです。ロースターズ・ギルドに関わることで、本来の仕事に費やされるはずだった時間がどれだけ奪われることかと。スタンプタウンで働く僕らには、そんな時間の余裕はありません」。SCAAやロースターズ・ギルドの業務に費やされる時間については、ピーターとジェフも繰り返し自問している。そしてこれまでのところ、ピーターとジェフは業界の骨格づくりと才能ある後進の育成に力を貸す活動は数百時間を費やすに値すると判断しているが、アレコとデュエンはそうは考えない。

「僕はコーヒーのことを一番に考えたいんです」とアレコは言う。「僕の人生の大部分は、コーヒーで占められています。僕にとってコーヒーは、趣味であり、仕事でもある。おかげで恋愛にも人付き合いにも、他の色々なことにも支障を来してきたけれど、それでも僕はコーヒーが好きなんです。僕はそうやって生きていきたい。いま僕たちは、コーヒー界のメッカであるシアトルに進出しようとしています」

デュエンが自社の事業を拡大する際に最初に考えたのは、カリフォルニア州サンフランシスコへの進出だった。場所を見つけ、リース契約を結んだところで、計画を考え直し、リースの解約に至った。ポートランドから九四〇キロ離れたサンフランシスコは、統率を維持するには遠すぎる。実際、サンフランシスコの息吹はスタンプタウンには届いておらず、サンフランシスコまでスタンプタウンの活気が届いているのかどうかも、デュエンには知る術がなかった。そういった事情を考えれば、車で三時間の距離にあるシアトルのほうが、条件に合っている。

この拡大の動きはなかなかの強行だった。新たにカフェを二店舗、ロースタリーを一店舗増やし、スタンプタウンの従業員総数は一気に二倍になった。「一夜にして、従業員が新たに四〇名増えたんです」

「シアトルのバリスタは、以前は薄給でした。今は待遇も良く、福利厚生も充実しています」とマット・ラウンズベリーは言う。彼の説明によれば、これまでスタンプタウンはキャッシュフローの範囲内で事業を拡大してきた。「ビジネスでローンを利用するのも初めてなら、増築をプロの建築チームに依頼するのも、プロジェクト管理を外の人間の手に委ねるのもこれが初めてです。私たちはこのすべてを一〇〇万ドル以下で実行しています。融資を募る方法も、つねに工夫しています。業績の良い地方銀行との付き合いが長く、返済計画もスピーディーです」

カフェとロースタリーの建設が進むあいだ、デュエンは店舗の上階、エレベーター・シャフト内部に寝室を造り、週に二、三日はシアトルに滞在した。空き時間にはスタンプタウンのコーヒーのパッケージデザインを考え直し、コーヒーとその栽培農園に関する情報を追加した。そしてシアトルのカフェが開店すると、デュエンはバーに立ち、バリスタとして働いた。

シアトルで新店舗の建設が進んでいた二〇〇七年五月、私はデュエンを訪ねた。「俺は要求レベルの高い、厳しいボスだ。毎日、店に出て働く。休暇を取ることはめったにない。会社のことは一〇〇％何もかも俺がやってきた。自分でやったことのない作業を人に頼むつもりはない。アレコに対しても同じだ。彼の旅のスケジュールが凄まじいことになっているのは俺も知っているが、彼が仲間に加わる前は、俺が毎月一週間は旅に出ていた。焙煎士としてもバリスタとしても俺がトップだった。俺には会社を通じて実現したい夢も目標もある。絶えず向上していかなければならない。そのためには柔軟でなければならない。カフェのあり方も、四年前と同じじゃだめだ――すべてを改善し続けるんだ」とデュエンは言う。

「コーヒーの調合。クローバー機の導入。顧客サービス。人はつい怠けたくなるものだ。働き続けるのは難しい。笑いたくない日もあるし、一〇〇人もの客にラテを淹れるのが嫌な日もあるが、それでもやらなければならない。客へのサービスも、飲み物の質の一貫性も、カフェの店舗デザインも、清潔さも、改善に改善を重ねていく。努力せずに手に入るものなんて一つもない。だから俺は一日も休まず働く。だからこそ、スタンプタウンはつねにトップの座に君臨できているんだ」[※9]

次は何を狙うのかと尋ねると、デュエンは海外進出の夢を語った。アムステルダムでは大麻が合法であること、アムステルダムのコーヒーが驚くほど不味いことに目をつけ、現地へのカフェの出店についてメノ・シモンズと話し合っているそうだ。

※9　スタンプタウン・アムステルダム店
二〇一〇年五月にアムステルダムのザ・パイプ地区に従業員七名を派遣して一時的なポップアップショップとして出店、数カ月で閉店した。

「俺は子供たちを欧州に住まわせたいと考えている。アムステルダムなら、アフリカまでの距離もポートランドよりだいぶ近い。ケニアやエチオピア行きの便も毎日飛んでいる。趣味のほとんどない身としては、もっと仕事がしたい。すべきことは、まだいくらでもあるからね」とデュエンは言う。

デュエンはエチオピアに完全に魅了されている。エチオピアでもっと大量のコーヒーを買いたいと心から願っているし、かつてエチオピアの農家のもとを訪れたことで、現地の農家たちを深く思いやる気持ちも芽生えた。「これまでの人生で、あれほど貧しい人々を見たことがない」と言う。

デュエンの複雑な人柄に、私は惹《ひ》きつけられる。客人をもてなすときは、これ以上ないほど温かく迎え入れてくれる。子供たちを溺愛《できあい》している。従業員を大切に思い、つねに気遣っている。その一方で、彼には冷酷な一面もある。この訪問の後で、私はデュエンがビジネス上の関係をぶち壊すような仕打ちをした話をいくつか耳にした。デュエンが輸入会社に発注していたコーヒーを拒絶した、といったような話だった。

ポートランドを拠点とするコーヒー専門誌『バリスタマガジン』の編集者兼共同創業者であるサラ・アレンは、デュエンを創業当時から知る人物だ。「開業して間もない頃の彼は、会社を法人化しなければならないことも知らない、ど素人でした」と彼女は言う。「デュエンはパンクロックもやるし、ローラーブレードを使ったスケート競技もします。彼は妥協しません。つねに自分の心に正直なのです」

スタンプタウンの成長の道のりは、デュエンにとって苦難の連続だった。「私はデュエンがネクタイを締めているのを見たことがありません。……彼が全身をスーツで決めてSCAAに出向き売り込みをするなんてことは、現実には起こらないでしょうね。彼らに何かを教え込むなんてことは誰にもできません。彼らは、実際に試合をしながらルールを学ばなければなりませんでした」

開業からの歳月を、裕福な白人の会社に対抗する「傍流」として歩んできたデュエンだったが、最近になって、自分は「裕福な白人」になったと言いはじめた。「自分は裕福な白人だと、相手かまわず言って回っているようです。急にどうしちゃったんだろうって、不思議に思うばかりです」と言うサラは、当惑している様子だった。

本当に、どうしてしまったのだろうか。

第7章

ロサンゼルス

五月上旬にスタンプタウンを訪れた後、私はその足でロサンゼルスに向かった。西へ事業拡大したインテリジェンシアの状況を確認に行ったのだ。インテリジェンシアはシカゴからハリウッドへ鮮やかに進出を果たした。労働倫理、完璧主義、マーケティングの独創性を重視するインテリジェンシアとロサンゼルスの街は相性も良かった。翼を模したお馴染みのロゴをスタイリッシュな青灰色で印刷した新しいオレンジ色のパッケージも格好良く、ロサンゼルスに合っている。毎年数百万ドル相当のコーヒーをインテリジェンシアに納入し、内部事情にも詳しいコーヒー輸入業者ティム・シャプドレーヌは、インテリジェンシアは本拠地のシカゴよりもロサンゼルスで業績を伸ばすだろうと考えている。「ロサンゼルスの人々は金払いが抜群にいいですから」と彼は言う。

ティムはさらに詳しく説明してくれた。インテリジェンシアの顧客には頭脳明晰なタイプが多い。彼らにとって、コーヒーは「最高に格好いい、セクシーな商品なのです。インテリジェンシアが打ち出す商品モデルは、贅沢を好み、裕福で、スタイルを強く意識する、ロサンゼルスのような市場でこそ広く受け入れられます」。インテリジェンシアがロサンゼルスでの一号店を、とくに流行に敏感なシルバー・レイク区域に出店したのも完璧な選択だった、とティムは言う。「ハリウッドでのサクセスストーリーの内幕を描く人気番組『アントラージュ』の制作チームがインテリジェンシアを題材にすると言い出しても、私は驚きませんよ」

私は、ロサンゼルスでもずば抜けてクールな存在感を放つエスプレッソベースのバリスタ・サブカルチャーを、もっと知りたいと思った。そうしたサブカルチャーの醸成には、インテリジェンシアも一役買ってきた。インテリジェンシアのDNAには創業者ダグ・ゼールの競争精神が刷り込まれていて、スター級のバリスタらのアイデアを形にしようと、あらゆる後押しをしている。シカゴではバリスタ専門学校が運営されており、その修了証書がなければ、シカゴの三店舗でバリスタとして働くことはできない。バリスタ大会に向けた強化合宿も実施され、元全米バリスタチャンピオンのマット・リドルや元中西部バリスタチャンピオンのエリー・ハドソン＝マツザックなど、チャンピオンを数多く輩出している。

インテリジェンシアの研修・雇用制度は、ピーター・ジュリアーノが「セレブリティ・バリスタの文化」と呼ぶものを助長してきた。セレブリティ・バリスタとは、細身でスタイリッシュでクールな若手のヒップスターで、いくつものバリスタ大会に出場した結果、大勢のファンに追いかけられるようになり、自らコーヒーブログを書いたり、他人が書くコーヒーブログで話題にされたりするような人気バリスタのことである。そのような若手バリスタのスタイルや態度が、全米はもとより、欧州、アジアのカフェ文化をも形作っているのだ。スペシャルティコーヒー業界でも、このような若手ヒップスターを称賛し、シェフのように才能豊かだと評する声はある。一方で、「ヒップスター・バリスタ」という言葉を耳にするなり呻《うめ》き声をあげ、「何がヒップスター・バリスタだ。お高くとまって、客にカプチーノを淹《い》れるのを渋るような連中だよ」と毒づく者もいる。

ロサンゼルス旅行の数ヵ月前、私は生まれて初めてバリスタチャンピオン大会に出席した。カリフォルニア州ペタルマで開催された西部の地域大会だった。毎年、全米を網羅するように一〇ヵ所で地域大会が開催され、各地域の代表が全米大会へと進む仕組みになっている。大会はスペシャルティコーヒー協会によって組織・運営されており、全米バリスタチャンピオンシップは米国スペシャルティコーヒー協会（SCAA）の年会開催期間中に行われる。

ペタルマで、私はインテリジェンシアの次代を担う若手の一人、カイル・グランヴィルに出会った。もちろん彼も大会の参加者だ。カイルは、二四歳の若さでインテリジェンシアのカリフォルニア全店のバリスタ研修責任者を務めている。

インテリジェンシアのロサンゼルス進出によって最も大きな痛手を受けたロサンゼルスの焙煎業者、グランドワーク・コーヒーのリック・ラインハートも、この地域大会のためにペタルマに来ていた。グランドワークのエスプレッソプログラムの責任者であり、インテリジェンシアへの反撃の鍵を握る人物でもあるイートン・ツノ（二二歳）の大会出場をサポートするためだ。エスプレッソは、いまやブリュードコーヒー[※1]以上に若者に人気の部門だ。

大会の一番の見どころは、参加者の同僚、友人、家族、恋人、個人トレーナー、種々雑多な業界関係者、ベンダー、謎の集団がペタルマ・シェラトンホテルの大宴会場に押し寄せ、声援、罵声、笑い声をあげる、そのごった返しぶりだろう。みな、三二名のバリスタの格好いいところを見に来たのだ。大半はカリフォルニア州内からの参加である（太平洋岸北西部の地域大会は別に開催される）。競技の山場を迎える頃には、会場いっぱいに並べられた折り畳み椅子四〇〇席が観客で埋まり、部屋の向こう端《ばた》で進行する競技の様子を映し出す巨大スクリーンに熱い視線が注がれた。スクリーンの向こうには、エスプレッソバーカウンターが三セット設営されていた（部屋の後方には四台目のエスプレッソマシンが置かれ、エスプレッソとカプチーノが観客に無料提供されていた）。あらゆる年齢、体格、所得層の客が集まっていたが、なかでも熱心な専門家や熱狂的な愛好家は、破れたジーンズを履き、ピアスをいくつも装着し、カラフルなタトゥーを入れているため、すぐにそれとわかった（カイルによれば、「コーヒーを愛する連中は、『プロ』とか『専門』とかいう堅い考え方に反抗する喜びを、タトゥーで表現」している）。

column

バリスタ専門用語

バリスタ――エスプレッソショットやエスプレッソドリンクを「淹れる（抽出する）」人を意味するイタリア語。熟練のバリスタは毎回、注文を受けてから手作業で淹れる。

※1　ブリュードコーヒー
いわゆるドリップコーヒーのこと。日本語の「ドリップする」は通常「ブリュー（brew）」と表現される。

抽出時間——四五ミリリットルのエスプレッソを淹れる場合、エスプレッソマシンからカップに落とすのに二〇〜三〇秒が必要である。結果的にそうなるようにエスプレッソマシンを調整し、華氏二〇〇度（摂氏九四度）までお湯を温め、そのお湯に八・五バールの圧をかけてコーヒー粉を透過させる。

クレマ——エスプレッソの液面に浮かぶ赤褐色の泡。濃厚な泡の層は、そのコーヒーが鮮度の良い豆で淹れられた印である。

分量——伝統的には、エスプレッソのシングルショット一杯を淹れるのに使う粉の分量は六〜七グラム、ダブル一杯では一二〜一四グラムである。最近のカフェは一杯あたりの分量を増やす傾向にあり、シングルで八〜一〇グラム、ダブルで一六〜二〇グラムとなっている。粉の分量によって、抽出されるコーヒーの濃さやフレーバーが変化する。

エスプレッソブレンド——エスプレッソは一般に（そうでない場合もあるが）数種類のコーヒーをブレンドした粉から作られる。質の高い焙煎業者ほど自家ブレンドの配合を公開していない。ブレンドの配合は、市場に出回るコーヒーの変遷に応じ、年間を通して変化する。

豆挽《ひ》き――エスプレッソは、注文を受けてから豆を挽く。コーヒー豆に含まれる揮発性《きはっせい》の油分は、空気に触れると酸化されて味が落ちるため、バリスタは分量の豆を挽いたら、できるだけ早く粉をマシンに詰め、抽出する。

ポルタフィルター――エスプレッソ用に挽いた粉を詰めるフィルターのこと。ポルタフィルターバスケットをポルタフィルターハンドルに取り付け、エスプレッソマシンの「グループヘッド」と呼ばれる抽出口に金具で固定する。ハンドルは洗浄して清潔にし、すぐに使えるよう事前に温めておかなければならない。エスプレッソを注ぎ入れる磁器カップも同様である。

タンピング――ポルタフィルターをマシンに取り付けてコーヒーを抽出する前に、フィルターに入れたコーヒーの粉がしっかり詰まるように押し込み、表面を平らにする作業のこと。熟練のバリスタは専用の道具を使って手作業でタンピングを行い、カウンター上に置いたバスケットにうまく体重を乗せて圧をかけ、コーヒーの粉をしっかりと詰める。

毎年開催される地域大会も、スペシャルティコーヒー協会がスポンサーとなり、基本ルールを設定し、技術支援を行い、審査員を指導している。競技に参加するバリスタは、自分で選んだシングルオリジン（単一原産国の豆を使用）のエスプレッソまたはエスプレッソブレンドを使用し、制限時間一五分の間に、三種類のドリンクを四サンプルずつ用意する――古典的なエスプレッソショットとカプチーノ、そして、エスプレッソに他の材料（リカー、クリーム、チョコレート、レモンの皮など、何でも好きなもの）を添えた「特製」ドリンクだ。カプチーノには、ラテアート（エスプレッソの表面にミルクで描くアートのことで、植物を表現した「ロゼッタ」などが代表）を添えても添えなくてもよい。バリスタは、作業を進めるあいだもずっと、自分が淹れるコーヒーについて、エスプレッソに取り組む姿勢について、特製ドリンクの作り方や、なぜそのような特製ドリンクを作ろうと思ったのかについて、絶えずコメントを求められる。六人で構成される審査員チームが各競技者を採点する――四人の「官能審査員」がドリンクを飲み（カッピングの時と違って、吐き出さない）、味、アロマ、見た目に基づいてバリスタを評価する。残り二人の「技術審査員」は、ドリンクを飲まずに、分量（一杯のドリンクに使用されるエスプレッソの量）やタンピング（挽いたエスプレッソの粉をポルタフィルターに詰め込む作業）など、官能審査以外の側面を採点する。ナプキンの畳み方まで審査の対象になる。予選の上位六名が決勝ラウンドに進み、同様のパフォーマンスを繰り返す。地域大会の優勝者は、ＳＣＡＡの年次総会で開催される全米バリスタチャンピオン大会への出場が約束され、ホテル宿泊費と航空券代も支給される。全米大会の優勝者は、全米代表として世界バリスタチャンピオン大会に出場することになる。

私はペタルマの大会で、カイル・グランヴィルの闘いぶりに注目した。細身で髪の色は濃く、青い目のカイルは、カレッジで演劇を専攻していたというだけあって、舞台での身のこなしは洗練されており、パフォーマンス技術にも演技者としての感性が滲《にじ》み出ていた。楽器のみを使うヒップホップの要領で、わかりやすくエネルギッシュに体を使っている。特製ドリンク用にタンジェロジュースと砂糖を混ぜるところからスタートした。自らが「レディー・マーマレード」と呼ぶソースを小さなバーナーの上に置いて煮詰めながら、体の向きを変えてエスプレッソの抽出に取り掛かった。使用したのは、ボリビア産のオーガニックコーヒー二種類とブラジル産のコーヒー一種類を配合したインテリジェンシアのブレンドである（ほとんどのエスプレッソブレンドにブラジル産コーヒーが配合されている）。あらかじめトレイの上に並べておいた四つの小さな磁器カップに手際よくエスプレッソを注ぎ、グラスに入れた水を四つ添えて審査員に提供すると、すぐにカプチーノに取り掛かる。手を振動させながらエスプレッソや泡立てたミルクを注ぎつつ、「僕の手が震えているのは、緊張しているからではありませんよ。ラテアートを描くためですよ」と滑らかな調子で観客に語りかけた。そして審査員のグラスに冷えた水を注ぎ足してから、カプチーノを出し、すぐにバーナーのほうに向き直った。煮詰まったソースを取り出し、オーガニックのクリームを加え、レモンの香りをスチームミルクに注入し、層状に重ねて特製ドリンクを作った。各競技者に割り当てられた時間は一五分。カイルは一三分四九秒で課題を完成させた。一分以上の余裕がある。達人業だ。

私はシェラトンのロビーで、出番を終えたカイルに話を聞いた。彼は、この大会に出場するための準備として、シカゴでインテリジェンシアのバリスタ強化合宿に参加したそうだ。しかしシルバー・レイクへの出店に向けた新規スタッフの面接、採用、研修で忙しくしていたため、合宿以外には、練習時間を確保できなかった。

カイルはカリフォルニア州のカーメル・バレーで育った。父親は建築業に従事し、母親は旅行会社で働いていた。奨学金をもらって私立学校に通っていたが、アメリカン・フットボールの選手を辞めた途端、退学させられた。「社会経済的な問題がありまして」と彼は言う。その高校は、学風として競争意識が高かった。「アメリカン・フットボールが原因で、僕は高校から疎遠になりました。あの異常な友愛の精神にどうしても馴染めなくて。それで、たいていの子がそうするように、マリファナを吸っていました。両親は離婚しています。僕は四人のうち三番目の子供でした。母は限界を超えてしまっていて、僕の面倒を見ることができませんでした」

「大丈夫だよ母さん、と僕は言いました。仕事を探すつもりでした。本をたくさん読みました」。そして彼は、独学で高卒の資格を取り、シアトルにある小さなカレッジで演劇を学びはじめた。「僕がシアトルに着いたのは、大勢の人が一時解雇の憂き目に合っていた時期でした。僕は八ヵ月間、仕事を探し続けました。家族からの仕送りは一切ありませんでした。人をだましたり、借金をしたり、ホットソースをかけた米ばかり食べたりしていました」。そうこうするうちに、彼は「ビクトローラ」というエスプレッソバーに履歴書を持ち込んだ。「照明は暗く、客は物凄くクールでした」。ビクトローラで一緒に働く仲間と意気投合し、「僕はそのバーで働き、技術を学び、一日中エスプレッソショットを淹れ続け、その仕事を愛するようになったんです……」

「カウンターの中で行われる作業の些細な部分にも興味を引かれました――マシンのレバーを引くのも、引き具合をほんのちょっと大きくしたり小さくしたり、速くしたり遅くしたりするだけで、大きな違いが生まれます。タンピングもエスプレッソの調合も、すべてが繊細で、簡単に変動してしまいます。エスプレッソを淹れるという行為は、まさに芸術です。美味しい状態で何杯も何杯も提供するには、相当な技術的スキルを要します。僕は、もっとトレーニングを積ませてほしいと執拗に要求してボスを困らせました。その夏、僕は研修担当の仕事を引き受け、一人あたり一〇〇ドルで、一ヵ月に二人の面倒を見ました。当時まだ、年収は一万二〇〇〇ドルにも達していませんでしたが、こんなにも好きだと思えることをしながら多少でもお金を稼げるなんて、僕には夢のようでした」

カイルは、余暇の時間にもエスプレッソについて勉強しはじめた。アンドレア・イリーによる象徴的な著書『エスプレッソコーヒー：品質の科学（*Espresso Coffee: The Science of Quality*）』も読んだ。イタリアのイリーカフェ創業者一族の出身で現CEOのアンドレア・イリーと、亡き父エルネスト・イリーは、エスプレッソを淹れるという芸術的行為に科学的な精密さを添えた人物として、尊敬を集めている。「エスプレッソ」という言葉は、イタリア語で「速い」もしくは「特急の」という意味をもつ。エスプレッソは、より速くコーヒーを淹れるための方法として、一九〇三年にイタリアで誕生した。短気な性格のカフェオーナーが、コーヒーを淹れる際に圧力をかけることを思いついたのだ。その後、二〇世紀のあいだ中、イタリアはエスプレッソの都として世界に名を馳せた。しかし最近は、欧米のスペシャルティコーヒー焙煎業者のあいだで、世界のエスプレッソ文化の中心はスカンジナビア（北欧）だと考える向きがある。スカンジナビアは、世界で最も多くスペシャルティコーヒーを消費する地域である。二〇〇六年に世界バリスタチャンピオンに輝いたクラウス・トムセンは、デンマークのデーン族の出身で、首都コペンハーゲンで暮らし、働いている。カイルをはじめコーヒー業界の若者の多くが、イタリア人はスペシャルティコーヒー業界の変化についていけていない、と語る。イタリアのコーヒーの質は昔のままだ。豆の鮮度も重視されていない。イタリアはもはやエスプレッソ界のリーダーではない、とカイルは言う。「イタリアのコーヒーをやみくもに崇拝するフェティシズムは、もう通用しません」。自分が作るエスプレッソブレンドにロブスタ種を少量でも加えようなんてことは、カイルは夢にも思わないが、イタリアでは、エスプレッソの表面に赤褐色の泡の層「クレマ」をしっかりと濃厚に浮かべるために、少量のロブスタ種を加えるのが定番となっている。

イリーの著書を読み終えたカイルは、エスプレッソについてさらなる刺激を求め、今度はもっと身近なところで、地元シアトルにいるエスプレッソの達人デイヴィッド・ショーマーの業績を勉強した。デイヴィッド・ショーマーは有名店「エスプレッソ・ヴィヴァーチェ」のオーナーであり、

『エスプレッソコーヒー：プロフェッショナルテクニック』（伊藤千秋訳）の著者であり、エスプレッソ関連の記事、教材、オンラインアーカイブの執筆や編集にも数多く携わっている。ショーマーは、その技術の卓越さで知られるだけでなく、イタリアでバリスタがカプチーノの表面にロゼッタを描くのを見て、一九九〇年に米国のバリスタ界にラテアートを持ち込んだ男としても知られている。

デイヴィッド・ショーマーの記述によれば、エスプレッソは「台所の芸術」であり、お菓子作りにも似ている。だからこそ、バリスタは原料の品質を追い求める以上の仕事をしなければならない。科学と芸術を駆使し、何か新しいものを生み出すのが、バリスタの仕事なのだ。

コーヒー専門誌『バリスタマガジン』に掲載された記事で、デイヴィッド・ショーマーは抽出技術の重要性について語っている。そこでは、バリスタが自分たちの技を芸術の域まで高めるためにいかに真剣に取り組んでいるかが強調されていた。記事では、最適な温度を決定するためにデイヴィッドが繰り返し実施してきた実験についても紹介されている。当初は「押し固めたコーヒー粉の表面に着地する時点でのお湯の温度を、K型熱電対プローブを用いて測定」していたが、一九九四年からフルーク社製のデジタル温度計を使うようになり、その測定結果に驚いたという。最新鋭のエスプレッソマシンを使用した場合でも、お湯の温度は摂氏三・三度の振れ幅で変動していたのだ。この結果を受けて、「私が淹れるコーヒーの味は、酸味が強いときもあれば、風味が弱いときもあり、突然、素晴らしく美味しいショットが入ることもある。このように味が安定しないのは、温度変動が原因である可能性が高い」と考察している。

一九九五年、デイヴィッドは、コーヒー機器ブランド「ラ・マルゾッコ」のエンジニアと共同で、温度変動の制限方法を考案した。「一回のショットの変動幅は〇・五度以内に抑えられた。機械式サーモスタットではどうしても数分おきのサイクルが生じるが、その間の変動幅も二度に抑えられた」。この温度範囲で抽出すると、エスプレッソの色は理想的な濃い赤褐色になり、「スイートゾーンに落ちる頻度は高まった」という。

だが、デイヴィッドはここで満足せず、「最後のひと押し」をした。変動幅を一度以内に抑えるという、大きな目標に挑んだのだ。「二〇〇一年、灰の水曜日[※2]、私はついに達成した」とデイヴィッドは書いている。ラ・マルゾッコの技術支援を受けてラ・マルゾッコのエスプレッソメーカーを「ショーマー式」にカスタマイズし、オメガ社の7000シリーズの温度測定器（ＰＩＤコントローラ）を取り付けて、ループフィードバックメカニズムを完成させたのだ。「私は涙を流しながらコーヒーを淹れた。キャラメルのように甘く、私の『ドルチェ・ブレンド』の特徴的な香りがはっきりと感じられる最高のショットに、軽いバターのような舌触りのクレマが浮かんでいた。今振り返っても、あの日は、私のキャリアのなかで最良の一日だった」

カイルは、デイヴィッド・ショーマーのエスプレッソに懸ける一途な想いを共有している。「僕はずっとバリスタでいたいんです。バリスタの仕事は、禅のようなものです。僕はマシンを愛し、コーヒーを愛し、豆を挽くときの振動を愛しています。豆を挽いた後に粉を指で撫《な》ぜ、挽き具合が粗すぎないか、細かすぎないかを確認する瞬間も大好きです。僕にとっては何もかもを超越した、夢のような瞬間なのです。一杯のコーヒーには、信じられないほどの歴史が詰まっています。農家から始まる長い物語が」。カイルはエスプレッソを淹れるようになって間もなく、カレッジを中退し、ビクトローラでフルタイムとして働くようになった。

二〇〇六年の春、シアトルでSCAAの年次総会が開催された。「ビクトローラは地図に載り……この店のエスプレッソがとても美味しいと聞いたので、と言って店を訪れる客が増え……その週の売上は過去最高になりました」

このSCAAの年次総会がきっかけで、カイルは、シアトル以外のコーヒー焙煎業者から、うちに来ないかと声をかけられるようになった。インテリジェンシアも、そのような焙煎業者の一つだった。ダグとジェフに直接会って話をしたカイルは、インテリジェンシアを選んだ。インテリジェンシアに移って八ヵ月になる今、彼は大満足していた。「僕らは巨視的に見ても微視的に見ても成功者です。世間では、インテリジェンシアの奴らは何でも金で解決するなどと言われていますが、実際は違います。僕らはみな、身を粉にして働いています。ダグは創造性や起業家精神を高く評価し、褒賞を出しています」。バリスタとして競技に出場することは、インテリジェンシアのミッションにも社風にも完全に合致する。「僕は負けず嫌いです。大会で優勝することにも興味が

※2　灰の水曜日
西方教会の四旬節の初日

あるし、最高のバリスタでありつづけたいという想いもあります。そんな僕の挑戦を、ダグは全面的に応援してくれています」とカイルは言う。

西部のバリスタ地域大会で、カイルは流れるような美しい動きを見せ、決勝に進む上位六名に入った。グランドワークのイートン・ツノと、ロサンゼルスから西へ六五キロほど離れたサンガブリエル・バレーにあるカリフォルニア州サンディマスでコーヒー・クラッチ（Koffee Klatch）のバリスタをしているという、ブロンドの二四歳、ヘザー・ペリーも決勝に残った。冷静で洗練されたパフォーマンスを見せるヘザーは、過去にも西部地域大会と全米大会でバリスタチャンピオンに輝いている。今大会でも、彼女が優勝した。カイルは二位。初挑戦としては上出来である。ヘザー・ペリーの勝利には、納得できない者もいたようだ。といっても、彼女のパフォーマンスにケチをつける者はほとんどおらず、いても「ポイント稼ぎで勝っただけ」などと言う程度だ。では何が不満なのか。どうやら彼女の態度と、彼女の淹れたコーヒーが気に食わないらしい。スペシャルティコーヒー業界の複数の知り合いに聞いた話では、コーヒー・クラッチは最先端の焙煎業者ではないそうだ。彼女が淹れるエスプレッソは、見た目は良いが、味は最上とはいえない、と言う（この最後のコメントに、私は少し面食らった。味が評価されなければ点数を稼げず、優勝もできないのではないかと思ったからだ）。確かに、元チアリーダーの女性（ヘザーは高校時代、チアリーディング競技部に所属していた）の優勝を、期待外れだと思っているらしい空気は会場に流れていた。ブロンドの髪をポニーテールに結んだ若い女性がバリスタのチャンピオンとして会場を歩み去ることを、素直に受け止められない人もいるのだろう。

私は、ロサンゼルス滞在の初日に、カイルをはじめとするインテリジェンシアのクルーたちに会い、シルバー・レイクにできる新しいカフェ[※3]を案内してもらった。カフェの建設もロースタリーの建設も、予算オーバーで大幅に遅れているとのことだったが、実際に案内してもらうと、すぐにその理由がわかった。元インテリジェンシア従業員で、今は「Ｔｏｎｘ」というハンドルネームで人気コーヒーブロガーとして活躍している写真家のトニー・コネクニーによれば、このプロジェクトの建築士はハーバードでも教鞭をとるデザイン記号論の専門家で、シルバー・レイク店の設計では、「コーヒーショップらしさを感じさせるもの」を避けるデザインを目指していた。建築士の興味は建築様式がもつ象徴的意味にあり、コーヒーショップの定型を避けて設計した、というのだ。

私が到着した時、カフェは一部しか完成していなかったが、ずいぶん豪華な造りになりそうだった。青と白のニカラグアのタイルが床からカウンターにかけて敷き詰められることになっていた。六〇席の屋外スペースを設け、暑いなかでも外に座りたい人のために、涼を提供する噴霧器を組み込む。そして、ロマンチックなアーチ状の通路が屋外スペースを二つに分けるように渡される。だが、確実に許可を受け、建築基準法を遵守《じゅんしゅ》するという発想が完全に抜け落ちていた。後でジェフに聞いた話では、この過失により、インテリジェンシアは営業利益の損失以外に、九〇万ドルのコス

※3　インテリジェンシア　シルバー・レイク店
Silver Lake Coffeebarとして、現在はロサンゼルスを代表する人気スポットになっている。

トを余計に支払うことになったという。

オープン後、シルバー・レイク店ではブリュードコーヒーが様々な価格で売られる予定である。高品質のブレンドコーヒーは一杯二ドル。エスメラルダ・スペシャルが入荷されるシーズンになったら、一杯一〇ドルで提供する。パンフレットやカタログは置かない。バリスタは、コーヒーについて客に十分に説明できるようにトレーニングを受ける。

「うちの店を訪れるお客様には、ぜひ、バリスタに声をかけていただきたいですね。相手の顔を見て対話しながらドリンクを注文できるようにしたいんです」とカイルは言う。ダグ・ゼールの見たところ、世間のカフェの大半では、約半数のバリスタがほとんど役に立っていない。普通ならそこそこのレベルのバリスタを八人雇うところだが、ダグの計画ではスーパースター級のバリスタを四、五人雇い入れ、十分に研修を行い、たっぷりと報酬を支払うことになっている。チップも加えれば、シルバー・レイク店のバリスタは年間五万ドルを稼ぐこともできる――バリスタ界では破格の収入である。バーのカウンター内はこの噂でもちきりになるだろう。

その後、私はそのままインテリジェンシアのクルーと連れ立って、車で一五分ほど離れた商業区域にできる新しいロースタリー[※4]に向かった。焙煎設備のほうも、カフェ以上に建築上の問題を抱え、建築基準法の壁に悩まされていた。地震などの災害時のガス管への影響を考慮せずに建築が進められていたのだ。インテリジェンシアの焙煎機は二重燃料になっていて、ガスと電気の両方を使用する。営業が始まったら、この焙煎所ではコーヒーの焙煎と包装、シルバー・レイク店への出荷が行われるほか、まだ計画段階ではあるがカフェの二号店への出荷や卸売、オンライン販売も視野に入っている。焙煎設備の手前に設けられるカッピングルームには、ルーサイト[※5]のスツール椅子と淡い水色の家具が置かれている。インテリジェンシアの華やかなオレンジ色のパッケージが映えそうだ。ドイツのシーベルヘグナー社の一九四二年製ゴットホット焙煎機——輝く金属、オレンジ色のパネル——は、鬼軍曹のベルトのバックルのように入念に磨き込まれ、艶やかに光っている。

インテリジェンシアの優れた焙煎士、ステファン・ロジャース（二七歳）は、シカゴからロサンゼルスに引っ越していたものの、仕事を再開できる日まで時間を無為に過ごすことになり、やるせない気持ちになっていた（この二ヵ月後、ロサンゼルス焙煎所の操業開始までさらに六ヵ月かかることが判明すると、彼はインテリジェンシアを辞め、シアトルのスタンプタウンに移った）。

黒髪を長く伸ばしたステファンは、チェロキー族の混血で、米国南西部の貧しい家庭で育った。意欲も自負心もあり、自分は他の誰とも違う特別な存在なんだという意識も持ち合わせている。

「大学に行く金がなかったので、金をかけずに独学で勉強を始めました。一二歳から一八歳まではカレッジで演劇をやっていて、三三演目で音響と照明を担当しました。僕は何にでものめり込む性格なんです。テキサス州の水泳チャンピオンにもなりましたし、サックスも演奏しました。僕はジ

※4　新しいロースタリー
Los Angeles Roasting Works
※5　ルーサイト
透明で高強度のアクリル樹脂

ンバブエ共和国が誕生した日に生まれました。白人として生きていますが、ジンバブエ独立との強い縁を感じています」と一気にしゃべった後、私が話についてきているかを確認するように一息ついてから、こう言った。「でも残念ながら、どれも花開きませんでした」

私はステファンに、シルバー・レイクで使うことになるゴットホット焙煎機と、スタンプタウンで私も見たプロバット焙煎機とを比較して語ってもらった。プロバット機は内部のドラムの壁が二重になっているため保温性が高い。「うちのマシンは壁が一重なので、ガス出力の調節に対してマシンは敏感に反応します。ガスの出力を絞る速度が速すぎれば、マシン内部の温度は急速に下がり、焙煎速度も落ちます。ガスの出力を上げると、その効果もすぐに出ます。プロバット機の場合は、マシンの反応はそこまで鋭敏でないので、もう少し制御しやすくなります」

私は、ステファン、カイル、トニーの他に、インテリジェンシアの二人のバリスタを交えて、しばらくお喋《しゃべ》りに興じた。二人のうちの一人は、ミネアポリスから来た二一歳、面長でハンサムなライアン・ウィルバー。腕にコーヒー焙煎機のタトゥーを入れており、両耳の耳たぶに挿し込まれた大きな金属プラグのせいで耳たぶが下に伸びていた（このプラグも他の「皮膚に傷跡をつける部族的行為」も、「原始的な風習に魅せられた都会派」の慣習であり、なかには、犬釘《いぬくぎ》を頬や胸部に突き刺す者もいる）。

ライアンは、ワシントン州でもカナダのバンクーバーに近い場所で暮らす福音主義の家庭で育ち、自身も福音主義のキリスト教徒である。高校卒業後、音楽制作を勉強するためにミネアポリスに移り、バリスタとして働き始めた。コーヒーに関わる仕事は、あっという間に彼を夢中にさせた。

ライアンは今も音楽制作に関心はあるが、「薄暗いスタジオに閉じこもって過ごすのは、俺には向いていませんでした。エスプレッソバーのカウンターにいるほうが好きで……たぶん、人から注目されたかったんでしょうね……ずっとコーヒーのことだけを考えていたかったけれど、家に帰れば宿題もありましたし、なかなかそこまで熱くなれなくて」。結局、彼は学校を中退し、コーヒーに専念した。

二〇〇六年、ライアンは協会とは無関係のバリスタ競技会に参加した。そして、前途有望な才能ある若者だとの評判は、彼が書くコーヒーブログによって確固たるものになった。「ブログに写真を載せたことで、俺がラテアートを描けることが証明されました」。そのブログがきっかけで、インテリジェンシアから声がかかった。「ダグは俺のことを知っていました。彼はネットサーフィンが好きで、様々なサイトをチェックしています。フォーラムの裏サイトにも出入りして、学べることは何でも学んでいるんです」とライアンは言う。

「ダグはあなたについて情報収集をしていたということ?」と私は尋ねた。

「何が起きているのか知りたかったのでしょう」とライアンは答えた。「俺がコーヒーに専念し、情熱をもって取り組んでいるとわかって、好感をもったようです」。ダグは、シルバー・レイク店でバリスタとして働かないかとライアンに申し出た。

「突然、世界が変わりました。健康保険、確定拠出年金（４０１ｋ）など、コーヒー業界に足を踏み入れたときに諦《あきら》めたものも提供されることになりました」と、ライアンは驚きを隠し切れない様子で語った。彼は二週間前にロサンゼルスに移ってきたらしく、「こっちに来てからというもの、すべての瞬間が愛おしく感じられます」と言う。ライアンは車を持っていない。いや、持ってはいるが、なかなかエンジンがかからないそうだ。アパートが見つかるまでは、シルバー・レイクの近くにあるダグのバンガローに滞在している。ダグは家賃の高いロサンゼルスに移住しなくてはならない従業員のために、自身が所有する手作り感あふれる平屋の別荘を賃していた。

私はさんざん、自分が滞在しているハリウッド西部の朝食つき宿泊施設の文句を言っていた。ハリウッドが舞台の小説・映画『イナゴの日』に出てくるようなところなのだ。すると、インテリジェンシアの連中が、うちのバンガローに来ればいい、と誘ってくれた。

「大丈夫、シーツもタオルもちゃんと洗濯してあるから」とトニーが言う。

その申し出は辞退したが、彼らの寛大さ、活発さ、自らの道を切り開いていく能力すべてを称賛せずにはいられなかった。特権階級に生まれた若者は一人もいなかった。他者から与えられることのなかった人々だ。至れり尽くせりの研修を受けたわけでも、私学に通ったわけでもない。個人指導も精神科の指導も、生活スキルのコーチングも受けたことがない。彼らはただ、一番大切なことをしてきた。自分が愛情を注げる対象を見つけ、その対象に全身全霊で取り組んできたのだ。彼らの目にどんな美しい世界が見えているのか、私には完全には理解できないけれど。

バリスタの世界には、ヒップスターとしての生き方の手本や参考になる人物が揃《そろ》っている——と揶揄したのは、私の友人の一人で、多様な社会的状況への順応力が異様に高い若者だった。鋭い観察眼をもつ皮肉屋の彼は、ヒップスターの生き様を「従来の思い上がったうぬぼれ屋がやっていたようなことを拒絶してみせる思い上がった姿勢」と表現した。

ヒップスター文化では、上流階級や社会的地位の高さを感じさせるものはすべて拒絶され、その対極にあるものが好まれる。女性ファッションにしても、一九三〇年代の部屋着がヒップホップな装いとしてもてはやされている。インテリジェンシアのバリスタのようにヒップスターのスタイルを身につけた若者も、ファッションにはうるさい。チャックテイラー、コンバース、ナイキのヴィンテージクラシックなど、初期の年代のスニーカーがレトロ感のあるシューズとして大流行している。脚の細さを強調するように足首に向かって細くなるスキニージーンズや、筋肉もないのに体にフィットさせたピチピチのTシャツも人気がある。こういったファッションは、従来の「男らしさ」の逆を行く。きわめて中性的で、異性愛者と同性愛者をファッションで見分けるのは不可能だ。場合によっては、男性か女性かも見分けが付きにくい。だが、それが狙いのようでもある。

私は焙煎室でインテリジェンシアのクルーたちと時間を過ごし、コーヒーやコーヒー企業について話していたが、しばらく話すうちに、レストランで出されるコーヒーの話題になった。コーヒー業界の人間は、レストランのコーヒーの不味さを愚痴るのが好きだ。

その問題は経費と文化の両面から捉《とら》える必要がある、とトニーは言う。「レストランの利幅はとても小さいから、経費削減はレストランにとって死活問題なんだ」。慌ただしいレストランの厨房では、コーヒーを美味しく淹れるのは難しく、経費もかかりすぎる。「それに、レストランとしては、客に長居されたくない。テーブルの回転率を上げたいと思っているからね」

とはいえレストラン業界でも、一流の店では状況が変わりつつあるようだ。インテリジェンシアの焙煎士ステファン・ロジャースは、最近、有名店「フレンチ・ランドリー」のオーナーシェフであるトーマス・ケラーが、店でエスメラルダ・スペシャルの提供を始めると発表したことを取り上げた。

そういえばポートランドでスタンプタウンのマット・ラウンズベリーは、太平洋岸北西部のレストラン業界で出されるコーヒーは大きく様変わりしようとしているように思う、と言っていた。発端は、地元のシェフ、農家、チーズ生産者、ワイン生産者が提携するようになったことだと言う。地産食材に注目するシェフらが、地元で焙煎されたコーヒーを「地元の食材」として重視しはじめたのではないか、とマットは考えていた。スタンプタウンのコーヒーを美味しく淹れて提供している店として、「ヒギンズ」、「ワイルドウッド」、「ファイフ」、「ル・ピジョン」、「クラーク・ルイス」、「トロ・ブラボー」、「カントリー・キャット」など、ポートランド周辺のレストランの名前がたくさん挙がっていた。

カイルも、そのような変化の気配を感じているという。レストラン業界でも新しいものを比較的早く受け入れる「アーリーアダプター」たちは、コーヒーを最後に出てくるおまけとしてではなく、料理へのセンスが如実に現れるワインサービスと同様に、食事を楽しむ重要な要素として捉えはじめていると言うのだ。実はインテリジェンシアのコーヒーも、一流レストラン「チャーリー・トロッターズ」をはじめ、「アリニア」、「ブラックバード」、「フロンテラ・グリル」、「ノースポンド・カフェ」、「カスタムハウス」、「グリーン・ゼブラ」といったシカゴの有名店で提供されている。グリーン・ゼブラでは、コーヒーをフレンチプレスで淹れている。私が話を聞いたバリスタたちも、フレンチプレスは洗浄もしやすく、淹れたてのコーヒーを出しやすく、レストランで手頃な価格で提供できる、優れた抽出方法だと請け合った。「ただし、臼歯《きゅうし》式のまともなコーヒーグラインダー(豆挽き機)を使用している場合に限ります。グラインダーがお粗末だと、コーヒー豆も台無しです」とカイルは言う。

ロサンゼルス訪問の数ヵ月後、私はダグ・ゼールと話した。彼の話によれば、今ではロサンゼルスでも、ピッツァリア「モッツァ」、レストラン「ジャー」、アメリカンフレンチレストラン「ソナ」、フレンチブラッセリー「コムサ」など数多くの名立たるレストランでインテリジェンシアのコーヒーが淹れられており、ソナとコムサではフレンチプレス式が採用されている。

私はピーター・ジュリアーノにも確認を入れた。ピーターによれば、以前では考えられなかったことだが、東海岸でも、高品質の豆と完璧な技でコーヒーを美味しく淹れることの重要性を高級レストランが受け入れるようになったそうだ。ピーターは、ニューヨーク・シティのレストラン「クラフト」と「テイスティング・ルーム」を引き合いに出した。それから、ボルティモアにあるレストラン「ウッドベリーキッチン」についても興奮気味に話してくれた。ウッドベリーキッチンのオーナーシェフ、スパイク・ジャーディは、バリスタにエスプレッソを淹れさせている。フレンチプレスで淹れるコーヒーの場合は、一杯ずつ個別のポットで用意し、小さなタイマーと一緒にポットのままテーブルに出し、プレスを押すタイミングとカップに注ぐタイミングを客に説明している。スタンプタウンのマットは、地産食材に注目するレストランほど地元で焙煎されたコーヒーを出す傾向にあると言っていたが、ピーターもその意見に賛同していた。

多くのレストランで、コーヒーの問題は経費問題に行き着く。コーヒーに余分なお金をかけたり人手を割いたりする余裕はない、と考えるシェフも多い。「有意義な歩み寄りをしてもらえるように、僕らはシェフたちに働きかけています」とカイルは言う。「これまでは、フレンチプレスを勧めてきましたが、今は、まともな豆挽き機を購入するように勧めています。フェトコのような市販の高品質の豆挽き機と標準的なドリップ抽出器を使うだけで、コーヒーの味は一新されます」。フェトコ社製のコーヒー豆挽き機は一台一五〇〇ドルもするのだが。

レストランがすべきでないことについても、バリスタたちの意見は一致していた。まともな機器とスタッフが揃っていないなら、エスプレッソは出すべきでない。「カプチーノを出しているレストランのほとんどは、話にならないような代物を出しています」とスティーヴンは言う。

そこで私は、先日読んだ記事について彼らに尋ねた。サードウェーブコーヒー文化におけるエスプレッソの優勢について、コーヒー評論家としても活躍しているコーヒー輸入業者のティム・キャッスルが疑問を提起した記事である。

ティムは次のように書いている。「最近、コーヒー業界では、何かとエスプレッソが話題になる。問題なのは、豆の挽き方、タンピング、温度調整など、すべてが完璧でなければならないという強迫観念が先に立ち、焙煎家と農家が、もみ殻のなかで道を見失ってしまうことだ。エスプレッソは美味しいに越したことはないが、エスプレッソ熱が加速すれば、後塵《こうじん》の中に置き去りにされるのは農家である」

このティムの記事に対しては、掲載直後から非難の声が上がっていた。年寄りは何でも型にはめようとする、などという批判の声が業界の若手を中心に広まったため、議論はあっという間に世代間闘争の様相を呈した。これに対し、「私の記事は変に解釈され、敵対的に受け止められました……ネット掲示板やブログでは、記事の内容に対する批判ではなく私個人への人格攻撃が行われています。しかし、心ある人たちはみな、わかってくれています。エスプレッソは、豆そのものよりもバリスタの技能を引き立てる飲み方であって、コーヒーを育てた農家の想いや努力に世間の目を向けさせる点では、最良の方法ではありません」とティムは述べている。

確かにエスプレッソは、バリスタの技術に依存した飲み方であり、数あるコーヒーの楽しみ方の一つにすぎない。しかも最悪の場合、添加物の加えすぎでコーヒーを台無しにしかねない。私がこの記事の話題を持ち出すと、バリスタたちは一斉に笑ったが、すぐに、コーヒーのことを常に第一に考えるべきだと同意した。バリスタのパフォーマンスは、コーヒーに敬意を払うものでなければならない。とはいえ、エスプレッソとバリスタ、そしてコーヒーショップ全体が醸《かも》し出す雰囲気によってかき立てられる情熱のおかげで、スペシャルティコーヒー業界が潤《うるお》っているのも事実だと彼らは言う。

その後、私はこの五人のクルーと一緒に、内装はけばけばしいが料理は美味しいビルマ料理店にランチに行った。この数日後、バリスタチャンピオンのヘザー・ペリーにインタビューする予定だったので、注文した料理が出てくるまでのあいだに、なぜ彼女が悪く言われるのか尋ねてみた。

ヘザーの家族は、コーヒー焙煎業者コーヒー・クラッチを経営している。ランチに同席しているメンバーは誰も、「コーヒー・クラッチ」という少々時代遅れの言葉が「コーヒーを飲みながらおしゃべりする集団」を意味する言葉だとは知らなかったようだ。

「そもそも、コーヒー・クラッチってどういう意味だ?」と誰かが言うと、

「アレと韻を踏んでいるんだろう……」と他の誰かが下ネタで答え、笑いが起きた。

それから彼らは、ヘザーのパフォーマンスを美人コンテストのビューティー・クイーンに例えた。

「あの子は(パフォーマンスの際に使う)テーブルクロスのアイロン掛けを母親にやらせている。彼女は見世物のポニーみたいなものさ」

カイルは黙っていた。つい先日行われた二〇〇七年の地域大会では、実は彼も、テーブルクロスのアイロン掛けを母親にしてもらっていたのだ。後になって私にだけ、「本当は僕も、テーブルクロスとナプキンのアイロン掛けを母親に頼んでいました。そのことを、後ろめたく思っています」と打ち明けてくれた。

その後、ランチの席では、ヘザーについて決定的な文句が飛び出した。「彼女の家族はショッピングセンターでコーヒーショップを経営しているんだぜ。ダサくて見ていられないよ」

あまりの卑劣な物言いに、私はショックを受けた。最初、ヘザーに対する彼らの反応は、単純に女性蔑視によるもののように思われた。だが後日、とあるコーヒーブログを読んだことで、別の理由が見えてきた。そのブログは、世界で最も有名なスペシャルティコーヒー・バイヤーであるジェフ・ワッツが、フェアトレード運動に対して彼が抱く批判的意見を理路整然と吐露したものだった。フェアトレードが農家のためにならない理由を説明していたのだ。彼の意見に同意するかどうかは別にして、記事には、この問題についての幅広い知識が網羅的に示されていた。付けられたコメントの多くは内容を称賛するものだったが、なかには少数ながら、異様なほど私怨のこもった言葉で彼を傷つけ、インテリジェンシアのことを血も涙もない巨大企業であるかのように書いたものもあった。

これに対してジェフは、後日、オンラインフォーラムに参加した際、次のようにコメントした。

「スペシャルティコーヒー業界には、興味深い力学が働いている。反体制的で反逆的な人ほど、このフォーラムで多くの役割を担うことになる。それがダグや僕の宿命だ。僕らはもう、小さな存在ではない。中小規模の焙煎業者だ。いつまでも弱者でいるつもりはない」

ヒップスターの世界観でいえば、醜いものこそが美しく、失敗こそが成功である。だが、ヒップスターが本当の意味で成功したら、どうなるのか。醜い存在、嫌われる存在になるのではないか。

おそらく、ヘザーの問題もこれと同じだろう。彼女にはマイナーの要素もストリートカルチャーの要素もない。反体制的でもない。サンガブリエル・バレー出身の女の子だ。優勝に興味がない振りもしていない。要するに、彼女にはヒップホップな格好良さがないのだ。

カイルは、ロサンゼルスで開催された全米チャンピオン大会で再びヘザーと対決した。第一ラウンドの出来は上々で、彼自身も手応えを感じていた。後から漏れ聞いたところでは、スコアも非常に高かった。

準決勝ラウンドの後、決勝に残る六名が決まるのを待つあいだ、カイルは「もう疲れた」と言っていた。午後一〇時だった。結果が出るのを待ちながら、彼はずっと立っていた。「僕はどちらに転んでも嬉《うれ》しい状況だってことに気づきました。あと少しでバリスタ仲間のパーティが始まります。決勝に残れなければ、パーティに駆けつけて大暴れしてやります。決勝に残っていれば、それはもう万々歳です。なにせ、今年は僕の大会初挑戦の年ですから」

結果、カイルは決勝に残ったが、今回は上位五位までに入れなかった。優勝はヘザー・ペリーだ。つまり、カリフォルニア州サンディマスのコーヒー・クラッチから来たイケてないヘザー・ペリーが、二〇〇七年八月に東京で開催される世界バリスタチャンピオン大会に全米代表として参加するということだ。

数日後、私はメルローズ大通りにあるル・パン・コティディアンの屋外テラス席でヘザーとランチをした。彼女は、生まれつきらしい暗めのブロンドの長い髪を束ねずに下し、顔にかからないようにきれいに後ろに流していた。

サングラスに露出の多い小さなトップス姿。スポーツ選手のように鍛えられた体つきだ。大きな手で力強く握手してくれた。コーヒー・クラッチは家族経営の会社で、店は二店舗、カートは二台、バリスタは一六人いるという。父親のマイク・ペリーは焙煎担当、彼女は研修を一手に引き受けている。母親は二店舗のうちの一店を運営しており、妹はカレッジの学生で、コーヒーにはあまり興味がない。

「私はずっとビジネスがしたかったんです」とヘザーは言う。

「しっかり躾《しつ》けられているんですね」と私が聞くと、「躾けられている？　いいえ。負けず嫌いなんです」と答えた。

彼女は高校ではバレーボールと、サッカーと、チアリーディングをしていた。「勝つために必要なことなら何でもします。面倒くさがり屋なので、片づけは苦手です。私の車の中を見れば一目瞭然でしょう。でも、何かをしようと思ったら、実行に移す前に、すべての動きについてよく考えておかなければなりません。何をどこに置くべきか、ナプキンをどのように畳むか、しっかり考え抜くのです。パフォーマンスの大きな流れを頭に入れたあと、細部まですべてを頭に入れ、全体として一つにまとめ上げるには、相当な時間がかかります」

「今大会に向けて、数百ガロンのミルクを使って練習を重ねました。感情的に疲れ切り、フラストレーションが溜まりすぎて涙を流したりもしましたが、できるようになるまでやめませんでした」

なぜ優勝できたのか。

「他の誰よりもいい仕事をしたからです。週末には欠かさず練習しました。仕事終わりにも毎日練習しました。この三ヵ月間、私は生活のすべてを大会の準備に費やしました。優勝するつもりで参加したんです。今年の大会に向けては、これ以上できないほど練習しました。やると決めたのです。結果に満足しています」

彼女はどんな犠牲も厭《いと》わない。恋人は自動車好きの工学系男子だが、大会に向けてトレーニングを積んでいるあいだは、ほとんど会わなかった。

「あなたのことを、ポイントを稼いで勝ったと言う人もいますね」と私は問いかけた。

「競争には計算が必要な側面もあります。採点基準は知っておかなければなりません。そのうえで、点数につながる技術を重点的に磨くのです」とヘザーは答えた（後日、地域大会のチャンピオンであり、バリスタ審査員でもあるニック・チョウに説明を求めたところ、大会に出場する若者の多くは、パフォーマンスを行うときに、自分の技能を披露することよりも、見る人への印象を良くすることに気を遣いがちだと言う。その点、ヘザーのパフォーマンスはよく訓練されている。「彼女は自分のパフォーマンスがあらゆる点で完璧になるまで何度も練習したのだと思います。あの計量とタンピングの熟練度は数ヵ月かけて磨き上げたものです。当然、技術審査では高得点を稼げます。バリスタとしての基本技能が高いので、ドリンクの味も良くなります。ですから、官能審査でもポイントを稼ぐことができるのです」。だが、それだけではないと言う。彼女の淹れるドリンクは見た目も美しい。エスプレッソの表面に浮かぶクレマの泡は濃厚で粘りがあり、スプーンで押しても跳ね返ってくる。彼女が泡立てたミルクは、目に見えないほど細かく均一な泡でできている。技術的にも彼女に欠点はない。コーヒーもミルクも無駄にしないし、作業した場所は汚れていない。彼女は自分が台拭《ふ》きをどこに置いたかを常に把握しながら動く)。

ヘザーは才能あるバリスタかもしれないが、多くを語るほうではない。

「内気なのですね」と私は言った。

「いえ、人を楽しませるようなことが言えないだけです。でも、コーヒーは人を喜ばせます。だから、私の生活はコーヒー一色なんです」

私たちは帰り支度を始めた。彼女はサンディマスまで、車で五〇～六〇キロの道のりを帰らなければならない。ロサンゼルスの交通量を考えると、二時間はかかるだろう。

「そういえば、性差別についてはどう思いますか?」と私は尋ねた。

「女性は健闘していると思いますよ」と彼女は言う。「コーヒーは男中心の仕事ですが、女性でも十分やれます。でも一つだけ、私がどうしても解《げ》せないことがあります。自分は勝ち負けには興味がない、などとうそぶく人たちがいますが、その気持ちがどうしても理解できません。私は楽しい時間を過ごすために大会に出場しています。大会のためにこんなにも時間をかけているのに、そういう格好つけた態度を見せられると、正直、腹が立ちます」

インテリジェンシアを訪れた翌日、私はグランドワーク・コーヒーに出向いた。リック・ラインハートと彼のチームメンバーと一緒にカッピングをしてから、グランドワークの焙煎所を案内してもらい、さらにロサンゼルスの活気あふれる繁華街に最近できたばかりの——明らかに高所得層向けの——カフェを訪問した。グランドワークの焙煎所は、インテリジェンシアやスタンプタウンの焙煎所に比べると、内装は凝っていなかった。リックは円熟した有能なコーヒー業界人で、グランドワークの今後について大きな計画をいくつか温めている。

計画実現には、会社経営の主導権を握る必要があるため、彼は今、グランドワークの創業者から株を買い取ろうと財務上の複雑な交渉にあたっている。

取材前、私は、ロサンゼルスにおけるグランドワークとインテリジェンシアの攻防について書くことになると思っていたが、実際には、この金回りの良い巨大市場には両社が共存できるだけの余地が十分にあった。ところが、ロサンゼルスから帰宅して数週間後、私はリックからメールをもらった。そこには、グランドワークを去ることになったのはリックのほうだと書かれていた。グランドワークのオーナーが思い描く会社の将来像がリックの目指す方向とは異なっていたため、追い出されてしまったのだ。

私はあまり驚かなかった。

グランドワークを訪問した日の午後、私はWiFiを拝借するため、リックのオフィスにおじゃましていた。そこにリックが戻ってきたので、私たちはそのままデスクのそばで立ち話をした。

スペシャルティコーヒーの損益についての何気ない意見を耳にしてからというもの、私の頭の中で、ある一つの考えがちらついていた。

「あなたは儲けを出せているのですか?」と私は尋ねた。これは、二〇〇七年の夏にこそ尋ねるに相応《ふさわ》しい質問だったことが後でわかる。信用危機で金融の引き締めが行われ、燃料の価格が高騰し、輸送費が嵩《かさ》み、ドル安になっていたのだ。

リックは独特の疲労をたたえた顔で、私のほうを見た。「スペシャルティコーヒー業界で儲けている人が誰かいるんですか?」

一瞬の間を置いてから、彼は続けた。「ティム・キャッスルの持論によれば、スペシャルティコーヒーの実経済の波には、周期的に起こる整理統合の波が関連しています。品質を追い求める小さな会社がしばらく栄えた後、より大きな会社が現れ、小さな会社を買収します。いま勢いのあるスペシャルティコーヒー会社にも同じことが起きるとティムは考えているようです」

「あなたもそう思いますか？」と私は尋ねた。リックは答えなかった。

メリーランド州の自宅に戻った私は、ロイヤル・コーヒーを率いる輸入業者のボブ・フルマーに電話した。ロイヤル・コーヒーは高品質コーヒーを扱う輸入会社で、コーヒー業界の誰もが仕事で関わりを持つ。ボブは一九七〇年代からコーヒー業界で働いてきたため、スペシャルティコーヒー産業についても長期的な視野を持っている。

私はボブに尋ねた。「インテリジェンシア、スタンプタウン、カウンター・カルチャーは今後も独立企業として生き残っていけると思いますか？」

「進歩というのは断続的に起こるものです。この三社も他の多くの会社も、スペシャルティコーヒーとは無縁の大会社に買収される可能性が高いでしょう。このような会社を大会社が買収する場合には、製造コストを安く抑えつつ、そのブランドの名前が通用する限り利益を絞り取る計画が策定されるものですし、計画は実行されるでしょう。そして、整理統合のサイクルが再び始まります。他の誰かが機会を窺《うかが》っています。リックは今まさに、ロサンゼルスでこのような動きを目の当たりにしているのでしょう。私も、そのような動きを過去に一〇回は見てきました」とボブは言う。

「サードウェーブの連中の大半は、いい仕事をしていると思います」とボブは続けた。「彼らは他社とは異なる特別な何かを生み出そうと努力していますが、品質に金を注ぎ込むと、いずれ資金繰りが追い付かなくなるのです」

若者も歳を取る、とボブは言う。歳を取れば優先順位も変化する。「人生も後半になると、あなたの会社を買いたいといって提示される金額が輝いて見えるようになります。誰かから数百万ドルを提示されたら、『これはすごい、これまでの努力が報われた。二百万ドル。五百万ドル。これだけあれば、いい暮らしができる』と考えるものです。現に、コーヒー・コネクションのジョージ・ハウエルがそうでした。彼には養うべき家族がいて、子供たちの教育費が必要でした。一日の終わりに自分に問いかけたことでしょう。自分は誰に忠誠を尽くすのかと。家族か、顧客か。簡単に答えの出る問いではありません。でも誰にわかるでしょうか。デュエンやダグは、ジョージとは違う答えを出すかもしれません。グーグル方式で新規公開株（IPO）を発行し、独立を保つことができるかもしれません」

ボブのコメントを聞くと、コーヒー業界のスター企業の破綻《はたん》は避けがたいことのようにも思えてくる。完璧なコーヒーを見つけ出して焙煎することに全力で愛を注ぐ華やかでエネルギッシュな男たちの熱狂も、永遠には続かないのか。その答えは、時間が教えてくれるだろう。

八月。東京で開催された世界バリスタチャンピオン大会で、ヘザー・ペリーは二位になった。アメリカ人として過去最高の順位である。彼女がこのような勝利を手にできたのは、彼女を応援しようと業界内から集まった人々がチームとして一丸となり、彼女のトレーニングを支援してきたからだ。彼女のパフォーマンスはウェブで配信され、私も見た。いつもどおり流れるような動きを見せていたが、今回はいつになく、彼女の精神的な豊かさや優雅さが滲《にじ》み出ていた。彼女はコーヒーに対する自分の愛情を、パフォーマンスを通して表現し、輝かせたのだ。

今では、コーヒー業界人の多くが彼女を愛している。

「彼女にとってコーヒーがいかに大切で、彼女がいかに熱心に練習してきたかが、はっきりと表れていた。それが、人々の心にまっすぐに響いたんだ」とジェフ・ワッツは言う。その通りだろう。

第8章

ノースカロライナ州
ダーラム

七月、木曜の午後。ノースカロライナ州ダーラムのカウンター・カルチャー・コーヒーでは、小売店舗と卸業者に向けた今週最後のコーヒーの出荷作業がちょうど終わったところだった。カウンター・カルチャーでは、出荷されたコーヒーが週末のあいだずっと高温の配送トラック内に放置されて劣化するような事態を防ぐため、金曜日には出荷しない。ピーター・ジュリアーノは、せっかくの機会だからと、ある動画の上映準備をしていた。

「僕らは毎週木曜日に、継続勉強会と称してこういう時間を設けているんだ」とピーターは説明してくれた。「何か共有したい情報がある人は誰でも教える側になれる。誰を招待しても構わない。アイスコーヒーとか、コーヒーブレンドの作り方とか、そういうテーマでもいいし、ワインやチョコレートを味わう会など、感覚を磨くための教室を開くことも多い」

「昨年の夏には、僕が学生時代に人類学の授業で見た、パプアニューギニアを題材にした『ファースト・コンタクト』という映画を上映した。一九三〇年代に金鉱を探しに行ったオーストラリア人探検家が、外の世界の存在を知らないまま石器時代の暮らしを続ける数千人の人々に遭遇する、という内容だ」とピーターは言う。カウンター・カルチャーは現在、この映画に登場する人々の子孫からコーヒーを買い付けている。

「この映画を従業員に見せれば、僕らが扱っているコーヒーがどこから来たのかを知ってもらうことができる。僕らが売るパプアニューギニア産のコーヒーは、ここに登場する人々の手で育てられている。過去の自分と今の自分がこんな風につながったのは、全くの偶然だけどね。こういう文化的探究は、僕の人生の原動力なんだ。僕らが売っているコーヒーと、コーヒー農家と、コーヒー農業文化とのつながりを紹介するのは、とてもワクワクするよ」

『ファースト・コンタクト』を上映するところが、なんともピーターらしい。彼は生まれながらの社会科学者であり、教師なのだろう。人と人との交流のすべてに文化的な意味を求めている。ロースターズ・ギルドの飲み会のことも、二〇〇七年一一月にニューギニアに買付の旅に出た際に槍《やり》を持った若き戦士たちと立て続けに遭遇し、なぜかその後ずっと後をついて回られたことも、すべてを文化交流として捉《とら》えている。そのように内省的な性格だからといって、人生を謳歌《おうか》していないかといえば、そんなことはない。ピーターはくどき上手な情熱派で、楽しいことが大好きだ。ただ、頭の中ではいつも何かを観察し、解明しようとしている。

スペシャルティコーヒー業界でも、「傍目《はため》には、僕はテレビドラマ『ギリガン君ＳＯＳ（原題：Gilligan's Island)』に登場する教授のように映るらしい。何でも分析し、何でも学問にしてしまいたくなる性格なんだ」とピーターは言う。栽培学、農家との人間関係、コーヒーの精製、焙煎、抽出、バリスタの技能——彼はスペシャルティコーヒーのあらゆる側面を分析しようとしている。

とくにコーヒー農家との関係を構築するには、彼らの文化的背景への理解が欠かせないため、ピーターの分析力が大いに役立っている。ピーターは、現地の文化規範や価値観に反することを農家に求めてしまわないように気をつけている。

例えば、ピーターがコーヒーを買い付けているニカラグア・サンラモン市の二五人の農家のまとめ役であり融資元でもある大手コーヒー協同組合セコカフェンと取引をするときも、上から指図するような態度は取らないようにしてきた。ピーターも、インテリジェンシアのジェフ・ワッツも、セコカフェンの役員らが彼らの動きを妨害しようとしていることや、協同組合の体質が透明性とは程遠く、不正が行われている可能性があることに気づいていた。ジェフは組合の主導的立場にある人々と真っ向から衝突していたが、ピーターは少しでも対立を回避しようと努力している。

「ニカラグアの生産者には、自分で選択してもらっている。どんな形であれ、こちらの思い通りに操るようなことはしたくないからね。彼らは僕とは立場が違う。地元のコミュニティのなかで今後も暮らしていかなければならない。サンディニスタ民族解放戦線の党員が設立した協同組合との付き合いは、ニカラグアにおける政治的立場にも関わる。サンディニスタによる内戦はそんなに昔のことではない。組合に所属するということが彼らにとってどういう意味をもつのかは、僕らがどんなに頑張っても完全には理解できない話なのだから、僕は、あまり強く背中を押しすぎないように慎重に行動しているつもりだ」とピーターは言う。

ピーターは、セコカフェンと衝突するのではなく、中庸を行こうと模索した。「サンラモン市の農家からは、品評会でスコアが九〇点を超えたコーヒーの価格を下げ、八五～八八点だったコーヒーの価格を上げてほしいと頼まれた。上位に入った農家ばかりが大金を手にするとなると、彼らも心穏やかではいられない。彼らは、友好的な関係を保ちながら競い合うことを望んでいた。支払額の差があまりに大きければ、農家同士の関係にも影響するだろう。彼らはそのことをひどく心配していた」とピーターは言う。「自己の利益を追求するのは、米国人にとっては当たり前のことだが、ニカラグア人にとっては馴染めないことのようだった」。だからピーターは、不安がる生産者の声に耳を傾け、価格の変更に同意した。

「素晴らしいコーヒーをこれからもずっと売り続けていきたいから、僕は、農家との関係を長い目で見るように心がけている」とピーターは自分の戦略を説明した。農家との取引を長い目で見るということは、時にはこちらが折れることもあるということだが、自分が信じる相手のためなら、喜んで耐えしのぐとピーターは言う。もちろん、カウンター・カルチャーだって、「長期的に見た場合の最良の結果だけでなく、その時々の最良の結果も確保したいと思っている。今日の利益と明日の利益、どちらを最大化すべきか、常に板挟みの状態だよ」とピーターは言う。焙煎業者によっては、同じ農家から毎年買うのではなく、毎年違う農家から買っているところもある。だが、「そのような買い方は、愛した後で捨てるようなものだ。自分が愛されることばかりを考え、その年のカップ・オブ・エクセレンス（ＣＯＥ）の品評会で入賞したコーヒーだけを購入する……出会った女の子と片っ端から駆け落ちするけれど、誰とも向き合おうとしない。そんなことでは、ＣＯＥはただの出会い系サービスになってしまう。僕はそういうやり方はしない。農家の仕事ぶりに恋をしたら、その農家との関係を深める。そうすれば、毎年ふり出しに戻ってデートからやり直す必要なんてないからね」

六月下旬、カウンター・カルチャーを訪れるために、私はダーラムに飛んだ。米国南東部らしい、うだるような蒸し暑さだった。カウンター・カルチャーの本社は、ダーラムの郊外、ハイテク産業・軽工業が集まる空港近くの飛び地的な場所にある平屋の建物だ。同社の二〇〇七年の成長率は二〇％を超え、年間売上は七〇〇万ドルに迫る勢いだ。ピーターはシルバーのPTクルーザー（クライスラー）で私を迎えに来てくれた。車とはどうあるべきか、なんてことを考えるような男にぴったりの車だ（インテリジェンシアのジェフ・ワッツはBMWを運転している。スタンプタウンのデュエン・ソレンソンは、妻はミニバンに乗っているが、本人は車を持たず、車よりも一万一〇〇〇ドルのクローバー抽出機を買いたいと言っている）。

会社に着くと、ピーターは駐車場に停めてあるもう一台のシルバーのPTクルーザー――同社の公用車――の隣に車を停め、社屋に入っていった。私は旅行鞄とコンピュータを、ピーターのデスクが置かれているカッピングルームの隅に置かせてもらった。ピーターは、以前は専用オフィスを使っていたそうだが、キッチンの匂いがカッピングルームまで漂ってくるせいでコーヒーのアロマを識別しにくいという問題が発生し、そこから波及して社内の空間配置をすべて考え直した結果、ピーターはオフィスを失うことになった。だが、彼はまったく気にしていない。どうせ一年の半分はダーラムを離れているのだから。

カウンター・カルチャーの社内は、派手なところはなく、こぎれいに整った印象だった。清潔な空間、近代産業的な雰囲気、そして、待合室も簡素だった。唯一豪華なのは、光あふれるテイスティングルームだ。カウンター・カルチャーのコーヒーを試飲に来た一般客が招き入れられる部屋である。ピーターのオフィスでもあるカッピングルームも、スタイリッシュな設備が整えられ、内装には巧みに木材が使われていた。倉庫のように広々とした焙煎・包装ルームは、一方の壁が赤く塗られており、黒い鋳鉄《ちゅうてつ》製の焙煎機を引き立てる見事な背景になっている。焙煎機は、ロットあたり一〇〇ポンドを焙煎できるスペインのルウレ（Roure）が一台、ロットあたり一二五ポンドを焙煎できるカスタマイズ済みのポルトガルのジーペ（Joper）／レネゲード（Renegade）が一台、二五ポンドの小ロットで焙煎ができるフランスのサササ（Sasa）／サミアック（Samiac）が一台、置かれていた。

ピーターは私に、焙煎度の指標となるアグトロン値を見せてくれた。加熱されたコーヒーから反射される赤外線の強度をアグトロン社の分光光度計で測定することにより、焙煎機内部のコーヒーの焙煎具合を正確に測定した値である。浅煎りであるほど反射光は強くなり、アグトロン値は高くなる。「うちで一番深く焙煎されるのはフレンチトーストで、アグトロン値は四〇になる。ケニア・テグのようにとても貴重な豆を小ロットで焙煎する場合、アグトロン値は六八になるようにしている」とピーターは説明した。

「僕らは、ここから出荷されるすべてのコーヒーについて、焙煎時間、アグトロン値、内部温度といったパラメータを記録している。焙煎作業の指針にするために、あらゆる種類のデータを測定している」とピーターは言う。

焙煎士のティモシー・ヒルを筆頭とするカウンター・カルチャーのカッピングテイスターたちが、コーヒーを焙煎するたびにカッピングを行っている。しかし、一つ問題がある。「コーヒーの味を確認する頃には、焙煎してから二四時間が過ぎていて、豆はすでに出荷されているんだ」とピーター。「自社の基準に適《かな》う焙煎豆だけを一貫して届けるのは、なかなか難しい。ワシントンＤＣにいるマーキーコーヒーのニック・チョウや、ニューヨークのナイン・ストリート・エスプレッソのニック・カービーのような一部の常連客は、コーヒー豆が入荷されると僕らに電話をかけてきて、感想を知らせてくれる。美味しいと言われることもあるが、『これはちょっと良くないね』などと言われることもある。僕らは小売店ではないから、自家焙煎した豆を自社店舗で出し続けているわけではない。そうなると、顧客から入る情報が頼りだ。もちろん、週に一度のカッピングでも、焙煎の質やコーヒーの品質について重要な情報は得ているけれど」

カウンター・カルチャーでは、二〇〇種類ものブレンドを焙煎している。だからこそ、コンピュータ化された追跡システムが重要になってくる。二〇〇種類といえば相当な数だ。デュエン・ソレンソンのように自分の信念を曲げないタイプの人間が聞いたら、鼻で笑うだろう。デュエンのような男は客を喜ばせるためにブレンドを作るようなことはしないし、取引量の多い卸業者の要望に応えるようなこともないからだ。一方、カウンター・カルチャーでは事業の九〇％は卸売だが、全米紙でカウンター・カルチャーを国内トップの焙煎業者の一角と捉えた記事が大量に書かれるようになったことで、総売上の一〇％を占めていたオンラインの小売部門が急速に成長している。「僕らは顧客の要望に応えるし、その顧客のためだけに特別な焙煎をすることもある。すると結果的に、味のプロファイルを数多く取り揃《そろ》えることになる。僕らは独善的ではないからね」とピーターは言う。顧客の味の好みに費用の問題が絡んで生じる個別の依頼に関して、彼自身がそのすべてにいちいち肩入れしているわけではないことをうまく表現した、実に如才ないコメントである。スペシャルティコーヒーの卸売業は、小売業以上に価格に影響されやすい。これはカウンター・カルチャーに限った話ではなく、インテリジェンシアとスタンプタウンにも言えることだ。小売業では、もう何年も前にスターバックスが、一杯のコーヒーに四ドルを支払うことに客を慣れさせた。卸売業でも、高品質コーヒーを扱う卸売業者の顧客で、コーヒーの味を大切にしたカフェ経営をしているようなところなら、高値を支払ってくれるだろう。「最上クラスの顧客への販売価格をポンドあたり七・七〇ドルから八・〇〇ドルに値上げしたところで、どうってことないさ」とピーターは言う。しかし、カウンター・カルチャーのような会社に資金を供給し続けられるほどの需要を生み出せるような高級カフェは、それほど多くは存在しない。「うちのような商売を続けていくには、一定の量以上の受注が必要なんだ」とピーターは言う。高く買ったものが必ずしも高く売れるわけではない。その結果として生じるギャップを埋めるために、カウンター・カルチャーでは、小さな食料品店、小さなレストランやコーヒー店、朝食専門店など、中級クラスの卸売顧客から入る大口の注文に頼っている。これらの店には、COE級のコーヒー豆を買う余裕はない。そこで、カウンター・カルチャーはそのような店向けに、カッピングスコアが八四~八五点の手堅い上質の豆を使用してコーヒーブレンドを作っている。「コーヒーもミルクも値上がりしているし、エネルギーコストも上昇している。顧客はあらゆる方面で金を絞り取られているため、コーヒーに余分な費用はかけられない。これは、僕らがトップの座に君臨し続けるための手堅い戦法なんだ」とピーターは言う。

　多くの客がオーガニック認定コーヒーを好むようになったことも、コーヒーのコスト増大につながっている。スペシャルティコーヒー業界内ではオーガニックを指向する動きが急速に発生した。アフリカとアジアでは、市販の化学肥料を購入する金銭的余裕のない農家が多いため、オーガニック認定の人気は非常に高い。ラテンアメリカでもその人気は高まりつつある。「僕らが購入するコーヒーの七五%はオーガニック認定を受けている。オーガニックの認定を受けるために移行中の農園も多い」。ピーターは、自分もオーガニックの信奉者だと言い添えた。

「どこにでもある窒素《ちっそ》とカリウムとリン酸を組み合わせただけの化学肥料は、地球をダメにする。良質の土を作るには、堆肥《たいひ》に含まれるような微量栄養素が必要だ。微量元素のセレンとクロムも要る。こうした材料が揃えば、コーヒーの樹はすくすくと育つ。一つの産業として解決されるべきは、こういう知識を貧しい農家の人々にどう教えるかという問題だ」。問題は他にもあるとピーターは言う。認定には高額の費用がかかる。認定機関のなかには、組織として腐敗しているところもある。だが、こういった問題はきっと解決できるとピーターは信じている。

ピーターが一杯七ドルのエスプレッソを目指す理由も、コスト上昇のサイクルで説明がつく。高品質コーヒーの価格は、現実を反映する形で調整されるべきだ。つまり、コーヒー農家が相応の生活を送るためには、ポンドあたり二ドル、三ドル、もしくは四ドルの稼ぎが必要であり、その分は、最終的に消費者が支払う価格に上乗せされなければならない。それが、スペシャルティコーヒーを持続可能な産業として成り立たせる唯一の方法である。「世間では、高級焙煎業者は金を無駄遣いしている（大金を受け取り、それを浪費している）と思われているようだが、実際の経済をよく観察すれば、そういった意見が事実に反するのは明らかだ」。ピーターは、そのことに消費者が気づいてくれれば、現状の悪循環を終わらせることができると信じている。「クローバーをこんなにも重視する理由もそこにある。クローバーがあれば、小売の客向けに、素晴らしく美味しいブリュードコーヒーを淹《い》れることができる。一度経験すれば、あの味をもう一度味わうために、喜んでお金を払うようになるだろう」（実際、カウンター・カルチャーの顧客のなかにも、例えばニューヨーク・シティのカフェ・グランピーのように、ピーターが示唆した通りのことをすでに始めている店がある。手頃な値段のコーヒーを客の大半に提供しながら、有名農園のスーパースター級のコーヒーも一杯五～一〇ドルでレギュラーメニューとして提供している）。

スペシャルティコーヒーを市場に出しつつ、急速に変化する市況にも対応するカウンター・カルチャーの戦略を一言で表すなら、「教育あるのみ」に尽きるだろう。カウンター・カルチャーは洒落た雰囲気の研修センターをダーラム、アシュビル、アトランタ、ワシントンDCに建設し、コーヒーのプロや一般人を対象に、エスプレッソの初級編と中級編、コーヒー抽出、カッピングによる飲み比べ、カッピング上級編、コーヒーの歴史など、様々な種類のプログラムを一日中、無料で開講している。二〇〇七年八月には、ワシントンDCの研修センターで、カフェの経営方法に関する三日間のセミナーが開かれ、全米各地から受講者が集まった。参加者の一人は、日本から流れてきた男性だった。他にも研修センターでは、新規顧客と見込み客に向けて、抽出機器とエスプレッソ機器の使い方、洗浄方法、メンテナンス方法を指導している。スタンプタウンとインテリジェンシアもそうだったが、カウンター・カルチャーも、自社のコーヒーを出す店は高い基準を維持していると言い切れるように、クライアントのパフォーマンスを監督している。カウンター・カルチャーの研修は、研修センター以外でも行われている。たとえばニューヨーク・シティでは、現地に常駐する社員を二名雇った。うち一名は、卸売客にコーヒーの淹れ方を教えることに専念している。カウンター・カルチャーは知名度の高い「今をときめく」焙煎業者として、スペシャルティコーヒーに門戸を開いたばかりのニューヨークという市場で一流の顧客を獲得しつつあるからだ。

　初夏の金曜日、私は、カウンター・カルチャーの卸売客であるニューヨークの有名店ナイン・ストリート・エスプレッソを訪れた。マンハッタンに三店舗を展開し、ヒップスター精神にあふれ、美味しいコーヒーを出すと評判のこの店は、ニューヨークですでに話題になっている。以前、マンハッタン進出の足場を固めようとしたインテリジェンシアは、ナイン・ストリート・エスプレッソを獲得しようと激戦を挑み、カウンター・カルチャーに敗れたそうだ。私の訪れた朝、カッピング責任者のニック・カービーはちょうど、週一回開催されるカウンター・カルチャーのオンライン・カッピングに参加しているところだった。東海岸一帯の顧客とカウンター・カルチャーの本社スタッフが、ケニア、コロンビア、エチオピア、インドネシアのコーヒーをカッピングし、カッピングしたコーヒーの評価を登録する。その週にカウンター・カルチャーから提供されたコーヒーに対する評価を、カウンター・カルチャーが作成したスプレッドシートに記入することになっている。この取り組みについてピーターは、「全員が同じ日の、同じ時間に、同じコーヒーをカッピングする。その後で、カッピングしたコーヒーについてチャットで意見交換を行う。ここは僕らにとって、コーヒーについて議論できる特別な場所になっている。参加者同士でブログも共有している。このフォーラムは僕らが育てている内輪のコミュニティだが、僕らもこのフォーラムを頼りにしているんだ」と言っていた。

カウンター・カルチャーでは、コーヒー豆を入れるパッケージも、教育ツールとして活用している。同社が直接取引する農園ごとにラベルのデザインを工夫し、中に入っているスペシャルティコーヒーの特徴をわかりやすく説明している。

たとえば、エルサルバドルのサンタアナにあるモーリタニア農園のパッケージには、カウンター・カルチャーが独占販売しているコーヒーであることが明記されており、袋の側面に印刷されたエルサルバドルの地図中に農園の位置が星印で記されている。裏面のラベルでは、生産者の女性が紹介されている。「アイダ・バトル：エルサルバドルのサンタアナ火山の裾野《すその》にあるモーリタニア農園のオーナー・管理者。妥協せずにコーヒーの品質に向き合う真摯《しんし》さと、先進的かつ持続可能な管理に取り組む献身的な姿勢は、コーヒー業界でも有名。アイダが、このスペシャルティコーヒーの独占販売業者にカウンター・カルチャーを選んでくれたことを、私たちは心から嬉《うれ》しく思っています」。このラベルの最後には、ピーターの署名が入っている。

パッケージの側面には、コーヒーの特徴を記した「テイスティング・ノート」が表示されている。「ブルボン種一〇〇%の驚くほど素晴らしいコーヒーのなかで、ブラウンシュガー、バタースコッチ、甘い果実のフレーバーが渦巻き、飲む人を夢中にさせる。後から口に広がる甘く優しい完璧な味わいは、あなたを虜《とりこ》にするだろう」

ピーターは、美食の世界で採用されているのと同じ手法で、自社のコーヒーを紹介しようとしていた。「僕の地元のノースカロライナ州では、バーベキューについて語る時、誰もバーベキューを一括《くく》りにして語ろうとはしない。ピードモント地域のバーベキューが好きだとか、レキシントンのどこそこで食べたバーベキューが好みだとか、そういう言い方をする。僕らがコーヒーのパッケージを使ってやろうとしているのも、それと同じだ。僕らが売っているのは、スマトラのコーヒーじゃない。スマトラのアチェのコーヒーなんだってことを、顧客にわかってもらいたいんだ。フランスのワインも同じだろう。フランスのワインではなく、フランスの特定の地域や特定のシャトーのワインを買うはずだ。僕らにとって、アチェはブルゴーニュと同じような意味をもつ」
教育熱心な姿勢を貫いていたおかげで、カウンター・カルチャーは、料理界の聖域とも言われるニューヨーク州ハイドパークの料理学校「カリナリー・インスティテュート・オブ・アメリカ（ＣＩＡ）」[※1]に入り込むことに成功した。二〇〇七年の秋、カウンター・カルチャーは、ペストリー（パン菓子作り）の免状取得を目指すＣＩＡの学生に向けたコーヒー教育プログラムを監修した。ＣＩＡの学生は、料理全般の教育の他に、特定の料理分野を選択して専門教育を受けることになっているのだ。今では、カウンター・カルチャーのトレーナーが、ペストリー・プログラムに登録した生徒を相手に、コーヒーの基礎、カッピング、エスプレッソの作り方、コーヒーの抽出技術に留《とど》まらず、より理論的な題材まで教えている。

直前の夏には、ピーターは何度もハイドパークに出張し、学校の役員たちとミーティングを重ね、予備授業で何度か教えた。ピーターは、味の微妙な違いに夢中になるような人々と話すのを心から楽しんだ。このＣＩＡのプログラムは学生たちに大きな影響を与え、やがては料理界そのものにも影響するに違いない。

飲み込みの早い学生を教えるのは、喜び以外の何物でもなかった、とピーターは言う。「僕らが教えることは、ＣＩＡの全学生が受けるワインの基礎教育とそっくりだった。学生たちはブドウの

※1　カリナリー・インスティテュート・オブ・アメリカ
「料理界のハーバード大学」とも呼ばれる米国最高峰の料理大学。

品種がワインに与える影響についてすでに理解している。その知識が、コーヒーへの理解を深めるのに役立った」とピーターは言う。

「普段、僕が教えているカッピングセミナーでは、参加者は不安そうな顔をする。プロのテイスターが感じ取るような微妙な味の違いは、自分には感じ取れないんじゃないかと心配するんだ。でも、CIAの学生たちは違う。彼らは自信をもって臨んでいた。彼らに教える必要があるのは、思ったことを明確に表現する言葉と、コーヒーについて何か気づいたことがあったときに次のステップに進む方法ぐらいだ。たとえばコーヒーのブレンドは、手に入る豆がその時々で違うため、毎回変化する。コーヒー店のメニューにエスプレッソブレンドやコーヒードリンクがあるなら、ブレンドを管理する人物が必要だ。僕らとしては、店の料理の価値に見合ったエスプレッソブレンドが出せるように、うちの研修を受けたシェフかオーナーが自分で管理してくれることを願っている。そうなれば、レストランのコーヒーも面白くなるはずだ」

シェフが使うすべての食材がそうであるように、「コーヒーも料理全体を貫く美学とうまく調和するはずだ」とピーターは信じている。「エスプレッソは一つの選択肢にすぎない。レストランではエスプレッソを出すものだと考えられているようだが、レストランの料理にエスプレッソが合っていないことも多い。ブルックリンのパークスロープにあるフラニー［カウンター・カルチャーの顧客］のようにエスプレッソに真剣に向き合っているレストランであれば、美味しいエスプレッソに出会える。あそこはとんでもなく美味しいピザを出すイタリアンの店なんだ。でも、エスプレッソと店の料理につながりが感じられないレストランもある。コーヒー選びはワインリストを作るのと似ている。ワインリストは何かを語るものだ。『私どもは、ピンク色のワインはご用意しておりませんが、アルゼンチンのバラエタルを豊富に取り揃えてございます』といった具合に。コーヒーの選択にも、シェフ独自の美学を反映すべきだ」

ピーターは、CIAの教育プログラムの対象者を全学生に広げたいと願っていたが、ペストリーを専門に選んだ学生からスタートするのは道理に適っている、とも考えていた。「彼らには起業家精神がある。小さなレストラン、ベーカリー、コーヒーハウスから始めることだろう」。だからこそ、より大きな料理界にスペシャルティコーヒーに関する言葉を広めるうえで、重要な役割を担ってくれる可能性がある。

ノースカロライナ州に戻ると、ピーターは私を連れて、ダーラムとチャペルヒル（ダーラム南西の都市）を一巡りした。料理やその他の、彼が気に入っている地元の行きつけの店を見せびらかすためだった。料理に対する意識の高さがダーラムやチャペルヒルにまで到達したことを喜んでいるのだ。長い成長の季節は、農家にとって恵みの季節だ。地元の食材を買う「地産地消」の活動も最高潮まで高まっている。地元のコーヒー焙煎業者であるカウンター・カルチャーも、そのような盛り上がりの恩恵を受けており、ダーラムのリュ・クレールやローリー（ノースカロライナ州の州都）のジバラなどの地元レストランが、地元で焙煎されたカウンター・カルチャーのコーヒーを店のメニューに載せるようになった。

町を運転して回るあいだに、ピーターは自分の私生活に踏み込んだ話をしてくれた。ノースカロライナ州に移って間もなく、がんで母親を亡くしたそうだ。ピーターが言語に情熱を注ぎ、旅を愛し、異文化に深い関心を寄せるのは、母親の影響だった。母親もそのような人だったのだ。そんな彼女に、コーヒー業界人として自分が味わってきたことを体験させてあげたかったと、ピーターはとても残念がった。

妻のアリスと近々離婚する、とピーターから聞かされたのも、この車中でのことだった。二人の結婚は、少しずつ死んでいった。少なくとも原因の一部はピーターにある。絶えず旅に出ていたことと、仕事に情熱を注ぎすぎたことが原因だろう。ダーラムの家はアリスのものになる。ピーターは近くにもう一軒、小さな家を買うつもりだが、もうしばらくは今の家に二人で住むそうだ。ただし、ピーターはすでにカリフォルニア州のサンディエゴの近くにアパートを借りていて、毎月一週間はそこで過ごす予定でいるらしい。カリフォルニア州では、父親や兄弟が近所に住んでいて、海も近いため、サーフィンなど大好きなアウトドアを楽しみながら、通信回線を利用して在宅勤務で働くつもりだと言う。

ピーターは、毎月一週間をカリフォルニア州で過ごしても、ノースカロライナ州にいるときと同じように働くのはそんなに難しくないだろうという確かな手応えを感じていた。スカイプ（安価で利用できるオンライン電話サービスで、国際電話も利用できる）、電子メール、携帯電話があれば、米国内でも海外でも容易に在宅勤務で働ける。「それに、ここダーラムの社員たちも、僕の不在には慣れているからね」とピーターは言った。

ピーターがここを離れてもやっていけそうだと思えるのは、デジタルの進歩だけが理由ではなく、ダーラムの焙煎所にはカウンター・カルチャーの創業者であり最大株主でもあるブレット・スミスがいるからだろう――ピーターもカウンター・カルチャーの株の八%を所有している。ブレットは同社の日々の管理業務を一手に引き受けている。以前はピーターが担当していたが、(本人いわく)彼はそういう仕事にまったく向かない。「僕はマネージャーとしては能無しだよ」と言っているのを、私も一度ならず聞いている。

ブレットは何年も前に二つ目の事業を立ち上げ、そちらの経営に専念するようになったため、カウンター・カルチャーの経営は事実上、ピーター一人に任されていた。それでも、創業当初からの事業パートナーの一人が会社を売りたいと言い出した時に、この会社を手放さないために「家を担保に入れるなどして、金銭的リスクを引き受けた」のは自分ではなくブレットだと、ピーターは言っていた。ピーターは五年間、コーヒーバイヤーとしての仕事の他に、カウンター・カルチャーのあらゆる面倒を見た。「その五年間があったから、僕らはコーヒーの限界を押し広げることができた」とピーターは言う。ブレットの二つ目の会社は二年前に潰れた。以来、ブレットはこの一つ目のコーヒー会社で目立った働きをするようになった。東海岸で新たな市場を獲得し、南北に事業を拡大していくべきだという意見を押し進めたのもブレットだった。

事業の推移については、厳しい時期もあった、とピーターは認めている。だが、ブレットのマネージャとしての技能、会計スキル、また若手の才能を見出して育成するスキルが、カウンター・カルチャーの急成長に大いに役立っている、とも言っている。「僕らの役割分担は、世間に名の知られたオーナーシェフのレストランでの立ち位置に似ている。オーナーシェフが店の株の過半数を所有していることは滅多にない」とピーターは言う。その一方で、ブレットがスペシャルティコーヒーについて一心に学んできたこと、手作業による焙煎作業の技能にビジネスとしての関心を寄せ、限界を押し広げてきてくれたことも言い添えている。

ピーターとブレットは、カウンター・カルチャーの成功の鍵は同社が貫いてきた高い基準にあるという根本的な考え方を共有している。たとえば、二人とも、カウンター・カルチャーはスペシャルティコーヒー会社であって、コーヒー供給業者ではない、という考えに同意しており、最近ではコーヒー店がコーヒーにフレーバー（考えようによっては添加物とも言える）を加えるために使用するようなシロップは販売しない、という決定を二人で一緒に下していた。

「ブレットがMBA取得者と聞くと、誰もが憶測を立てる。本当はブレットが決定したことでも、僕が決定したことだと思われたり、その逆に思われたりするんだ。僕は自分のことを、愛情深く人を支えるタイプだと思っている。僕のことを、理想の上司のように言う人も多いが、僕はかなり厳しい上司だと思うよ。旧世界の職業倫理を持ち、自分に対する期待が高く、人に失望させられることへの耐久性は低い。ブレットはリトルリーグのコーチタイプだ。お前ならきっと目的地までみんなを連れて行ける、と信じてくれているような存在だ。人の長所を見つけ、その才能が開花するように手助けするのが好きなんだ。ブレットはカウンター・カルチャーでも、仲間に引き入れるに相応《ふさわ》しい人物を雇い、その人が社内に自分の居場所を見つける手伝いをしている」

翌朝、ピーターが私をホテルまで迎えに来た。私たちはレストラン「リュ・クレール」の正面にある小さなカフェまで歩いて行き、淹れたてのカウンター・カルチャー・ケニアを飲み、ベニエを食べた。ベニエは中に果物の詰まった親指サイズのフランスの揚げ菓子である。私はピーターの話を聞きながらタイピングできるようにと、ノートパソコンを開いた。今日は、コーヒー市場の海外での発展についてピーターがどう思っているのかを、ぜひ聞きたいと思っていた。

だが、ベニエを食べるのが先だ。するとピーターが、実はこのカフェの隣にあるグラフィックデザイン会社で彼の妻のアリスが働いているから、少し席を外して、彼女に声をかけに行かせてくれ、と言い出した。しばらくして、アリスがリュ・クレールに顔を出した。長い黒髪の、可愛らしくて親しみやすい女性だ。彼女に会っていると、私は悲しい気持ちになった。よその夫婦の破局を目の前にした既婚者が感じる悲しさである。

それから、ようやく私たちは仕事を開始した。ピーターは、彼や他のバイヤーが海外で直面している課題について語った。「スペシャルティコーヒーのバイヤーにとっては非常に厳しい年だったよ。農家の人たちは、すでに付き合いのあるバイヤーがいても、もっと高い額を支払ってくれるバイヤーの気を引こうと、常に取引相手を探しているからね」。エスメラルダの登場で、市場はすっかり動揺していた。「ポンドあたり一三〇ドルという高値が付いて以来、多くの生産者が僕のところに来て言うんだ。『なぜ私には払わないんだ？』って。他のスペシャルティコーヒーの一〇〇倍の値段を払うだけに、なぜ私には払わないんだ？　私のコーヒーは素晴らしいとあなたは言ったの価値が、あのコーヒーに本当にあるのか？　それだけの価値があると思う、なんてことは僕には言えないよ」とピーターは言った。

供給業者が機能しなくなり、高級コーヒーを扱う市場では競争が激化した。そのような競争のなかで、バイヤー同士の仲間意識は損なわれていったのだとピーターは言う。そして、高品質のコーヒーが不足しているのではないか、市場に十分に行き渡るだけの量がないのではないかという不穏な空気が市場に流れ、他のバイヤーと一緒に旅をしても、以前のように楽しめなくなった。われ先にと奪い合い、激しい小競り合いが頻繁に繰り広げられた。

「新しい世代も登場し、僕らが海外でしていることをやりたがっている」とピーターは説明する。「ノボ・コーヒー、ミネアポリスのパラダイス・ロースターズ、サンフランシスコのベアフット、フライング・ゴート・コーヒー。彼らは今、遠巻きに眺めているが、自分もコーヒー農家と個人的な信頼関係を築いて直接取引したいと願い、その機会を狙っている。突然、餌を待つ雛《ひな》の数が増えたわけだ。なかにはスキル不足の若手もいるが、業界全体を考えれば、これは良いことだ。市場がどこでどう成長するのかを見極めるのは、いつだって難しいけれど」

「市場の難しさは、フェアトレードシステムによって深刻化した」とピーターは言う。「フェアトレードで問われるのは品質ではない。公正であるかどうかだ。そこで、農家は選択を迫られる。フェアトレード価格を取るのか、僕と一緒に賭けに出て、スペシャルティコーヒーとして認められる高品質のコーヒーを育て、より高額の支払いを受けるのか。後者の場合、農家には常に不安がつきまとう。カッピングで七八点しか獲得できず、スペシャルティコーヒーとしての基準を満たせなかった場合にはどうなるのか。作物の品質を向上させたいという熱い思いに駆られるような職人気質の農家はそうそういない。大半の農家は、不確かな世界のなかで、リスクを恐れながら暮らしている」

「僕やジェフのようなスペシャルティコーヒーのバイヤーがやっていることは形を変えた搾取にすぎず、別の種類の植民地主義だ、という噂が広まっている。スペシャルティコーヒー事業を知る人なら、噂は本当ではないとすぐにわかる。でも、僕らの役割を誤解する人がいるのも、よくわかる。僕は年に数回、グアテマラ、エルサルバドル、ニカラグアに飛んで、いつも同じメンバーに会っているから、彼らのコミュニティにいる他の人々が疑念を抱き、妬《ねた》ましく思っているのかもしれない」

そのような緊張関係に加え、「今年は多くの国で収穫量が少なかった。原因は完全にはわかっていない。大勢の農家が、苦しみもがいている」。たとえば、ピーターが取引しているサンラモン市の農家の収穫量はがた落ちした。「彼らの多くは、有機栽培を始めたせいだと言っている」

「アフリカ市場も混乱していた。ケニアでは、収穫量だけなく品質も落ちていた」とピーターは言う。ちょうど、内部では腐敗が進んでいたが対外的には安定していた政府の、市場に対する統制力が弱まった時期だった。システム全体が改善されたからなのか、それとも単に、腐敗が対外市場にまで広がったからなのか、実際のところは誰にもわからない。

台頭しつつあるルワンダ市場も苦しい状況にある、とピーターは語った。農家が育てるコーヒーの品質は確実に向上しているが、これまでのところ、虚しさで心が折れそうになることが多々あった。農家の代表として、融資元として、代理人として、実効性と透明性をもって誠実に務めるような地元のリーダーはなかなか誕生しない。ブルンジでは、コーヒーの品質については確実に期待が高まっていて、コーヒー生産地としてルワンダを上回るようになるのではないかと予測する者も出てきたが、政治的にはいまだに不安定で危険な状態にある。

この秋にもピーターはブルンジを訪れ、ジェフやアレコと一緒に、熱意あふれる地元の人々にカッピングを教えた。しかし政治的暴動が勃発したため、予定を切り上げて帰国した。この暴動で、ブルンジ人三五名が死亡し、首都ブジュンブラは閉鎖された。

（だが、朗報もある。二〇〇七年九月、米国国際開発庁［USAID］はブルンジで実施されるルワンダ式コーヒー開発プログラムに対して二七〇〇万ドルの助成を承認した。）

では、エチオピアの状況は？

最悪だ。

「僕は今年、極上のエチオピアコーヒーの雨を米国東海岸に降らせたかった」が、「もう六月も下旬だ。僕がメノ・シモンズに注文したコーヒーのコンテナは、もうとっくの昔に出荷されているはずだった」とピーターは言う。メノ自身、自分が手配したコーヒーがいつ出荷されるのかわからず、そもそも、手配したコーヒーがすべて出荷されるのかどうかも、わかっていないようだ。この騒動に巻き込まれているのはピーターだけではない。スペシャルティコーヒーのバイヤーはことごとく、エチオピアコーヒーがメノから届くのを待っている。

リュ・クレールの窓際席に座り、窓の外の明るい通りを眺めながら、ピーターはエチオピアで彼らの前に立ちはだかる「無秩序」の壁について詳しく語った。まず、メノという男は、すべての人——農家、バイヤー、コーヒーの生産から販売にいたる供給チェーンに携わるすべての人——を公平に扱うために最大限の努力をしてきた一流の男だと言う。彼が買い付けるコーヒーの多くは、エチオピアでスペシャルティ事業の真意を理解しているらしい唯一の輸出業者であるアブドゥッラ・バガーシュから購入されていた。しかし、メノは絶えず旅に出ている。アブドゥッラはエチオピア国内にいる。ピーターも、ジェフも、デュエンも、他の誰もみな、エチオピアの複雑怪奇な慣習や規制を理解できていない。

「慎重にいかなければならない」とピーターは説明する。「メノもバガーシュも、パーティの花のような存在だ。ダンスに誘い出すには、強く押しすぎてもいけない。求愛者が多すぎて、彼らも全員の相手はできない。要求が厳しくなりすぎないように気をつけながら、急いでもらえるように要請しなければならない。白状すると、僕はメノにも、エチオピアにいる関係者にも、心付けを渡そうとした。約束の値段より一五セント高い料金を支払うから、なんとかコーヒーの出荷を早めてほしいと頼み込んだ。ところが、猛反発を受けたよ。その土地の言葉は話せても、文化の違いまでは理解できていなかった。シチリアでは、何かを待つときに、ただ行列に並んで待つなんてことはありえないんだ。誰もが他人を出し抜こうとするからね。僕なんか、お上品すぎたせいで、トラベラーズチェックの換金に二時間半もかかったことがある。現地の習慣を理解できていなかったんだ」

「エチオピアの場合、何をどこまですればやりすぎなのか、それとももっと押したほうがいいのか、地元特有の文化的な感覚がさっぱりわからない。何もかもが手探りだ」

私はピーターを訪問した後も数ヵ月間、メノのコーヒーの動向を定期的にチェックしていた。七月が過ぎ、八月に入っても、焙煎業者たちはメノのコーヒー出荷を待っていた。この間にエチオピアから発送されたコーヒーは、ノボ・コーヒーのジョセフ・ブロドスキーが卸売顧客に宛てて発送した空輸便のみだった。送付先には、デュエンのスタンプタウンも含まれていた。ジョセフはエチオピアに六ヵ月間滞在し、抜け道を探り出したのだ。空輸を使ったことで、コーヒーの価格にはポンドあたり一ドルが上乗せされた。「もともとポンドあたり二五ドルを支払っているのだから、一ドルなんて大した額じゃないさ」と、スタンプタウンのバイヤーであるアレコは、彼らしく強がった。

一〇月。私は再びピーターに話を聞いた。前回のあと、ピーターはメノと一緒に一週間かけてエチオピア国内をめぐっていた。その旅から戻ったピーターに、私は、今年エチオピアで何が起きていたのかと尋ねた。私たちがこの会話をしていた頃、メノのコーヒーはようやく、ジブチの港に向けてトラックで陸路を運ばれていた。場合によっては五〜六ヵ月遅れ――コーヒー豆の寿命ほどの遅れ――での到着となる。なかには本来の輝きをすでに失っている豆もあるだろう。そうこうするうちに、エチオピアの農家たちは二〇〇八年の収穫に向けて準備を開始する。

「一〇年前には農家を取りまとめるユニオンなど、エチオピアには存在しなかった」とピーターは説明する。エチオピアのコーヒーはすべて、政府の認可を受けた一握りの輸出業者によって売られていた。「ところが、タデッサ・メスケラという人物が現れ、農民を組織化しはじめた。彼は現在、オレミア協同組合の代表をしている。エチオピアでは、農家は誰でも、好きな相手に売ることができる。タデッサは、ユニオンとして組織化された農家の集団も、自分の利益のために活動する個人農家と法的には区別されない、と定めた法律の制定に道筋をつけた。こうして、協同組合と同様、ユニオンも法的地位を獲得し、政府を通さずに商売ができるようになった」

「僕のようなバイヤーは、ユニオンの誕生を素晴らしいことだと考えた。これで複雑怪奇な行政制度を通さずに農家と直接取引ができる、と思ったんだ。その後、タデッサはユニオンがオーガニック認定とフェアトレード認定を受けられるように力を尽くした。エチオピアはこれからまったく新しい時代に入るのだと、誰もが思った」

「このシナリオは、理想のあり方を目指すスペシャルティコーヒーバイヤーたちの感性に響いた。僕らはこぞって現地を訪れ、コーヒーの代金として農家に大金を提示しはじめた。ここからは、昔からよくある悲劇だ。組織を運営する人々は金の扱いに慣れていないため、金が入りはじめると管理の不行き届きや明らかな横領が蔓延するようになる。この時も、ユニオンの手には負えなかった。みなが後ろ暗い行為に手を染めはじめた。そして――今年、ユニオンの多くは国際フェアトレードラベル機構（FLO）による認可を取り消された。昨年には、（ユニオン職員の給与は支払われたのに）農家にコーヒー代を支払えないことを理由に、二つのユニオンが崩壊している」

「こうなるのは予想できたはずだった。彼らは何の知識もないのに、仲介料をとって商品を売る一流のコーヒー輸出業者になろうとし、一人前のプレーヤーであるかのように振る舞った。僕たちは、起きたことに対して責任をもつつもりだ。少しでも多く支払いたいと思っているし、自分の金でエチオピアまで出向いた。最高級のコーヒーにはポンドあたり三ドルを支払うし、三・五〇ドル支払うこともある。金は用意した。僕らは、いわゆるゴールドラッシュと、その後の市場崩壊のきっかけを作ってしまったんだ。今年エチオピアで起こったのは、市場の完全崩壊だよ」

　今、メノは、盆から溢《あふ》れた水を元に戻そうと努力しているが、そう簡単には行かず、辛酸を舐《な》めている。「ここにきて、ヨーロッパ人に対する強い不信感が表出した」とピーターは言う。「人々はメノに対して、『またケチなオランダ人が来たぞ。オランダの商人はいつの時代も金儲《もう》けのことしか考えていないんだ』などと言うようになった」

「僕が同行した旅でも、メノは方々を渡り歩き、信頼関係を取り戻そうと努力していた。メノは情に流される男ではないが、いつも正しいことをしようと努力する男だ。今、大きな権力争いが進行している。メノは、自分がやってきたことに手応えを感じているようだ」

「昨年、彼は大きく後退した。でも、今は取り戻しつつある。市場は、より現実に即した形で蘇《よみがえ》ろうとしている。何がいけなかったのかを、今では誰もが知っている」

エチオピアのスペシャルティコーヒー市場は、「無秩序」の正体を考え直すきっかけとなった。そして、「エチオピアの無秩序さは、パナマのそれとは対極にある」とピーターは結論づけた。その答えに導かれるように、私は次の質問を繰り出した。

ゲイシャ種についてはどうか？　二〇〇七年五月のオークションでは、ゲイシャ種の卸値としてポンドあたり一三〇ドルという途方もない高値が付いた。そのことをどう思っているのか？

ピーターは笑った。市場というのは、たいていは生産者に不利に働くものだが、今回は違う、とピーターは説明する。「生産者の有利になるように稀少性を操作するには、プライス・ピーターソンのように優秀な頭脳が必要だ。今年、彼はゲイシャ種を二五〇ポンドしかオークションに出さなかった。五〇ポンドの袋を五袋。供給量を制限したことで、価格は跳ね上がった。これは意図的な戦略だった」

ピーターはさらに続けた。「ピーターソン一家は賭けに出た。今年も優勝できる前提で動いていた。彼らは、優勝してもゲイシャ種は五〇〇ポンドしか提供できないとわかっていた。そして、今年はこれまで以上に多くの焙煎業者がゲイシャ種を買いたがるはずだと知っていた。だとすれば、結果は予測できる。初めて優勝した年、彼らはオークションに二〇袋を出品し、二〇の焙煎業者がポンドあたり二一ドルを支払った。翌年には出品数を一〇袋に減らした。すると、前年に落札した焙煎業者のうちの一〇社が残り一〇社と激しく競り合い、入札価格は跳ね上がった。そして今年、彼らは五袋だけ出品した。その五袋をめぐって、これまで以上に多くの焙煎業者が熾烈な競争を繰り広げた」。スペシャルティコーヒー業界は熱狂の渦に飲み込まれ、入札価格は空高く成層圏にまで届く勢いで上昇した。

「もちろん、焙煎士たちがこの輝かしいコーヒーを渇望するのは、マーケティングに活用したいからだとも言える」とピーターは言う。「でも僕は、もう少し根の深い話のように思う。贅沢を楽しむ人々をターゲットにした新たな市場が生まれており、リック、ジェフ、デュエン、そして僕のように、最高級のコーヒーに魅せられて恋に落ちた人々がこの市場を牽引している。人の味覚と心は直結している。魅惑的な女性に対する反応と同じで、理性に反した行動に出ることもある。彼女をどうしても手に入れたいと願い、その女性の関心を引こうとすべての男が競い合うことで、とんでもない事件が起こる」

「ゲイシャ種にポンドあたり一三〇ドルの値を付けた人の大半は、オークションで競り落としたロットのすぐ隣で栽培されたコーヒーロットをポンドあたり一二・五〇ドルで購入している。なぜ、ポンドあたり一三〇ドルを支払うの？」

「この業界の参加者は、快楽の探求に身を任せることを許されているんだ。快楽を与えてくれるものを追い求めていくうちに、快楽は僕たちの生活を支配する強力な力になっていく。コーヒーの文化は、シェフの文化に似ている。虜《とりこ》になり、没頭することを、社会から許されている。僕らは四六時中、そのことばかりを考える。僕は、ある程度までの快楽主義を愛している……自分の五感を通じて世界を体感する心地よい時間を愛している。でも、そうこうするうちに少し妙なことになる。とくに、権力構造が与えられると妙なことになりやすい。最初、僕らはロックスターのように扱われる。僕らと一緒に時間を過ごしたいと思う人々に囲まれ、思いつく限りの誘いを受ける。一年の大半を旅に費やし、若さゆえに夢中になり、足を滑られて立場を失う」

「コーヒービジネスに魅了されるには、どこか調子が狂っていなければならない。長い貧乏生活の末に、ようやくほんの少し成功できるかどうかだ。この業界に携わる連中の多くは、人生の若い時期に社会からのけ者にされていた……そして、そういう問題に対処する知識も技能も持ち合わせていない」

そのような業界のなかでピーターを抜きん出た存在に導いた資質の一つが、言葉に対する愛だった。彼を駆り立てていたのは、コーヒーがもたらす官能的な興奮だけではなかった。コーヒーの物語を語る喜びに駆り立てられていたのだ。といってもピーターだって、どんな誘惑にも心なびかないわけではない。競争に伴う背筋が凍るようなスリルに心躍らせることもある。

「今年、僕らはホンジュラスを南下し、エル・プエンテ農園までカッピングに行ってきた。その農園では、マリサベル・キャバレロが『パープル・プリンセス』を栽培している。エスメラルダのように育ちの良い最高級のコーヒーだ。昨年、デュエンはこのコーヒーを一〇〇袋買い付けていた。完全に先を越されたよ。彼は一足先に飛行機に乗って帰りやがった」とピーターは言った。

「今年は、うちの会社で農家との取引情報の管理を手伝ってくれているキムと一緒に行ってきた。キャバレロ家の農園を訪れ、数日間滞在し、マリサベルと彼女の父親と時間を過ごした。ある朝、食卓を囲んでいる時に、マリサベルの父親がフォルダーを引っ張り出してきた。彼は、僕がウェブサイトでエル・プエンテ農園について書いた記事をすべて集め、細部まで丁寧にスペイン語に翻訳していたんだ。彼らは僕が書いた記事を声に出して読み上げた。僕はこの農園のコーヒーがもつ強いラベンダーの芳香、シルクのドレスを思わせる舌触り、「フェニキアの紫（王家の紫）」の豪奢な色について詳しく書いていた。マリサベルの父親はご満悦で、『ピーター、きみはコーヒー界のセルバンテス[※2]だな』と言っていた」

「それは僕にとって何より嬉《うれ》しいことだった。この一家は、僕の目を通して自分たちのコーヒーの価値を知ることができていたんだ。とりわけ重要なのは、僕が自分の考えを書いて記録していたからこそこういうことが起きた、ということだ。彼らはこのような形で外部の人間からお墨付きをもらったことがなかった。僕はいつも、コーヒーの味を的確に捉えて正確に記述できる言葉を必死になって探している。孤独なテイスティングの体験を、人に伝えられるものに変えたいからだ。あの瞬間を、誰かと共有したい。あの日、キャバレロ家の父娘は、僕の書いた文章に胸打たれたと言ってくれた。それだけじゃない。彼らは僕の文章を読んだ後、コンテナ一台分のコーヒーを僕のために取り置いてくれていた。コンテナ一台分——二五〇袋分ものコーヒーを、僕のために」

二〇〇六年、ピーターと出会ってまだ間もない頃、ニカラグアのマタガルパに向かうトラックのなかで、私はピーターに、コーヒー業界人として生きる人生はあなたにとってどんな意味をもつのかと尋ねたことがあった。あの時の彼の答えは、今も強く印象に残っている。私が予想していた答えとあまりにかけ離れていたからだ。ジャーナリストをしていると、時折、インタビューの相手から思いも寄らない答えが飛び出し、予想外の方向に話が展開することがある。あの時も、まさにそうだった。

「僕が何より興味を引かれるのは、コーヒーの美学だ」とピーターは言った。「僕の家族はシチリアの出身で、僕は祖母に育てられた。祖母は英語を話さなかった。僕は彼女から、人生とは短く、残酷で、安っぽいものだと教わった。これから先、お前には不幸と苦悩が待っているのだと。僕は、

※2　セルバンテス
小説『ドン・キホーテ』で知られる近世スペインの作家

コーヒーの美しさに惹《ひ》かれている。コーヒーが生み出す一瞬の美しさに」
「コーヒーが生み出す一瞬の美しさ」——この言葉は、今も私の心に残っている。

エピローグ

二〇〇七年から二〇〇八年にかけての秋冬のあいだも、私はコーヒー業界の人々と連絡を取り、彼らの旅の予定や土産話を聞いて最新情報を仕入れた。また、燃料費の高騰、ミルクの値上げ、貸付限度額の縮小、米ドル安、コーヒー価格の大幅な引き上げ、顧客からの支払いの遅延に、会社としてどう対処しているのかも聞いていた。過去五年間、カウンター・カルチャーも、インテリジェンシアも、スタンプタウンも急成長を続けてきたが……ここにきて、一〇年ぶりの深刻な経済不況に見舞われている。彼らの会社はまだ若く、三社ともいくらか借金を抱えており、三社ともまだ不景気を乗り切ったことがない。

二〇〇八年に入ると、私はニカラグアでの出来事についても最新情報を追いかけた。ニカラグアはピーターとジェフ、カウンター・カルチャーとインテリジェンシアにとって最大の問題になっていた。私がカップ・オブ・エクセレンス（COE）でジェフと出会った二〇〇五年以降、ジェフはずっと、取引先である小規模協同組合ラス・ブルマスの農家の代理を務めている、ニカラグアの大手コーヒー協同組合セコカフェンに手を焼いている。二年半の間にジェフはニカラグアを一二回訪れ、最高級のコーヒーを育てたラス・ブルマスの農家にはコーヒーの買取価格としてプレミアム価格の支払いを保証するよう求め続けた。ジェフは品質に対するプレミアム価格をセコカフェンに支払っていたが、その後、インテリジェンシアが支払ったお金がどこに消えたのか、誰も本当のところを知らなかった。

ピーターもニカラグアには頭を悩ませていた。七年の付き合いになるサンラモン市の農家の人々からは、収入が減っているという苦情が聞こえてきていた。農家たちはオーガニックに切り替えたせいだと思っていたが、問題の原因は別にあるらしいことがわかった。農家の人々が、今の収穫量では生活が成り立たないとピーターに訴えるので、ピーターはサンラモンの農家から豆を買い上げ、相当な金額を支払った。ところが豆が到着してみると、二〇％は捨てなければならなかった。セコカフェンは、サンラモンの農家の輸出代理店として重大なミスを犯した。サンラモンのプレミアムコーヒーではなく、未熟豆が多く混入した品質の低い豆を送ってきたのだ。これでは焙煎してもどうにもならないし、コーヒーの味も台無しだ。

ジェフはラス・ブルマスの農家に対して、自分たちの代理の協同組合に不満を覚えるのなら脱退するべきだと勧めていたが、ピーターはサンラモン市の農家に対して、まったく異なるアプローチをとった。サンラモン市の農家と協同組合との関係に割って入ろうとはしなかった。二人のスタンスは違ったが、どちらのケースも、問題はまったく思いがけない形で解決された。

二〇〇八年一月。私が連絡すると、ピーターはちょうどニカラグアから戻ったところだった。「サンラモンの農家が秘密の会議を開き、『セコカフェンとは手を切る』と決断したよ」とピーターは言った。農家たちのほうから、協同組合を脱退すると言い出したのだ。

実はこの二年間、サンラモン市の農家はコーヒーの代金を受け取っていなかった。協同組合からは、その責任はカウンター・カルチャーにあると聞かされてきた――カウンター・カルチャーからの支払いが遅れていると説明されていたのだ。ピーターはこの問題について調査した。すると、セコカフェンが農家への支払いを二年間も滞《とどこお》らせていたのは、単純に経営難に陥っていたからだとわかった。

サンラモン市の農家に、「巣立ち」の時が来た。親元を離れた若鳥がそうであるように、サンラモン市の農家もいくつもの困難に直面し、くじけそうになった。農家のコーヒーに対する「オーガニック認定」の権利はセコカフェンが握っている。農家に対する債権もセコカフェンが握っている。

「僕はサンラモン市の農家に、銀行に行くように言った。借金がいくらあるのかを確認して僕に伝えてくれれば、前に進む方法を一緒に考えられるだろう、と」。ただし、ピーターは、農家が自分たちの力で前に踏み出さない限り、自分は力を貸すことができないと明言した。「自分たちの利益のために自ら表に立って行動した経験のない人々にとって、これはなかなか難しい挑戦だ」とピーターは言う。

「僕にとっては、希望のもてる状況だ。カウンター・カルチャーは農家を見捨てたりはしないということを、初めて実際に態度で示すことができるのだから。個人的な人間関係と同じで、苦しいときにこそ、そばにいて自分を助けてくれる存在に気づくことができる」

「すべてをセコカフェンの過ちのせいにして、これ以上の損失が出ないように手を打ち、取引先を変えるほうが賢明なのかもしれない。実際に、サンラモンの農家からも言われたよ。『ピーター、きみもそうするつもりだろ？　他所《よそ》に行くつもりか？』と」

「僕は言ったよ。『現に僕らはここにいて、きみたちと一緒に力を尽くしているじゃないか。これからもよろしく頼むよ』って。僕らの本気が、ようやく理解してもらえた瞬間だった」

カウンター・カルチャーの人間として旅をしている時を除くと、ピーターは成人して以来、初めて独りで暮らすことになった。独身生活を謳歌《おうか》するような性格ではなかったが、旅に出ていない時も、カリフォルニアでの在宅勤務をうまくこなしているようだった。夏の間、カリフォルニアで過ごす週には早起きし、しっかり働きながらも、午後にはサーフィンに出かける時間を捻出《ねんしゅつ》していた。一月に連絡した時には、昔の友人とも会うようになったと話していたから、楽しくやっているようだ。それから、ピーターは米国スペシャルティコーヒー協会（SCAA）の理事会の一員になった。いずれは理事長になることもあるかもしれない。

二〇〇七年一二月、シカゴから電話をかけてきたジェフの心は希望に満ちていた。最近、ニカラグアの旅から戻ったばかりだと言う。明るく弾んだ声で、ラス・ブルマスの農家とのミーティングの様子を詳しく話してくれた。ジェフとK・C・オキーフはスペイン語で書かれたラス・ブルマスの収穫高に関する報告書をプリントアウトし、そのコピーを農家全員に配布したそうだ。

「画期的な瞬間だったよ」とジェフは振り返る。「農家はこれまで、自分たちのコーヒーが近隣農家や知り合いの農家のコーヒーと比べてカッピングでどう評価されているのか、知ることができずにいた。僕らはこれまで品質について散々力説してきたけれど、僕らの説明の仕方はあまりにも抽象的だったってことに、ようやく気づいたんだ」

「今回のミーティングでは、農家は自分のコーヒーのカッピングスコアを確認し、グループ内でより積極的に取り組んでいる農家のスコアと比較することができた」

「グループのなかに一人、品質について細々としたことを語るのが大好きな男がいる。彼は好奇心旺盛で、暑苦しいほど仕事熱心で……そのエルネストという男が出品した一〇ロットのうちの九ロットが八五点以上の評価を受けていて、なかには九〇点を超えるロットもあった。エルネストを具体的な例として取り上げることにより、僕らは他の農家にこう語りかけることができた。『エルネストのスコアを見てください。彼がしたことで、あなた方がしなかったことは何でしょうか?』こうして僕らはついに、どうすれば最高点を獲得できるのかを農家の人たちと話し合える方法を見つけたんだ」

この画期的な瞬間を迎えた後、ジェフは農家に発言を求めた。何か心配事はあるか、と。いつもなら沈黙が続くところだが、この時は一人、また一人と発言があり、懸念を共有し、質問を繰り返すうちに、徐々に、セコカフェンとインテリジェンシアと農家が共に働くにはどうすればよいかについて話し合う形になっていった。「K・C・オキーフと僕は、農家同士の間にも根本的な理解の差があることに気づくことができた」

「今は、ラス・ブルマスとこれまで以上に結束が固まったと感じている」とジェフは言う。「彼らと信頼関係を築いていくうえで、僕らは大きな前進を遂げた。実は、今年も取っ組み合いの喧嘩になるんじゃないかと心配していたんだ。このプロジェクトは、僕に多くのものをもたらしてくれている。とても手がかかって、いくつもの荒波を乗り越えていかなければならなかった。でも、信頼関係は少しずつ築かれていくもので、一足飛びにはいかないってことは僕も知っている。一歩ずつ地道に進むよ」

すべてがようやく回り出したのだと、ジェフは確信していた。ところが、さらなる障害が彼を待ち受けていた。ピーターが取り引きしている農家たちは、秘密の会議を開いて大手協同組合からの脱退を決めたが、ジェフが取り引きしている農家たちは、脱退に向けた動きをまったく見せない。セコカフェンも何もしない。そのまま一ヵ月が経った。

一月中旬、ジェフは再びニカラグアに飛び、セコカフェンと和解した。一月末に私宛に送られてきたメールに、ジェフは次のように書いている。「昨年は、ラス・ブルマスの農家とセコカフェンのリーダーの両方に会うために、ニカラグアを五回訪ね、最後には何とか、当社のダイレクト・トレードのシステムで定めた基準を満たしつつ、セコカフェンの要求にも応えられるようなモデルを考え出すことができた」

「色々な意味で、ずっと主導権争いが続いていた。当社の取引システムは、農園に至るまでの金銭の流れをすべて透明化することを前提に構築されている。中央の農協組織はそのような関係を築くことに慣れていないため、神経質になっていたのだと思う」

ジェフは、計画の詳細までは明かさなかったが、次のように言っていた。「僕らはようやく、妥当な解決策にたどり着いた。……僕らとラス・ブルマスの農家との関係は、これまでよりも強まり、コーヒーの品質は向上し続けており、価格も順調に上がっている。セコカフェンは、僕らが一向に手を引かず、しかも品質を重視する僕らの主張が実際に良い結果を出していることを踏まえて、自ら身を引いたようだ」

インテリジェンシアがロサンゼルスのシルバー・レイクに出す店は二〇〇七年八月にオープンした。ジェフとダグ・ゼールは、シカゴのどのインテリジェンシア・カフェよりも多い、年間一二〇〇万ドルの売上を見込んでいる。インテリジェンシアのロースタリー（焙煎所）も二〇〇八年にオープン予定である。

あれは夏の日のことだった。ジェフは私に、身を固めようかと思っている、と言った。二〇〇七年七月、シカゴで一緒に夕食を食べていた時に、コロンビアに付き合いの長い恋人がいると聞かされた。彼女は植物生物学者だそうだ。二人の時間をもっと作るようにしようと話し合っているらしい。おそらく、友人を交えずに二人だけで関係を温めてきたのだろう。ジェフはコロンビアにあるパロアルトというカフェ併設のコーヒーロースタリーを所有しているため、恋人との距離や、その事業のことを考慮して、カリフォルニア州にアパートを借りたがっていた。そして、今後はコロンビアで過ごす時間を増やすつもりだと言う。

ところが、二〇〇八年一月、ジェフはまだカリフォルニアに戻っていなかった。ロースターズ・ギルドのトップとしての職務に時間を取られているので、その任期が完了する二〇〇八年の晩夏までは、どの程度の時間を捻出できるのかもわからないそうだ。

デュエン・ソレンソンのスタンプタウンは、その後どうなったかって？　秋にシアトルに二軒のカフェをオープンさせ、シアトルのロースタリーも一月に操業を開始した。一月のマット・ラウンズベリーの報告では、シアトルでもポートランドでも、クリスマス商戦後の一時的な落ち込みのあと、売上は順調に伸びている。エースホテルチェーンは二〇〇九年にニューヨーク・シティのヘラルド・スクエアに新たにホテルをオープンする見込みで、そのホテル内にも、ポートランドのホテルと同じように、スタンプタウンのカフェに入ってもらいたがっている。もちろん、そのような動きは、デュエンが大切に思っている誓い——地方の焙煎業者であること、自社製品に絶えず目を光らせていること、市場の息吹を把握できている市場にのみ参入すること——のすべてに反する。さて、スタンプタウンのニューヨーク進出はあるのか。「まだ話し合っている段階です」とマット・ラウンズベリーは言う。

その間も、スタンプタウンはコーヒー中心主義を貫いていた。アレコは、スタンプタウンお気に入りのダイレクトトレード・コーヒーの供給量を増やす一方で、小ロットで販売される最高級の豆を追いかけては買い付けていた。スタンプタウンの店では、一度に三五種類のコーヒーを提供するようになり、メニューボードに書ききれないほどだ。メニューの詳細については、スタンプタウンのウェブサイトを見るか、ポートランドのアネックス店に行けばわかる。アネックス店では挽《ひ》く前の豆を購入することもできる。

スタンプタウンのコーヒーの独自性に対する消費者の関心を高めるために、昨秋、デュエンはパッケージのデザインを見直した。それでも、見た目はまだまだ控えめだ。豆は飾り気のない茶色の袋に入れられている。だがその袋にはポケットのような切り込みが入っていて、それぞれのコーヒーの物語——農園、生産地域、味の特徴に関する情報——を伝えるカードが挿し込まれている。

ゲイシャ種はその後、どうなったのか？

間もなく、新たに六人の生産者がパナマでゲイシャ種を売りに出す予定だ。今後どのような展開を見せるのかは、誰にもわからない。レイチェル・ピーターソンを中心とするエスメラルダ農園のピーターソン一家は、すでにゲイシャ種を富と名声に変えることに成功しているが、ゲイシャ種を市場に売り出す新たな方法を考え出そうと奮闘中である。エスメラルダ農園のゲイシャ種の木々を一二の区分に分け、小ロットで扱い、それぞれを区別してカッピングし、ベスト・オブ・パナマのオークションとは別のオークションに、ロットごとに分けて出品することを考えている。ピーターソン家は顧客に対して公平でありたいと思っており、これまでのところ、まだ最終決定は下していない。

ピーターは、現在持て囃《はや》されているゲイシャ種は、かつてのゲイシャまたはゲシャとは別物だと信じている。かつて、ある研究室の室内で複数の品種が混合され、そこから現在のゲイシャが生まれたのだと考えているのだ。ゲイシャ種の外観はハラー渓谷に生育するロングベリー・ハラーに似ている。そのような物理的な類似は、現在誰もが「ゲイシャ」と呼ぶコーヒーの起源が、エチオピア西部の三つのゲシャ村のいずれでもなく、同国の反対側、遥か遠く東に位置する山岳部のハラー渓谷であることを示唆しているのではないかと、ピーターは考える。

しかし、ゲイシャの起源に疑念があろうとなかろうと、コーヒーコンサルタントでありパナマの新参農家であるウィレム・ブートは、ゲイシャ種の発祥地であり、いまもどこかで自生していると信じて、エチオピアの森を調査するつもりらしい。私はウィレムに電話で話を聞いた。彼が紡ぐ物語は、私に「過去の王にして未来の王」であるアーサー王の伝説を思い出させた。「湖の乙女」が現れてアーサー王に聖剣「エクスカリバー」を授けるのだ。遥か遠方の都キャメロットに到達するために、我らがヒーローは、生命を脅かす幾多の試練を潜《くぐ》り抜けることになるだろう。ライオンやトラにも立ち向かっていかなくてはならない。体を壊すかもしれない。しかし、それと引き換えに、「神話」を手にできるかもしれないのだ。心の底から欲した「サンプル」を手に握りしめ、英雄は死に物狂いで走るだろう。

この電話の最後に、ウィレムは私にこう言った。

「森のどこで見つけたのかは、誰にも教えません」

背景解説——コーヒーの供給チェーン

高品質のコーヒーを淹《い》れるために、あなたは小さな濃褐色の豆を挽《ひ》く。その豆の正体は、アカネ科コーヒーノキ属のアラビカコーヒーノキという樹木の種子を焙煎したものだ。アラビカコーヒーノキの種子は、二つの種子が連結された状態で果実の中に入っている。コーヒーの果実は、コーヒーバイヤーのあいだでは「チェリー」と呼ばれており、自然な状態では、コーヒーの木の細枝に沿ってできる節の部分に房状に結実する。完熟した実は濃い赤色になり、私たちが食料雑貨店の果物コーナーで買って手づかみで食べる生のチェリーによく似た見た目になるが、あのチェリーとコーヒーチェリーは別の植物種の果実であり、味も異なる。

コーヒーノキは中南米、アフリカ、アジアなど、赤道に沿って地球を一周する北緯一五度から南緯一五度までの地帯で、標高一二〇〇～一八〇〇メートルほどの山地に生育している。そのような高地の気候は赤道付近でも温暖なことが多く、気温は年間を通して摂氏一五～二五度で変動する。

ラテンアメリカやアフリカの一部地域では、クリスマスツリーの栽培園のように、コーヒーノキを敷地内に何列にも並べて栽培している。他の地域では、コーヒーノキは森の中や森林化された区域で自生している。一般に標高が高いほど、良質のコーヒーが育つ。最高級のコーヒーは、独特な気象パターン（微小気候）を持った小規模農園で、手作業によって栽培されていることが多い。コーヒーは、年に一回収穫される季節性作物である。北半球では、気候と緯度にもよるが、収穫期は九月に始まり、三月まで続く。南半球では、四月と五月に収穫される。高品質コーヒーのバイヤーは世界中を旅して回り、摘《つ》み取りと精製が完了したばかりの新鮮な豆を買い付け、その豆の鮮度が落ちて味が劣化する前に、タイミングを逃さず消費者に届ける。

コーヒーノキの成長に日照は必要だが、多すぎてはいけない。また、栽培周期の特定の時期には雨も必要だ。日当たりの非常によい場所では、日傘のように陰をつくるシェードツリー（日陰樹）の下に植えると、よく成長する。コーヒーノキの栽培には、施肥《せひ》や剪定《せんてい》など、年間を通じて様々な手入れが必要である。赤色の完熟実から生産されたコーヒー豆は、緑色の未熟実から生産された豆よりも重く、味も優れている。コーヒーチェリーは一斉に熟すわけではないため、摘み取り作業者は農園を何往復もしなければならず、摘み取り作業には数週から数ヵ月かかり、費用も嵩《かさ》む。

摘み取られたコーヒーチェリーは、多くの場合、外皮と果肉の大部分を取り除くパルピング工程に回される。この工程は機械を用いて行われる。パルピングで果肉を除去しても、豆を覆《おお》うように粘質物が残る。この粘質物を除去するために、発酵または水洗を行なう。水洗と発酵には何日もかかるが、発酵しすぎるとコーヒーの味が損なわれるため、発酵が完了したらすぐに次の工程に移らなければならない。発酵は、気温が下がる真夜中に最高潮に達することが多い。ウォッシングステーションの責任者が寝過ごしたせいで農家の収穫物がすべて失われることも少なくない。ウォッツシングステーションの建設費はそれほど高くないため、村や協同組合など、小規模のグループ単位で水洗施設を所有していることが多い。

水洗処理をしないコーヒーの精製方式は、アンウォッシュト（非水洗式）またはナチュラル（自然乾燥式）と呼ばれる。ナチュラルの手法は地域ごとに異なる。外皮、果肉、粘質物をまったく取り除かずに、チェリーを丸ごと天日干しにすることもある。アンウォッシュトのコーヒーの味はウォッシュト（水洗式）のコーヒーの味とは明らかに異なる。

ウォッシュトにせよ、アンウォッシュトにせよ、コーヒーは必ず乾燥させなければならない。世界中の農家が、実に様々な手法でコーヒーを乾燥させている。地面に広げて乾燥させている農家もあるが、この手法は推奨されない。他に、セメントで固めたパティオ（中庭テラス）の上に広げる方法、専用の乾燥棚を使う方法、薪《まき》やガス、あるいは、脱穀されたパーチメントや剪定されたコーヒーの木の枝を燃やして機械で乾燥させる方法などがある。この乾燥処理にも日数がかかる。乾燥中に雨が降れば、カビによってコーヒーが台無しになったり劣化したりする可能性がある。

乾燥後は、コーヒーをミル（脱穀の機械）にかけ、パーチメント（内果皮）を剥《む》く（脱穀する）。ミルは巨大で、建設するにも運転するにも費用がかかる。農家が個別にミルを所有することはほとんどないが、大手の協同組合や大規模プランテーションでは、所有しているところもある。

脱穀後、コーヒー豆は大きさと品質によって選別される。選別は、手作業または機械によって行われる。コーヒー業界では、脱穀され選別された豆のことを「グリーン（生）」と呼ぶ。まだ焙煎されていないからだ。選別されたグリーンコーヒー（生豆）は清潔な袋に詰められ、乾いた場所で貯蔵される。このとき、袋の質はきわめて重要である。二〇〇六年、カップ・オブ・エクセレンスの初回オークションのためにホンジュラスから送られてきたロットは、石油で汚れた袋に入れられて貯蔵されたために、すべて台無しになってしまった。生豆の状態で一〜二ヵ月間寝かせたら、国際的なバイヤーによるテイスティング——「カッピング」——に入る準備が整ったことになる。バイヤーは、カッピングで高得点を取得したコーヒーに、より高額を支払う。

生産過程の全工程で、コーヒーは重量を失っていく。脱穀済みの生豆の重量は、摘みたてのチェリーの約二〇%である。焙煎工程で、コーヒーはさらに一五%ほど軽くなる。

ほとんどの農家と同じで、コーヒー農家も、支払いを受けるのは年に一回である。資金繰りのために、たいていの農家は「プレ・ファイナンシング（事前資金）」と呼ばれる有利子ローンを利用する。なかには水洗工程の前の段階でチェリーを売る農家もいるが、ほとんどの場合、水洗後の販売のほうが好まれる。どうしても現金が必要な時は、トラックでまわってコーヒーチェリーを安く買って回る「コヨーテ」と呼ばれる行商人に売る。ウォッシュトの生豆を脱穀業者に直接販売する農家もいる。脱穀業者は、買い取った豆を輸出業者や輸出業の代理機関に売ることもある。

コーヒー農家が協同組合や別の種類の組織を結成するのは世界中どこでも珍しいことではない。彼らは協力し合うことで、自分たちの身を守る社会的セーフティネットを生み出し、融資を受けやすくし、コーヒーの世界市場における競争の複雑化を乗り切る一助としている。

小規模生産者と小規模バイヤーが世界市場で互いに直接やり取りすることは、事実上、不可能である。多くの場合、生産者は輸出業者に生豆を売り、輸出業者は法的認可を受けている輸入業者に売る。カウンター・カルチャー、インテリジェンシア、スタンプタウンのような会社に所属するバイヤーは、信頼関係がすでに確立されている輸入業者から生豆を買う。コーヒーバイヤーたちは農家から「直接購入」すると言うが、この表現は誤解を生みやすい。彼らは農家と大々的にやり取りしているが、生豆を購入するには、輸入業者による物流サービスや金融サービスが必要である。その他に、顧客が望むコーヒーを探し出すコーヒーの「調達人」のような仲介業者も、生産者から世界中の消費者へとつながる複雑な供給チェーンに関わっている。

輸出業者は買い取ったコーヒーをトラックで港に運び、コンテナに積み込み、米国、欧州、日本、その他の国の顧客に向けて出荷する。そのコーヒーを輸入業者が受け取り、顧客のために倉庫で保管する。顧客である焙煎業者は、コーヒーを焙煎し、自社の小売部門や卸売客に販売する。農園を出た後のコーヒーに携わるすべての人、すべての機関――ウォッシングステーションの所有者、協同組合の管理者、脱穀業者、調達人、輸出業者、トラック運送業者、出荷業者、輸入業者、焙煎業者、焙煎業者の卸売客――が、ビジネスを継続するために収益を必要としている。そして、多くの農家が貧乏くじを引いている。他人に快適な暮らしをもたらす作物を生産しながら、自分たちは生き残りを賭けて必死でもがかなければならない状況に取り残されている。

背景解説——世界のコーヒー生産者

コーヒーは世界数十ヵ国で栽培され、輸出されている。二〇〇七年の主要生産国を生産量の多い順に表に示す。ただし、生産量は天候その他の要因によって年ごとに大きく変動する。生産量は袋単位。一袋は六〇キログラム（一三二ポンド）。統計データの出典は国際コーヒー機関（ＩＣＯ）。

国名	生産量（二〇〇七）	生産量（二〇一五／一六）
ブラジル	二七八〇万袋　アラビカ種およびロブスタ種	四三二〇万袋　アラビカ種およびロブスタ種
ベトナム	一七九〇万袋　ロブスタ種	二七五〇万袋　ロブスタ種
コロンビア	一一三〇万袋　アラビカ種	一三五〇万袋　アラビカ種
インドネシア	四三〇万袋　アラビカ種およびロブスタ種	一一〇〇万袋　アラビカ種およびロブスタ種

次の表には、アラビカ種のみを生産している国の生産量を示す。いずれの国もスペシャルティコーヒーを生産している（スペシャルティコーヒーの生産量の内訳は示さず）。

国名	生産量（二〇〇七）	生産量（二〇一五／一六）
コロンビア	一一三〇万袋	一二一〇万袋
グアテマラ	三七〇万袋	三〇〇万袋
ホンジュラス	三三〇万袋	五〇〇万袋
ペルー	三一〇万袋	二八〇万袋
メキシコ	二九〇万袋	一六〇万袋
エチオピア	二三〇万袋	三〇〇万袋
コスタリカ	一四〇万袋	一一〇万袋
ニカラグア	一三〇万袋	一七〇万袋
エルサルバドル	一二〇万袋	六〇万袋
ケニア	七三万六〇〇〇袋	六六万袋
ブルンジ	二九万二〇〇〇袋	二二万六〇〇〇袋

ルワンダ	一八万袋	二四万袋
パナマ	一〇万一〇〇〇袋	三万三〇〇〇袋

※二〇一五／一六年のデータは日本語版刊行に際して補足した。

現代コーヒー史の理解に必須の書

旦部幸博（日本語版監修者）

現在、世界のコーヒー・シーンを動かしているのは「コーヒーの最大消費国」アメリカだと言ってよい。そのアメリカのコーヒー事情を理解したいと問われたら、私はまず二冊の歴史本を参考書として挙げるだろう。一冊はマーク・ペンダーグラストの『コーヒーの歴史』、そしてもう一冊がこの『スペシャルティコーヒー物語（原題：God in a cup: the obsessive quest for the perfect coffee）』だ。前者は一九九九年出版で、二十世紀までのアメリカのコーヒー史をまとめた有用資料である（日本語版は完全訳でないのが惜しまれる）。しかしその刊行直後、アメリカではカップ・オブ・エクセレンス（COE）やサードウェーブなどの新たな動きが生まれ、まさに「激動の時代」を迎えることになった。この時代の変革者となったキーパーソンたちに焦点を当て、当時のコーヒー・シーンを描写したのが『God in a cup』なのだ。アメリカのコーヒー史は、この二冊を合わせて完成する。そしてそれは、日本を含んだ世界のコーヒーの現況を理解する上でも必要欠くべからざる情報である。

九〇年代のスターバックスの上陸を皮切りに、アメリカのコーヒー業界のトレンドは日本にも多大な影響を与えてきた。「サードウェーブコーヒー」もその一つだ。二〇一五年二月のブルーボトルコーヒーの日本進出が火付け役になり、その年の流行語大賞候補にもノミネートされた。サードウェーブコーヒーは、日本においても一つの社会現象になったと言ってよいだろう。

しかし、この「サードウェーブコーヒー」は、どこまで正しく理解されているのだろうか。たとえばメディアで報じられた解説を見ると「高品質なコーヒーの提供を特徴とする」など、サードウェーブ以前からの潮流であるスペシャルティコーヒーとの区別がついていないものが多い。また、本書にはブルーボトルやその創業者ジェームス・フリーマンはほとんど出てこない……(出版後の二〇一〇年頃から頭角を現した「後発組」だからだ。それにもかかわらず、日本ではブルーボトルこそがアメリカ・サードウェーブの筆頭格であるかのように受け止められ、本書で大きく取り上げられた「サードウェーブ御三家」ことカウンターカルチャー、インテリジェンシア、スタンプタウンの知名度は高いものとは言いがたい。一部のコーヒー業界関係者やコーヒーマニア、現地に滞在して飲んだことのある人以外には、ほとんど知られていないと言ってもいいだろう。

日本でのサードウェーブの流行自体が、ブルーボトル進出のために仕掛けられたマーケティング戦略だと言えばそれまでだが、それ以前の日本のスペシャルティ業界の奮闘や、アメリカの御三家や日本の丸山珈琲などサードウェーブの先駆者たちを丸ごと無視した、軽佻《けいちょう》浮薄《ふはく》な情報の氾濫《はんらん》に辟易《へきえき》したことも否めない。それまでの積み重ねが理解されないままトレンド化した結果、「サードウェーブ」という言葉は、表面的で薄っぺらなバズワードになってしまったきらいすらある。

本書はそんな、名前だけが一人歩きしている「サードウェーブコーヒー」の真の姿に迫る上で、必須の資料だと言える。サードウェーブの概念自体は二〇〇三年にトリッシュ・ロスギブが提唱したものだが、マイケル・ワイスマンは本書においてサードウェーブの伝道師たちに周密《しゅうみつ》な取材を行い、彼らの生産国巡りにも同行してその実践的な取組みを紹介した。その内容は社会的にも反響を呼び、サードウェーブコーヒーがアメリカにおいて市民権を獲得することにも大きく貢献した。ジャーナリストとしての観点から、当事者にありがちな身内褒めだけに終始することなく、サードウェーブに対する関係者の疑義や内包する問題点などに言及している点も好感が持てる。このため本書を読めば、二〇〇八年当時のアメリカのコーヒー業界を俯瞰《ふかん》することが可能だ。

ただし同時に、本書がトリッシュの唱えた当初のサードウェーブの概念を上書きし、変節させていったことも事実である。さらなる理解のため、よりマクロな観点からサードウェーブ台頭までのアメリカコーヒー史の背景を補足しておこう。

本書（三三頁）でも触れられているように、コーヒーは一九六〇年代以降、国際コーヒー協定（ＩＣＡ）の下で国際商品（コモディティ）として扱われ、生産量と輸入量の割当が行われるようになった。その成立の背後にあったのは、冷戦下におけるアメリカ政府の思惑だ。大戦後、高値で推移していたコーヒー価格は、五〇年代にアフリカ諸国が安価なロブスタを増産したことで下落し、中南米生産国は苦しい立場に陥った。一方で、キューバ革命の成功（一九五八年）に危機感を抱いたアメリカ政府は、中南米の経済悪化が共産主義拡大につながることを懸念して、資本主義陣営への囲い込みを強化したいと考えた。この両者の利害が合致して生まれた取引割当制こそがＩＣＡである。

ＩＣＡのもとでコーヒーの価格は安定化し、やがて「国際商品取引の優等生」とまで呼ばれるようになった。しかし、その一方で割を食ったのがコーヒーの香味品質である。同じ生産国のコーヒーならば、特定産地の優良品も他と一緒に混合されて大まかに等級分けされるだけになり、均質化されて「平均点」のものばかりになったのだ（日本のコメ政策における「政府米」「標準価格米」を思い浮かべるといいだろう）。原料での差別化が困難になると、アメリカでは企業間の低価格競争が激化し、そのしわ寄せが原料や製造コストの削減を招き、さらに品質が低下する悪循環に陥った。これがトリッシュの言う「ファーストウェーブ」における品質低下の原因である。

この状況下で、特に苦境に立たされたのは資本力に乏しいアメリカの中小業者であった。七〇年代に入ると彼らは政府主導のＩＣＡに反対の立場を表すようになり、その中で「もっと高品質の生豆を」と求める人々が、八〇年代前半に米国スペシャルティコーヒー協会（ＳＣＡＡ）を結成した。しかし、その数年後にスターバックスがエスプレッソ事業でのし上がるや、「高品質」というスペシャルティの理念は「高品質な生豆を深煎《い》りにし、注文ごとに一杯ずつ（＝作り置きやまとめ淹《い》れをせずに）提供する」スターバックスの謳《うた》い文句に取り込まれてしまい、お株を奪われたかたちになったのだ。特に不遇をかこったのが、強硬的「浅煎り派」の提唱者であるジョージ・ハウエル……本書での扱いは小さいが、実は彼こそが後のサードウェーブ最大の黒幕とも言えるだろう。

さて、コモディティとスペシャルティの対立は八〇年代末に転換点を迎えた。ＩＣＡの破綻《はたん》である。ワイスマン同様（三三頁）アメリカ人は八〇年代の価格上昇を破綻の原因として挙げがちだが、当初から政治的背景ありきの生産国優遇の協定であり、事実、価格が上昇してもアメリカを含む消費国側が譲歩しながら継続していたのだ……アメリカ政府にとって利用価値がある間は。

ところが冷戦は終結に向かい、譲歩の理由は失われる。八九年の協定更新の議論は難航し、国際コーヒー機関（ＩＣＯ）は調停不能と判断して、すべての取引制限を突然停止。生産諸国が生豆を投げ売りして価格が暴落したのである（第一次コーヒー危機）。九三年のアメリカ脱退でＩＣＯの実効力はさらに弱まり、生産諸国は新たに「コーヒー生産国協会（ＡＣＰＣ）」というカルテルを結成して生産調整に乗り出した。しかし、九〇年代後半になるとＡＣＰＣ非加盟のベトナムがコーヒー生産に乗り出し、ロブスタを大増産したことで再暴落した（第二次コーヒー危機）。

ＩＣＡの破綻はコーヒー産業全体を危機に陥れる一方で、従来のコモディティ市場とは別形態の取引（オルタナティブ・トレード）を増加させ、スペシャルティ派への追い風になった。ＳＣＡＡは独自のカッピング評価方法を策定し、基準点以上をスペシャルティに認定する制度（後のＱグレード）を立ち上げ、そのシェアを拡大していった。一方、コモディティの支持基盤であるＩＣＯも消費国側から品質向上という課題を突きつけられ、九七年に「グルメコーヒーの可能性開発プロジェクト（グルメプロジェクト）」を立ち上げた。生産国が香味品質の優れたコーヒーを作って高価に販売するビジネスモデルを検討するプロジェクトだ。実はこのプロジェクトの代表顧問を務めたのがジョージ・ハウエルである（当時の彼は、敵対的買収を受けて自分の店『コーヒーコネクション』をスターバックスに売却し、フリーな立場にあった）。

ブラジルを最初のテスト地に選んだグルメプロジェクトは、九八年にブラジルのコーヒー鑑定士たちが高評価する生豆をプレミア価格で輸出するも、アメリカのスペシャルティ企業に価格に見合わないと買い取りを拒否される。そこで翌年にＳＣＡＡをはじめ、欧米スペシャルティ業界の有名カップテイスターたちをブラジルに招いて大規模な品評会を開催した。三百超の農園から集められた生豆がＳＣＡＡ方式で採点され、上位入賞したものは彼らを満足させる佳品揃《ぞろ》い。その場で委員の一人から、ＳＣＡＡが開設していたオークションサイトで競売することが提案され、その年の市場標準価格の三割増〜二倍という高値で落札されたのである。これがカップ・オブ・エクセレンス（ＣＯＥ）のはじまりである。大成功を収めたＣＯＥは、その後もＳＣＡＡと共同してグアテマラ、ニカラグアと開催され、そのまま広がっていく……このときは誰もがそう思っていた。

ところが、ここで「お家騒動」が勃発する。ハウエルらグルメプロジェクト顧問が、〇二年に「アライアンス・フォー・コーヒー・エクセレンス（ＡＣＥ）」というＮＰＯ団体を新たに立ち上げ、「カップ・オブ・エクセレンス」の商標を突然、独自に登録したのだ。さらに〇三年にＡＣＥは会員制組織になり、独自のサイトとオークションを立ち上げた。同じ頃、ＳＣＡＡ元役員の不正経理が発覚したこともスペシャルティ陣営の分裂を後押しした。そんな中で、言わば「スペシャルティの中のスペシャルティ」の優先権を、ハウエルら「ＡＣＥ組」が勝ち取るかたちになったのである。

トリッシュがサードウェーブという言葉を提唱したのは、まさにこのスペシャルティ内部分裂の時期である。彼女がこうした事情にまで通じていたかどうかは不明だが、「新勢力」が台頭する時代の空気を感じとっていたことは間違いないだろう。ただし、このとき彼女が想定していた「旧勢力」は、当初の品質重視路線を見失った「マニュアル下で効率化されて品質低下したスタバ」であり、「新勢力」のモデルとして挙げたのは、世界バリスタ選手権で優勝したロバート・トレセンやティム・ウェンデルボーらノルウェーのバリスタたち。そして彼らと同じ精神性——既成概念に囚われず一杯一杯の品質を追求する「職人魂」——を持った、まだ無名なアメリカの「エスプレッソ抽出の職人たち《アルチザン》」だった（なお日本では七〇年代に職人的な抽出・焙煎技術重視の時代が先に訪れ、九〇年代に生豆の品質に目が向いた。アメリカとはこの時代が逆転している点に注意を要する）。

一方、本書が取り上げた「サードウェーブ御三家」はいずれも、トリッシュが想定した人物像とは若干のずれがあり、COEで盛んに「スペシャルティの中のスペシャルティ」を落札していた人々だ。ワイスマンがそうなるように企図して誘導したかどうかは不明だが、本書が彼らの名を世間に広め、COEやダイレクト・トレードに衆目を集めた、その役割は決して小さくない。「当初のサードウェーブの概念を上書きした」と述べたのはこのためだ。本書が描いたサードウェーブの特徴は、（トリッシュの定義を第一期とするならば）サードウェーブがアメリカでも大きく脚光を浴びた二〇〇八年頃の「サードウェーブ第二期」のものである点に注意が必要だと言える。

本書の注意点をもう一つ挙げるならば、コーヒーの科学的な誤りが散見されることだ。コーヒーと味覚（一〇〇頁）で解説されている基本五味のうち、コーヒーにおいて科学的にその存在が立証されているのは苦味と酸味で、甘・塩・旨味については味成分が知覚できるほどの濃度は含まれていない。甘味と旨味はそれぞれ、甘い匂いやブイヨン様の匂いから、味覚ではなく嗅覚由来のフレーバーとして認識している可能性がある。塩味の正体は不明だが、「ミネラル感」や

「金属味」を呈する弱い渋味が関与しているかもしれない。苦味については、九〇年代以降に焙煎で生成する複数のクロロゲン酸由来の苦味成分が特定され、これらがその本体だと示唆されている。カフェインの寄与は全体の一〜三割程度だと言われ、トリゴネリンの寄与はそれに満たない。

香りが生じる化学反応（一〇一頁）を三つに分けるのは、九七年に作製されたSCAAフレーバーホイールの初版に見られる、かなり粗い分類法だ。酵素反応と言っても植物自体が生きているうちに生じるものもあれば、精製中に微生物が作用して生じるものもある。褐変《かっぺん》反応も、本書で挙げられている糖由来のもの（カラメル化）よりむしろ、糖とアミノ酸の反応であるメイラード反応由来の物質のほうが種類も多く、コーヒーの香り全体への寄与も大きい。

コーヒー焙煎（二七六頁）は、ポップコーンに喩《たと》えられることも多いが、膨張のメカニズムは異なる。ポップコーンは種子を覆う硬い殻のために粒全体として内圧が上昇し、殻が限界を超えて音をたてて破裂すると「同時に、一気に」膨張する。一方、コーヒー豆にはこの殻に当たるものがなく、細胞単位で内圧上昇と膨張が起き、この膨張で豆の隙間に閉じ込められたガスの圧力が上がったときに一ハゼを起こす……つまり、コーヒー豆は言うほど「一気に」膨らむことはなく、順番としては膨張が終わりかけた頃に一ハゼ音が起きる。また、一ハゼと二ハゼの間で「温度を緩やかに下げて」（二七六頁）という記述があるが、焙煎中に温度を低下させる焙煎プロファイルは通常ありえない。「火力を緩やかに下げて」か「温度を緩やかに上げて」の誤りと思われる。

ただし、これらの誤りの多くはワイスマンの責任ではなく、執筆当時のアメリカのコーヒー業界の問題が大きい。本文（四三頁）でピーターが述べたように、九〇年代の情報には不正確なものが多く、それがずっと更新されてこなかったからだ。しかし二〇一一年にエマ・セイジが科学顧問に着任してから、ＳＣＡＡは科学者を招いて学術講演を積極的に行うようになった。これも本書が業界に与えた「良い影響」の一つかもしれない。農学や食品科学の専門家の意見も取り入れられ、二〇一六年にはコーヒーフレイバーホイールも完全にリニューアルされた。この辺りはアメリカの業界の偉いところで、ひとたび自分たちに必要な情報だと判《わか》ったら、驚くほど迅速に動いて自分たちのモノにしてしまう。ゆくゆくはＳＣＡ（二〇一六年にアメリカ、ヨーロッパの両スペシャルティ協会が合併して結成された）を中心に、コーヒーの科学的探究が一層進むと期待できる。

気づけば本書が世に出てからもう一〇年近くが経過し、その間にアメリカのコーヒー業界はいくつもの変化に見舞われた。経営不振のどん底にあったセカンドウェーブの雄、スターバックスでは、二〇〇八年に躍進の立役者であるハワード・シュルツがＣＥＯに返り咲いた。彼の復帰第一声は、全米の店舗を一斉閉鎖し、スタッフにエスプレッソの淹《い》れ方を再教育することだった。トリッシュが指摘した「マニュアル化されて品質低下したスタバ」のイメージを払拭するためのシュルツなりの回答だったと言えるだろう。その後、彼の下でスターバックスの業績は二〇一一年にはＶ字回復を果たして「シュルツは二度目の奇跡を起こした」と呼ばれるようになり、そのしぶとさを見せつけるかたちになった。アメリカ経済全体もリーマンショックから立ち直ってクラウドファンディングなどが活性化すると、サードウェーブ各社は「将来、『次のスタバ』になる成長企業」として注目されて投資の対象になり、今ではM&Aの波に飲み込まれつつある。

サードウェーブ御三家の中で、もっとも投資家に注目されたのはスタンプタウンだろう。二〇一〇年三月には、あの『タイム』誌に「スタンプタウンは新しいスタバなのか～あるいはそれ以上か」という記事が掲載されたからだ。ただし、これを契機に一一年にTSGコンシューマーパートナーの投資を獲得すると、デュエン・ソレンソンの関心はレストラン事業に向かい、「ウッズマン・タヴァン」「アヴァ・ジーンズ」「ローマン・キャンドル」を立て続けに開業した。スタンプタウンのカフェも、ニューヨークのエースホテル店（三七五頁）に続いて、ニューヨーク二号店、ロサンゼルス店など出店を続けたが、スタンプタウン本体は二〇一五年にピーツ・コーヒーに買収され、子会社化されてしまった（そのピーツ・コーヒーも二〇一二年にドイツの投資グループJABホールディングスの傘下に入っている）。引き続いてデュエンがCEOを務めているが、今のデュエンは起業と売却を繰り返す「ステレオタイプなアメリカのベンチャー起業家」のようでもある……実際、二〇一七年にも「パフコーヒー」というコーヒー会社を新たに立ち上げたばかりだ。自らを「裕福な白人」になったと言いはじめた頃（二九三頁）に、すでにその片鱗《へんりん》が現れていたのだろうか。

インテリジェンシアも、スタンプタウンの直後にピーツ・コーヒーに買収され、その子会社になった。ダグ・ゼールとジェフ・ワッツが、現在もCEOと副社長を務めている。なお、ジェフは二〇一二年にACEの役員に就任。二〇一五年からの二年間はその会長職を勤め上げた。いわば「最高品質のコーヒーの最高顧問」の立場を確立したと言える。またインテリジェンシアの若きバリスタ、カイル・グランヴィルはヘザーに敗れた翌二〇〇八年、宿願の全米バリスタ王者に輝いた。しかし、その後の世界大会では決勝に残れず、予選八位という結果に終わっている。翌年、インテリジェンシアは彼に代わってマイケル・フィリップスを全米大会に送り出した。彼は〇九年、一〇年と大会を二連覇し、二〇一〇年にはついにインテリジェンシアからアメリカ初の世界王者が誕生した。その後、カイルとマイケルは二〇一二年にそれぞれ仲間とともに独立して、G&Bコーヒーとハンサムコーヒーロースターを起業している（なお後者は二年後にブルーボトルに買収された）。

カウンターカルチャーはサードウェーブ御三家の中で唯一、現在まだ独立を保っている。「次のスタバ」のイメージとは縁遠い、地方都市ダーラムでの卸売を中心にするローカルな商売のスタイルが幸いしているのかもしれない。ただし、そこにはもうピーター・ジュリアーノの姿はない。彼は二〇一二年に退社し、（入社前と同様）SCAAシンポジウムの役員活動に従事した。その後SCAAの上級理事を経て、現在はSCAの最高研究責任者（Chief Research Officer）として——ある意味、最も「彼らしい」——コーヒー業界人のための研究啓蒙と教育活動に専念している。

こうして見ると、残念ながら「（御三家が）二〇年後にはきっと大会社になる」というアン・オタウェーの予言（三六頁）は実現しそうになく、大会社による買収というティム・キャッスルやリック・ラインハート、ボブ・フルマー（三二九〜三三〇頁）らの予言が正しかったようだ。

コーヒーのサードウェーブは、二〇一〇年頃から新たなステージを迎えている。サンフランシスコ・ベイエリアを拠点とするブルーボトル、リチュアル、フォーバレルなどのマイクロロースター（小規模自家焙煎店）の台頭だ。スタイル的にはそれ以前のサードウェーブの人々と大きな違いはないものの、「次のスタバ」はこれまで数々の革新的企業を生み出してきたベイエリアから現れるのではないかと、投資家やメディアの期待がこれらの「サードウェーブ第三期」のカフェに集まった結果だと言える。中でも「コーヒー界のアップル」という二つ名のついたブルーボトルは四五〇〇万ドルもの資金調達に成功した……それが二〇一五年の日本進出につながったわけだ。

ただし、そのブルーボトルもネスレ社に買収されるというニュースが、つい先日（二〇一七年九月）飛び込んできた。「サードウェーブ」の覇権を巡って、アメリカのコーヒー業界の買収劇とマネーゲームは、ますます加熱する一方だ。その行き着く果てにいったいどんなコーヒーが生まれるのか、予想だにつかない。ただ、トリッシュが見たバリスタたちの職人魂や、ワイスマンが垣間見た「御三家」の面々のコーヒーにかける狂おしいまでの情熱が、アメリカ現代コーヒー史に一つの時代を築く原動力として実在し、確かな輝きを放っていたことだけは間違いがない。

（取材協力：カフェプントコム・土屋浩史氏）

and How It Transformed Our World. New York: Basic Books, 1999.
『コーヒーの歴史』マーク・ペンダーグラスト著（河出書房新社）
SCHOMER, DAVID. *Espresso Coffee: Updated Professional Techniques*. Seattle: Peanut Butter Publishing, 2004.
VIANI, RINANTONIO and ILLY, ANDREA. *Espresso Coffee, The Science of Quality*. Second edition. San Diego: Elsevier, 2004,
WILD, ANTONY. *Coffee: A Dark History*. New York: W.W. Norton, 2004.
『コーヒーの真実：世界中を虜にした嗜好品の歴史と現在』アントニー・ワイルド著（白揚社）

出版物

Barista Magazine. "Big D and the Family," by Sarah Allen. April/May, 2007. (Contact: info@baristamagazine.com)
Barista Magazine. "Master Q & A: David Schomer." December/January 2007. (Contact: info@baristamagazine.com)
Roast Magazine. "A Family Album: Getting to the Roots of Coffee's Plant Heritage," research provided by David Roche and Robert Osgood. November/December 2007. (Contact: roast@roastmagazine.com)

著者のウェブサイト（michaeleweissmanwrites.com）にも、いくつか関連記事が掲載されている。

ヴィック、イーサン・ウォーシュ、ジェフ・ワッツ、ライアン・ウィルバー、ダグ・ゼール

書籍

ALLEN, STEWART L. The Devil's Cup: *A History of the World According to Coffee*, New York: Ballantine, 2003.

CASTLE, TIMOTHY and JOAN NIELSON. *The Great Coffee Book*. Berkeley, CA: Ten Speed Press, 1999.

CASTLE, TIMOTHY. *The Perfect Cup: A Coffee Lover's Guide to Buying, Brewing, and Tasting*. Cambridge, MA: Da Capo Press, 1991.

DAVIDS, KENNETH. *Coffee: A Guide to Buying, Brewing, and Enjoying*. Fifth edition. New York: St. Martin's Griffin, 2001.

GIOVANNUCCI, DANELE and FREEK JAN KOEKOEK. *The State of Sustainable Coffee: A Study of Twelve Major Markets*. Copyright: Daniele Giovannucci, 1006 South 9th Street, Philadelphia, PA 19147 USA, 2003.

GOUREVITCH, PHILIP. *We Wish to Inform You That Tomorrow We Will Be Killed with Our Families: Stories from Rwanda*. New York: Farrar, Straus and Giroux, 1998. 『ジェノサイドの丘：ルワンダ虐殺の隠された真実』フィリップ・ゴーレイヴィッチ著（WAVE出版）

KAPUSCINSKI, RYSZARD. *The Emperor: Downfall of an Autocrat*. New York: Vintage International, 1989. 『皇帝ハイレ・セラシエ：エチオピア帝国最後の日々』リシャルト・カプシチンスキー著（筑摩書房）

KUMMER, CORBY. *The Joy of Coffee: The Essential Guide to Buying, Brewing and Enjoying*. Revised and updated. Boston: *Houghton Miffl* in, 2003.

LINGLE, TED. *The Coffee Cupper's Handbook*. Third edition. Long Beach, CA: Specialty Coffee Association of America, 2001.

LISS, DAVID. *The Coffee Trader: A Novel*. New York: Random House, 2003. 『珈琲相場師』デイヴィッド・リス著（早川書房）

PENDERGRAST, MARK. *Uncommon Grounds: The History of Coffee*

参考文献

情報提供者

2005年から2008年にかけて、コーヒー生産者、バイヤー（買付人）、ロースター（焙煎業者）、輸入業者、バリスタ、専門家など数十人に対面または電話でインタビューを行った。主なインタビュー相手は以下のとおりである。

アルトゥーロ・アギーレ、サラ・アレン、アンドリュー・バーネット、リンジー・ボルジャー、ウィレム・ブート、ジョセフ・ブロドスキー、キム・ブロック、ティモシー・キャッスル、ティム・シャプドレーヌ、アレコ・チグニス、ニック・チョウ、ジョニー・コリンズ、キム・クック、グラシアーノ・クルス、E・J・ドーソン、ウェンディ・デ・ヨン、リビー・エヴァンズ、シャンナ・ジェルマン、ピーター・ジュリアーノ、ブレント・フォーチュン、ボブ・フルマー、ダニエレ・ジョヴァヌッチ、カイル・グランヴィル、デイブ・グリズウォルド、ドン・ホリー、ジョージ・ハウエル、エリー・ハドソン＝マトゥザック、ヴィンセント・アイアテスタ、マーク・インマン、ジェフ・ジャスモンド、ポール・カツェフ、ニック・カービー、トニー・コネクニー、リカルド・コイナー、ジョン・レアード＆ケリー・レアード、ウィルフォード・ラマスタス、テッド・リングル、ジェイソン・ロング、マット・ラウンズベリー、ベッツィ・マッキノン、フランシスコ・メナ、シリン・モアイヤド、K・C・オキーフ、アン・オタウェー、マーク・オーバーベイ、トム・オーウェン、ヘザー＆マイク・ペリー、レイチェル・ピーターソン、ダニエル・ピーターソン、プライス・ピーターソン、リック・ペイサー、ディートン・ピゴット、ジョエル・ポラック、リチャード・レイノルズ、リック・ラインハート、デビッド・ロシュ、ステファン・ロジャース、マリア＆プリニオ・ルイス、ティム・シリング、マリオ・セラチヌ、アレジ・シャビエル、メノ・シモンズ、トリッシュ・シェイエ（ロスギブ）、ブレット・スミス、ポール・ソンガー、デュエン・ソレンソン、スージー・スピンドラー、アンディ・トリンドル、イートン・ツノ、カルメン・バイェホス、ステファン・

tsia Coffee, 48-60
価格の付け方、変化 pricing approach, change, 120-122
コーヒー農家への支払い、ランク付け coffee farmer payment, ranking, 128-131
産地訪問の旅 to origin, travel, 56-57
直接取引の関係 direct trade relationship, 123
ニカラグア、ラス・ブルマスとのミーティング Nicaragua, Las Brumas meeting, 371-373
フェアトレードについての考察 Fair Trade discussion, 178, 323
和解 →セコカフェン 参照 reconciliation. See Cecocafen

ン

ンゴマ(ブルンジ) Ngoma (Burundi), 158

Shirin, 184, 199

ヤ

ヤンガー、ドン・ヤンガー　Younger, Don, 281
輸出業者、関わり　Exporters, involvement, 384

ラ

ラ・マルゾッコのエスプレッソマシン　La Marzocco espresso machine, 256, 308
　スキル　skill, 280
ラインハート、リック・ラインハート　Rhinehart, Ric, 48, 208, 241, 262
　主力バイヤーの喪失　buyer, loss, 282
　儲けの有無　moneymaking, ability, 329
ラウンズベリー、マット・ラウンズベリー　Lounsbury, Matt, 251, 256, 265-266
　コーヒーに関する質問　coffee questions, 267-269
　変化について語る　change, 318
ラス・ブルマス　Las Brumas, 109-111, 128-132, 224
　コーヒー、ブラインド審査（重要性）　coffee, blind judging (importance), 132
　収穫高の報告　harvest report, 372
　努力、プレミア価格の支払い　efforts, premium payment, 368
　農家、問題／解決　farmers, problems/resolution, 369-370
ラブイス、ジャン＝ピエール・ラブイス　Labouisse, Jean-Pierre, 228
ラマスタス、ウィルフォード・ラマスタス　Lamastus, Wilford, 213
ランドリガン、グレゴリー・ランドリガン　Landrigan, Gregory, 223
リレーションシップコーヒー（農家との信頼関係に基づく直接取引）　Relationship coffee, execution, 353-354
リングル、テッド・リングル　Lingle, Ted, 29
ルイス、マリア・ルイス　Ruiz, Maria, 211-214, 218-225
ルイル・イレブン（Ruiru11）、交配種　RuiRui11, hybrid, 232
ルウレ機（焙煎機）　Roure (roaster), 339
ルワンダ、コーヒー　Rwanda, coffee
　市場、台頭、苦境　market, emergence (struggle), 355
　成功　success, 143-144
ルワンダ・ムササ　Rwanda Musasa, 260
レインフォレストアライアンス（熱帯雨林同盟）　Rainforest Alliance, 172, 235
レオポルド、ヨースト・レオポルド　Leopold, Joost, 97, 104
歴史　History, 26-28
レストラン、コーヒー購入／コーヒーに対する認識　Restaurants, coffee purchases/considerations, 318-320
ロイヤル・コーヒー　Royal Coffee, 330
ロースターズ・ギルド　Roasters Guild, 58-59, 289, 335
　形成　formation, 47-48
ロサレス、マウリシオ・ロサレス　Rosales, Mauricio, 123
ロジャース、ステファン・ロジャース　Rogers, Stephen, 313-314, 318
ロシュ、デビッド・ロシュ　Roche, David, 225-226
ロスギブ、トリッシュ・ロスギブ　Skeie, Trish, 28
ロス・デリリオス　Los Delirios, 251
ロット、小分け　Lots, separation, 114-117
ロング、ジェイソン・ロング　Long, Jason, 184
ロングベリー・ハラー　Longberry Harars, 377

ワ

ワッツ、ジェフ・ワッツ　Watts, Geoff, 25-26, 36, 49
　インテリジェンシア・コーヒー　Intelligen-

農家、管理　farmers, control, 152-153
訪問　visit, 145-162
民営化　privatization, 153
フレンチプレス　French press
重要性　importance, 320
プロジェクトPEARL　Project PEARL, 143
ブロドスキー、ジョセフ・ブロドスキー　Brodsky, Joseph, 208, 358
プロバット（焙煎機）　Probat (roasting machine), 273-274
比較　→ゴットホット　参照　comparison. See Gothot
分量　Dose, 300
ヘアーベンダー（エスプレッソブレンド）　Hairbender (espresso blend), 254
ベアフット　Barefoot, 354
ヘイ、ダブ・ヘイ　Hay, Dub, 166
米国国際開発庁（USAID）　U.S. AID, 240
カッピング・ラボ　cupping laboratories, 112
ニカラグア支援　Nicaragua assistance, 111-112
米国スペシャルティコーヒー協会（SCAA）　Specialty Coffee Association of America (SCAA), 289
コーヒーの売り上げ　coffee sales, 34-35
カッピング・パビリオン・コンペティション　Cupping Pavilion Competition, 211
資金　financials, 208
設立　founding, 30
全米バリスタチャンピオン大会　National Barista Competition, 297, 310
組織化　organization, 113
ペイサー、リック・ペイサー　Peyser, Rick, 175-176, 187-188
ベガショウ、アブラハム・ベガショウ　Begashaw, Abraham, 194
ベスト・オブ・パナマ品評会　Best of Panama Competition, 239-248
ペリー、ヘザー・ペリー　Perry, Heather, 322-328
順位　→世界バリスタチャンピオン大会　参照　placement. See World Barista Competition
ベリッシモ・コーヒー　Bellissimo Coffee, 250
ペンダーグラスト、マーク・ペンダーグラスト　Pendergrast, Mark, 27
ボケテ地域（パナマ）　Boquete (Panama), 207
ゲイシャ種　Geishas, 208-210
ホスキンズ、ニック・ホスキンズ　Hoskyns, Nick, 110-111
ポラック、ジョエル・ポラック　Pollack, Joel, 273-280
ホリー、ドン・ホリー　Holly, Don, 48, 72, 207
ボルカフェ・スペシャルティコーヒー　Volcafe Specialty Coffee, 135, 142, 262
ボルカン地区（パナマ）　Volcan (Panama), 213-214
ボルジャー、リンジー・ボルジャー　Bolger, Lindsey, 183-189
ポルタフィルター　Portafilter, 301

マ

マッキノン、ベッキー・マッキノン　McKinnon, Becky, 91, 97
豆挽き　Grind, 301
マラヴィジャ農園との契約、締結　La Maravilla contract, signing, 124
丸山健太郎　Maruyama, Kentaro, 91, 97, 104
マンジェ、エミリー・マンジェ　Mange, Emily, 54
産地訪問の旅　to origin, travel, 56-57
メスケラ、タデッサ・メスケラ　Meskela, Tedesse, 359
メナ、フランシスコ・メナ　Mena, Francisco, 69
メラー、パトリシア・メラー　Moeller, Patricia, 160-163
モアイヤド、シリン・モアイヤド　Moayyad,

296-299
文化　culture, 296-299
パルピング（果肉の除去）　Depulping, 42
ハルフサ協同組合　Harfusa cooperatives, 139
パロアルト（ロースタリー）　Palo Alto (roastery), 375
ピーターソン、ダニエル・ピーターソン　Peterson, Daniel, 75-77, 209, 225, 270
ピーターソン、プライス・ピーターソン　Peterson, Price, 75-77, 168, 213
経験　experience, 226-230
ピーターソン、レイチェル・ピーターソン　Peterson, Rachel, 225-226, 238-244, 377
ピーツ・コーヒー&ティー、創業　Peet's Coffee & Tea, initiation, 189
ピート、アルフレッド・ピート　Peet, Alfred, 29, 53, 189
東アフリカファインコーヒー協会（EAFCA）　East Africa Fine Coffee Association (EAFCA), 142
カンファレンス　conference, 164-165
ビクトローラ　Victrola, 304-305, 309
ヒップスター・バリスタ　Hipster barista, term (usage), 297
ヒップスター文化　Hipster culture, 317
ファースト・コンタクト（ドキュメンタリー映画）　First Contact (documentary), 334-335
ファーストウェーブ（第一の波）　First Wave, 28
ブート、ウィレム・ブート　Boot, Willem, 80, 208, 233
ゲイシャ種発祥地の調査旅行　Geisha expedition, 378
風味　Flavors, 99-101
フェアトレード　Fair Trade (FT)
価格設定、新興　pricing, emergence, 121-122
課題、問題　issues, problems, 174
コーヒー、ドキュメンタリー　coffee, documentary, 168
指定　designation
恩恵　benefits, 172
認識　consideration, 178
認定、創設　certification, creation, 113
プログラム、参加　program, participation, 174
フェトコ（豆挽き機）　Fetco (grinder), 320
副産物　→酵素反応の副産物、脱水縮合反応の副産物、糖類の褐変反応の副産物　参照　By-products. See Dry-distillation by-products; Enzyme byproducts; Sugar browning by-products
ブジュンブラ（ブルンジ）　Bujumbura (Burundi), 160
ブタレ（ルワンダ）　Butare (Rwanda), 145-147
フライング・ゴート・コーヒー　Flying Goat, 354
ブルーボトルコーヒー　Blue Bottle Cafe, 260
ブルボン種、伝統的品種（原品種）　Bourbon, heirloom variety, 78, 143, 230
フルマー、ボブ・フルマー　Fulmer, Bob, 330
ブルマス　→ラス・ブルマス　参照　Brumas. See Las Brumas
ブルンジ　Burundiブルンジ
価格、乱高下　prices, volatility, 150
可能性　potential, 155
コーヒー　coffee
開発プログラム、米国国際開発庁（USAID）承認　development program, U.S. AID approval, 356
産業、世界銀行による評価　industry, World Bank assessment, 148-150
成功、試み　success, attempt, 143-144
ミル　mills, 155-156
強み　advantage, 159

トニーズ・コーヒー　Tony's Coffees, 240
トラボッカ　Trabocca, 184, 191-197
　創業　founding, 184-185
ドリップコーヒー・ショーケース　Drip coffee showcase, 268
ドン・パチ・ゲイシャ　Don Pachi Geisha, 208-210

ナ

ナイン・ストリート・エスプレッソ　Ninth Street Espresso, 344
苦味、コーヒーの味　Bitter, coffee flavor, 100-101
ニカラグア、サンディニスタ　Nicaragua, Sandinistas (impact), 107
ニユンゲコ、ネストル・ニユンゲコ(ブルンジの農務大臣)　Niyungeko, Nestor (agriculture minister, Burundi), 148
熱帯農業研究・高等教育センター(CATIE)　Tropical Agricultural Research and Higher Education Center (CATIE), 231
農園　Finca
　エル・インフェルト農園　Finca El Injerto, 267
　エル・プエンテ農園　Finca el Puente, 364
　マラヴィジャ農園　Finca La Maravilla, 123
　モーリタニア農園、パッケージ　Finca Mauritania, package, 345
　レリダ農園　Finca Lerida, 136, 216-218, 239
農家　Farmers
　協力的精神　cooperative ethos, 130
　権限を持たせる　empowerment, 173
　交流、重要性　interaction, importance, 125-126
　支払い　payment, 383
　収入　earnings, 118-122
　プレミアム価格、支払い　premiums, payment, 122
　リスク／品質　risk/quality, 123
　増加、決定　increase, determination, 121-122
ノックス、ケビン・ノックス　Knox, Kevin, 29
ノベ族の農家／コーヒー(パナマ)、影響　Ngobe farmers/coffee (Panama), impact, 220-223, 237
ノボ・コーヒー　Novo Coffee, 208, 354

ハ

パープル・プリンセス　Purple Princess, 364
ハウエル、ジョージ・ハウエル　Howell, George, 29, 95-96, 125, 271
　金額提示　money, offering, 331
ハウク、フレッド・ハウク　Houk, Fred, 41
バガーシュ、アブドゥッラ・バガーシュ　Bagersh, Abdullah, 357
バグウェル、シャリ・バグウェル　Bagwell, Shari, 267, 270
バットドーフ&ブロンソン・コーヒー・ロースター　Batdorf and Bronson Coffee Roasters, 189
ハドソン＝マツザック、エリー・ハドソン＝マツザック　Hudson-Matuszak, Ellie, 297
パナマ・ゲイシャ、病原菌耐性　Panama Geisha, disease resistance, 227-228
パナマ・スペシャルティコーヒー協会(SCAP)　Specialty Coffee Association of Panama (SCAP), 212, 245
パナマコーヒー産業　Panama coffee industry, 212-215
　変化　change, 222
パラダイス・ロースターズ　Paradise Roasters, 354
ハラミージョ地区の畑　Jaramillo Farm
　見学ツアー　tour, 233
　購入　purchase, 75
バリスタ　Baristas
　専門用語　terminology, 299-301
　チャンピオン大会　championships,

影響　impact, 130-132
ジュリアーノ、交流　Giuliano, interaction, 335-337
ミス　mistakes, 369
ワッツ、和解　Watts, reconciliation, 373
セラシン、フランシスコ・セラシン　Serracin, Francisco, 77, 209
セラシン、マリオ・セラシン　Serracin, Mario, 214
セレブリティ・バリスタ、文化　Celebrity baristas, culture, 297
全米チャンピオン大会　U.S. National Championship, 324
全米バリスタチャンピオン大会　→米国スペシャルティコーヒー協会(SCAA)　National Barista Competition. See Specialty Coffee Association of America
ソレンソン、デュエン・ソレンソン　Sorenson, Duane, 25, 36, 209
エチオピアコーヒー、支払い　Ethiopian coffees, payment, 117
会社の拡大、認識　company expansion, consideration, 289
産地訪問の旅　to origin travel, 68-69
スタンプタウン・コーヒー　Stumptown Coffee, 61-70
統率力　control, 290
働き方　work, 290-292
品質／文化、重要性　quality/culture, importance, 67-68
ソンガー、ポール・ソンガー　Songer, Paul, 92, 96-97

タ

大麻とコーヒーのつながり　Pot-coffee connection, 279
ダイヤモンド・マウンテン　Diamond Mountain, 238
ダイレクト・トレード(直接取引)　Direct Trade
合意　agreement, 123-125
システム　system, 373
匠のコーヒーを生む仕組み、カツェフ(影響)　Craftsmen coffee system, Katzeff (impact), 115
タラベラ、ホセ・ノエル・タラベラ　Talavera, Jose Noel, 108
タンピング　Tamp, 301
チゴニス、アレコ・チゴニス　Chigounis, Aleco, 281-290
地産地消の活動　Buy local movement, 349
窒素とカリウムとリン酸(NPK)、問題　Nitrogen potassium phosphate (NPK), problems, 342-343
チャット、影響　Khat, impact, 201
抽出時間　Brew time, 300
チョウ、ニック・チョウ　Cho, Nick, 326, 340
直接取引の関係　Direct trade relationship. See Watts
ツノ、イートン・ツノ　Tsuno, Eton, 298, 310
デ・ヨン、ウェンディ・デ・ヨン　de Jong, Wendy, 240
テイスティング・ルーム　Tasting Room, 319
ティピカ種、伝統的品種(原品種)　Typica, heirloom variety, 78, 143, 230
テイラー・メイド・ファームズ(オーガニックコーヒー焙煎業者)　Taylor Maid Farms (organic coffee roastery), 88
デイヴィッズ 、ケネス・デイヴィッズ　Davids, Kenneth, 187
テロワール、影響　Terroir, impact, 75
テロワール・コーヒー、マサチューセッツ州アクトン　Terroir Coffee in Acton, 271-272
創業　founding, 125
伝統的品種(原品種)　Heirloom varieties, impact, 78
糖類の褐変反応の副産物　Sugar browning by-products, 102
ドーソン、E・J・ドーソン　Dawson, E.J., 85, 98

価格の付け方、変化　pricing approach, change, 120-121
教育　education, 334-335
交流　→セコカフェン、サンラモン農家参照　interaction. See Cecocafen; San Ramon farmers
旅　travel, 42-44
著者との出会い　author meeting, 99
ニカラグア、問題　Nicaragua, problems, 268-269
発酵、問題　fermentation, question, 236-237
変化　changes, 349-352
シュルツ、ハワード・シュルツ　Schultz, Howard, 30
ショイエ・ダダ協同組合　Shoye Dada Co-op, 189-194
ジョヴァヌッチ、ダニエレ・ジョヴァヌッチ　Giovannucci, Daniele, 170-171, 178-179
ショーマー、デイヴィッド・ショーマー　Schomer, David, 306-309
最後のひと押し　final push, 308
ショッカブラ　Shockabra, 66
シリング、ティム・シリング　Schilling, Tim, 143, 145
スターバックス　Starbucks
エチオピア、和解（問題）　Ethiopia, compromise (problems), 169
コーヒー・コネクションの売却　Coffee Connection sale, 95
商標申請、反対　trademark initiatives, opposition, 166
憎悪　animus, 167-168
登場　emergence, 30
農家支援活動　profarmer initiatives, 166
スタンプタウン・カフェ　Stumptown Cafe, 254
焙煎機　roasting machines, 273
焙煎レシピ、マシンの管理　roasting recipes/machines, control, 277
スタンプタウン・コーヒー　→ソレンソン参照　Stumptown Coffee, 263. See also Sorenson
事業、改善　business, improvement, 375-376
地域社会とのつながり　local community, connection, 265
直接購入　direct purchases, 124
パッケージ、変更　packaging, change, 376
ルワンダの農家、交流　Rwanda farmers, interaction, 144-145
スピンドラー、スージー・スピンドラー　Spindler, Susie, 92-93, 106
スペシャルティコーヒー　Specialty coffee, 28
卸売業、価格に対する敏感度　wholesale business, price sensitivity, 341
コスト　cost, 172-173
マーケティング戦略　→カウンター・カルチャー参照　marketing strategy. See Counter Culture
スペシャルティコーヒー会社、倫理　Specialty companies, ethics, 263
スペシャルティコーヒー市場、影響　Specialty markets, impact, 34
スミス、ブレット・スミス　Smith, Brett, 41, 351
会計スキル　financial skills, 351-352
生産地、現地で仕入れた知識　Origin, knowledge at, 31
西部バリスタ地域大会　Western Regional Championship, 310
ゼール、ダグ・ゼール　Zell, Doug, 50, 54, 297
産地訪問の旅　to origin, travel, 56
バリスタについての意見　barista opinion, 312
世界バリスタチャンピオン大会　World Barista Competition, 303
ペリー、順位　Perry, placement, 331
セカンドウェーブ（第二の波）　Second Wave, 29-30, 113
セコカフェン（協同組合の親組織）　Cecocafen (mega-cooperative), 110, 368

コーヒー・コネクション　Coffee Connection, 95
コーヒー品質協会　Coffee Quality Institute, 73, 112, 225
ゴールデン・カップ品評会　Golden Cup Competition, 87
国際コーヒー協定(ICA)、生産割当量、上限価格、市場介入　International Coffee Agreement (ICA), quota/capS/interventions, 33
国際フェアトレードラベル機構(FLO)　Fairtrade Labelling Organizations (FLO) International, 168, 360
ゴットホット焙煎機　Gothot (roaster), 313
　プロバット焙煎機、比較　Probat, comparison, 314
コトワ農園　Kotowa Coffee, 213
コネクニー、トニー・コネクニー、愛称Tonx　Konecny, Tony "Tonx," 311
　コーヒー、問題　coffee, problems, 317
コリンズ、ジョニー・コリンズ　Collins, Johnny, 213, 239
ゴルゴルチャ協同組合　Golgolcha cooperatives, 138-139

サ

サードウェーブ(第三の波)　Third Wave, 25-26, 30-31, 263
　品質／独自性　quality/uniqueness, 329-330
最後のひと押し　→　シューマー　参照　Final push. See Schomer
サステイナブル・ハーベスト　Sustainable Harvest, 121, 250
　収益、予算　revenues/budget, 261-262
産地訪問の旅　To origin, travel, 42-44, 56-57
酸味、コーヒーの味　Sour, coffee flavor, 100
サンラモン農家、ジュリアーノとの交流　San Ramon farmers, Giuliano interaction, 127-128, 336-337
ジーペ機／レネゲード機(焙煎機)　Joper/Renegade (roaster), 339
シェーンホルト、ドン・シェーンホルト　Schoenholt, Don, 29
塩味、コーヒーの味　Salty, coffee flavor, 100
持続可能性、議論　Sustainability, discussion, 178
持続可能性評価委員会(COSA)　Committee on Sustainability Assessment (COSA), 171-172
シダモ・ユニオン　Sidamo Union
　事前融資、資金　prefinancing, funds, 194-195
　フェアトレード認定、喪失の危機　Fair Trade certification, loss (potential), 192-193
　問題　problems, 203
シダモの農家　Sidamo farmers, 189-192
シナンカワ、デニス・シナンカワ(ブルンジの財務大臣)　Sinankawa, Denise (finance minister, Burundi), 150, 154
シモンズ、メノ・シモンズ(調達人)　Simons, Menno (sourcer), 185, 191-204, 240-241
　輸出問題　exportation problems, 359-361
ジャーディ、スパイク・ジャーディ　Gjerde, Spike, 320
ジャスモンド、ジェフ・ジャスモンド　Jassmond, Jeff, 257-258
シャプドレーヌ、ティム・シャプドレーヌ　Chapdelaine, Tim, 135, 142, 296
ジャングル・テック社　Jungle Tech, 118
ジュリアーノ、ピーター・ジュリアーノ　Giuliano, Peter, 25, 36, 214
　エチオピア、衝撃　Ethiopia, impact, 140-141
　海外市場、意見　overseas market, opinion, 353-356
　カウンター・カルチャー　Counter Culture, 37-48

キャバレロ、マリサベル・キャバレロ　Caballero, Marysabel, 364-365
Qグレーダーのカップテイスター　Q Cupper, 239
クック、キム・クック　Cook, Kim, 184, 199
クヌッセン、エルナ・クヌッセン　Knutsen, Erna, 29, 91
グランヴィル、カイル・グランヴィル　Glanville, Kyle, 298, 303-306
　SCAA年次総会開催地での人気　SCAA exposure, 309-310
グランドワーク・コーヒー　Groundwork Coffee, 183, 208, 328
　焙煎所　roasting plant, 328-329
グリーン・マウンテン・コーヒー　Green Mountain Coffee, 73, 175, 188
　農家支援　farmer aid, 187
　焙煎業者　Roasters, 183-184
グリズウォルド、デイブ・グリズウォルド　Griswold, David, 121, 261-265
クルス、グラシアーノ・クルス　Cruz, Graciano, 81
クレイ、ダン・クレイ　Clay, Dan, 143
クレマ　Crema, 300
クローバー(抽出機)　Clover brewing machines, 255-256, 291
　重要性　importance, 343
経済不況　Economic downturn, 368-369
経済問題　Economic issues, 122-123
ゲイシャ種　Geisha
　オークション　auction, 361
　乾燥／発酵　drying/fermentation, 235-237
　起源　origin, 77-78, 207, 225-226
　研究　research, 227-229
　発見　discovery, 234
　マーケティング　marketing, 377
ゲシャ、位置／影響　Gesha, location/impact, 79-81
ケニア・テグ、アグトロン値　Kenyan Tegu, Agtron score, 339
ケニア由来のSL-28(品種)　Kenyan SL-28 (coffee variety), 155
ケラー、トーマス・ケラー　Keller, Thomas, 318
ケルソー、ジム・ケルソー　Kelso, Jim, 280
コイナー、リカルド・コイナー　Koyner, Ricardo, 213
酵素反応の副産物　Enzyme by-products, 101
コーヒー　Coffee
　味、管理　taste, control, 285-286
　味見しないで購入　blind purchases, 284
　エチオピア、起源　Ethiopia, origin, 78
　オークションロット　auction lots, 209
　価格、低下　price, decline, 32-33
　化学反応　chemical reactions, 101-102
　木　trees, 380
　購入、契約(透明性)　purchase, contracts (transparency), 122
　コスト増加　cost, increase, 177, 343, 362
　供給チェーン、解説　chain, explanation, 380-384
　市場、難しさ　market, difficulties, 355-356
　水洗、乾燥　washing/drying, 45-46, 382
　脱穀　milling, 382
　チェリー　cherries, 45, 381-382
　儚さ　evanescence, 96
　バリスタ　basics, 45-46
　貧困、影響　poverty, impact, 51
　品質、向上　quality, increase, 77-79
　風味　flavors, 97-99, 103-104
　ラベル、商標問題　labeling, trademark infringement, 168-169
　ロット、小分け　lots, separation, 115-119
コーヒー・クラッチ　Koffee Klatch, 322, 324
　品質、問題　quality, problems, 310

エリダ農園　Elida Estate, 213
おいしいコーヒーの真実(Black Gold)、映画　Black Gold, 168
オーガニック認定、利益　Organic certification, benefits, 172
オキーフ、K・C・オキーフ　O'Keefe, K.C., 110-111, 118-119
ラス・ブルマス、報告　Las Brumas report, 371-373
ワッツのコンサルタント　Watts consultant, 129
オタウェー、アン・オタウェー　Ottaway, Anne, 36, 148
オックスフォード飢餓救済委員会(Oxfam)　Oxfam, 166-167
反スターバックス運動　anti-Starbucks campaign, 169-170

カ

カービー、ニック・カービー　Kirby, Nick, 340, 345
カウンター・カルチャー　→ジュリアーノ 参照　Counter Culture, 262. See also Giuliano
教育熱心　education, focus, 346-347
研修センター　training center, 344
コスト意識　cost consciousness, 287
支払いの遅れ　payment withholding, 369
スペシャルティコーヒー、マーケティング戦略　specialty coffee, marketing strategy, 343-344
性質　quality, 336
ダイレクト・トレード(直接取引)　direct trades, 124
テイスティングノート　Tasting Notes, 346
パッケージ、活用　packaging, usage, 345-346
ブレンド、焙煎　blends, roasting, 340-341
ルワンダ農家、交流　Rwanda farmers, interaction, 125
カツェフ、ポール・カツェフ　Katzeff, Paul, 113
カッピング　Cupping, 25-26, 58
感覚の正確さ(喪失)、年齢(影響)　acuity (loss), age (impact), 102-103
訓練　training, 99
指導　teaching, 112-113
啜る音　noise, 94-95
手順　protocol, 93-94
要件　requirements, 92, 283
カップ・オブ・エクセレンス(COE)品評会　Cup of Excellence (COE) competition, 85-88, 217
結果、受賞　conclusion/awards, 106-108
審査　judges, 90-97
農家への影響　farmer impact, 89-90
風味、描写　flavors, descriptions, 96-97
マッキンゼー、査定　McKinsey & Company evaluation, 88
カティッロ、ハビエル・ロドリケス・カティッロ　Catillo, Javier Rodriquez, 131
カティモール種、植え換え　Catimore varietal, replacement, 128
カナレス、ノーマン・カナレス　Canales, Norman, 106
金の流れ、調査　Money trail, examination, 119-121
カフェ・グランピー　Cafe Grumpy, 343
カフェ・モト　Cafe Moto, 41
カリナリー・インスティテュート・オブ・アメリカ(CIA)　Culinary Institute of America (CIA), 347-348
コーヒー教育プログラム、拡大　coffee program, expansion, 349
官能審査　Sensory judges, 193-194
乾留反応の副産物　Dry-distillation by-products, 102
キャッスル、ティム・キャッスル　Castle, Tim, 55, 320-321

索引

ア

アーリーアダプター、コーヒーに対する認識　Early adapters, coffee consideration, 318
アイダ・バトル、カップ・オブ・エクセレンス優勝者　Aida Battelle, Cup of Excellence winner, 127
アギーレ、アルトゥーロ・アギーレ親子　Aguirre, Sr./Jr., Arturo, 269-270
アグトロン、分光光度計　Agtron, spectrophotometer, 339-340
アディスアベバ（エチオピア）　Adis Ababa (Ethiopia), 165-182
甘味、コーヒーの味　Sweet, coffee flavor, 100
アラビカコーヒーノキ、コーヒー品種　Coffea Arabica, coffee varieties, 138-140
アレン、サラ・アレン　Allen, Sarah, 292
アワサ　Awassa, 139
イエメン、コーヒー　Yemen, coffee, 179
イリー、エルネスト・イリー　Illy, Ernesto, 305
イルガチェフェ（エチオピア）　Yirgacheffe (Ethiopia), 136-139, 169, 185-191
　ジュリアーノ／ワッツ到着　Giuliano/Watts arrival, 136-138
インスタントコーヒー、登場　Water-soluble instant coffee, introduction, 27
インテリジェンシア・コーヒー　→ワッツ　参照　Intelligentsia Coffee, 262. See also Watts
　開店　opening, 54
　基本原則　principles, 122
　シルバー・レイク・カフェ　Silver Lake cafe, 311-312, 374
　進出の仕方　approach, 296-297
　ルワンダ農家、交流　Rwanda farmers, interaction, 144
インマン、マーク・インマン　Inman, Mark, 88
VC496の種子　VC496 seeds, 228
ヴィック、ステファン・ヴィック　Vick, Stephen, 85, 98, 105, 252-254
　コーヒーの指導　coffee instruction, 280-281
ウィルバー、ライアン・ウィルバー　Wilbur, Ryan, 314-316
うま味、コーヒーの味　Savory, coffee flavor, 101
エヴァンズ、リビー・エヴァンズ　Evans, Libby, 182, 192
エスプレッソ　Espresso, 300
　コーヒー体験、バリスタの技術に依存した飲み方　coffee experience, technology dependent variation, 321
　語源　term, meaning, 305
エスプレッソコーヒー：品質の科学（イリー）　Espresso Coffee (Illy), 305
エスプレッソコーヒー：プロフェッショナルテクニック（ショーマー）　Espresso Coffee (Schomer), 306
エスメラルダ・スペシャル　Hacienda La Esmeralda Special, 210, 242-248
　価格高騰　price, increase, 361-362
　起源　origins, 77-82
　　疑問　questions, 230
　市場の動揺　market destabilization, 353-354
　テイスティング　tasting, 72-73
　登場　appearance, 80-81
　品評会　competition, 74-77, 241-245
エチオピア　Ethiopia
　コーヒー　coffee
　　支払い　payment, 117
　　出荷、問題　shipment, problems, 357
　　品種　varieties, 140
　ジュリアーノ／ワッツ、訪問　Giuliano/Watts visit, 135-136
エリ、シャビエル・エリ　Ezzi, Shabbir, 179

[図版クレジット]
P37　提供:ピーター・ジュリアーノ／Specialty Coffee Association
P49　https://www.sintercafe.com/en/pages/49
P61　提供:デュエン・ソレンソン／Stumptown Coffee Roasters
P255　スターバックス公式Webサイト（www.starbucks.com）より
P257　ラ・マルゾッコ公式Webサイト（international.lamarzocco.com）より
P259　timquo/Shutterstock.com
P273　Lerner Vadim/Shutterstock.com

[著者紹介]

マイケル・ワイスマン（Michaele Weissman）

著作家、ジャーナリスト。米国マサーチューセッツ州生まれ。ブランダイス大学で歴史学を学ぶ。フリーのライターとして、ニューヨークタイムズ紙、ワシントン・ポスト紙、フォーブス誌などへの寄稿多数。初めての著書『米国の女性史（*A History of Women in America*）』（キャロル・ハイモウィッツ共著、1978年、未邦訳）は、25万部を超えるロングセラーになっている。他に、若者をとりまく暴力の問題に切り込んだ著書『最悪の事態（*Deadly Consequences*）』（デボラ・プロスロー・スティス共著、1991年、未邦訳）がある。経済・社会・人類学・歴史・心理学など幅広いテーマを扱ったのち、主要テーマを「食」に絞り、フード・ライターに転身。ある取材を機にスペシャルティコーヒーと出会い、本書を執筆して高い評価を得た。現在も、食をテーマとして執筆活動中。米国メリーランド州に夫と居住。継娘2人と息子1人の母親。Webサイト www.michaeleweissmanwrites.com

[日本語版監修者紹介]

旦部幸博（たんべ・ゆきひろ）

1969年、長崎県生まれ。京都大学大学院薬学研究科修了。博士課程在籍中に滋賀医科大学助手に。現在、同大学助教。医学博士。専門は、がんに関する遺伝子学、微生物学。本職のかたわらで、長年の趣味であるコーヒーについてのWebサイト「百珈苑」を主宰。自家焙煎店や企業向けのセミナーで、コーヒーの香味や健康に関する講師も務める。著書に『コーヒーの科学』『珈琲の世界史』（以上、講談社）、『コーヒー おいしさの方程式』（共著、NHK出版）がある。

[訳者紹介]

久保尚子（くぼ・なおこ）

翻訳家。京都大学理学部（化学）卒、同大学院理学研究科（分子生物学）修了。IT系企業勤務を経て翻訳業に従事。訳書に『データサイエンティストが創る未来』（講談社）、『インシデントレスポンス　第3版』（共訳、日経BP社）、『ビッグクエスチョンズ　物理』（ディスカヴァー・トゥエンティワン）、『「自助論」の教え」』（PHP研究所）など、翻訳協力書に『エコがお金を生む経営』（PHP研究所）、『世界きのこ大図鑑——原色・原寸』（東洋書林）などがある。

God in a cup: The obsessive quest for the perfect coffee
by Michaele Weissman

装幀　水戸部 功
DTP　株式会社ユニオンワークス
編集協力　高松夕佳

スペシャルティコーヒー物語

最高品質コーヒーを世界に広めた人々

2018年2月11日　第1刷

著者　マイケル・ワイスマン
日本語版監修者　旦部幸博
訳者　久保尚子
発行所　株式会社楽工社
〒160-0023
東京都新宿区西新宿7-22-39-401
電話 03-5338-6331
www.rakkousha.co.jp
印刷・製本　大日本印刷株式会社

ISBN978-4-903063-82-9

好評既刊

続・料理の科学

素朴な疑問に再び答えます

①②

ピッツバーグ大学名誉化学教授
ロバート・ウォルク著

定価（本体①巻2000円+税、②巻1800円+税）

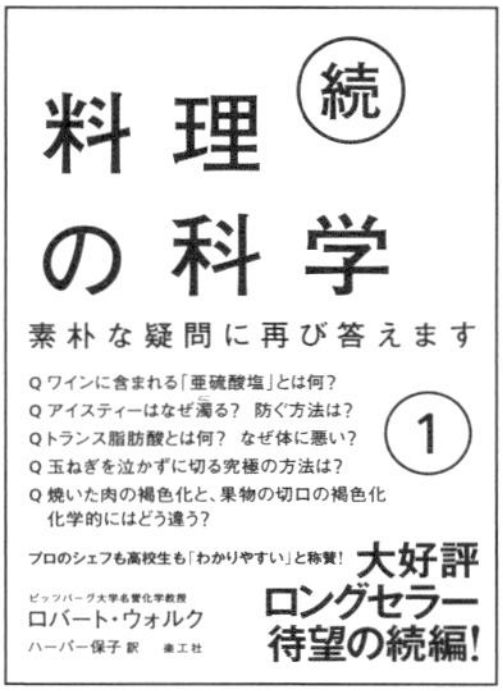

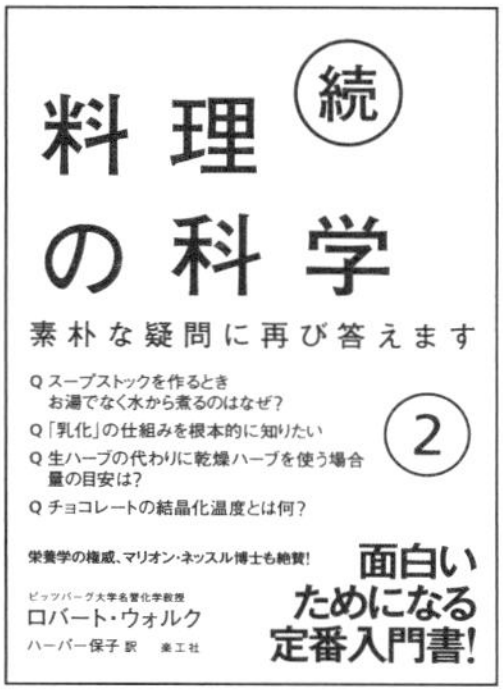

大好評ロングセラー、待望の続編!

「スープストックを作るとき、お湯でなく水から煮るのはなぜ?」

「玉ねぎを泣かずに切る究極の方法は?」

一般読者もプロの料理人も、ノーベル賞受賞者も賞賛する
「料理のサイエンス」定番入門書の第2弾!

[1巻]

[2巻]

好評既刊

ビール大全

ランディ・モーシャー著

定価（本体5800円＋税）

世界的に著名なビア・ライターによる 本格入門書、待望の邦訳!
伝統的なビールから、新潮流”クラフト・ビール”まで。
歴史、ビアスタイル、醸造法から、
化学、テイスティング法、食べ物との組合せ方まで。
多様なビールの世界をまるごと網羅。
ありきたりの情報ではない、深い知識が身につく定番書。
カラー図表170点収録!

好評既刊

風味の事典

ニキ・セグニット著

定価（本体7200円+税）

豚肉とリンゴ、サーモンとディル、チョコレートと唐辛子——。

おいしい「風味」を作りだす「食材の組合せ」を、
料理の実例と共に紹介する唯一の事典。食材の組合せ980項目を収録。

「こんな風味があったのか!」「こんな組合せがあったのか！」

伝統料理から有名シェフの料理まで、意外な実例多数収載。

世界10ヵ国語に翻訳されている定番書。

ミシュラン三つ星シェフ、ヘストン・ブルーメンソール氏 推薦。

「ひらめきを得られる、独創的な本」

好評既刊

世界史
人類の結びつきと相互作用の歴史
I II

ウィリアム・H・マクニール＋ジョン・R・マクニール著

定価（本体各1800円＋税）

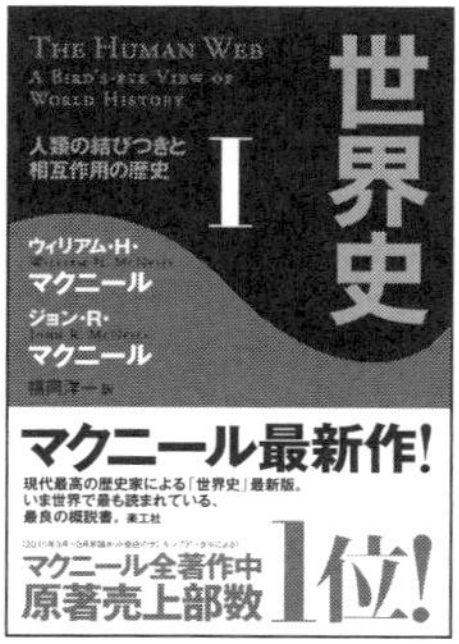

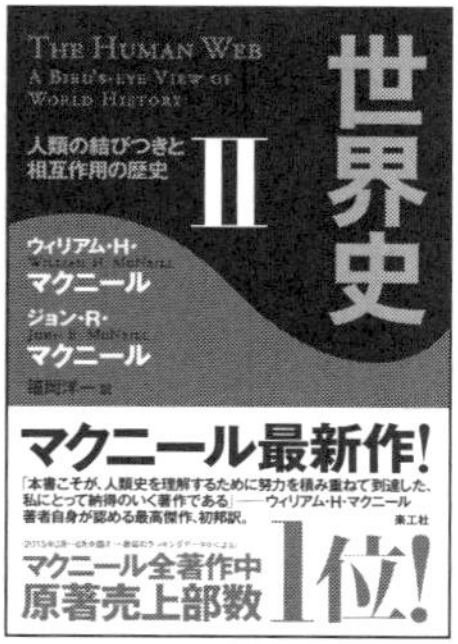

世界史の大家マクニールが自ら認める"最高傑作"待望の初邦訳!
「本書こそが、包括的な人類史を理解するために努力を積み重ねて到達した、
私にとって納得のいく著作である。私が生涯抱き続けた野心は、本書において
これ以上望み得ないほど満足のいく形で達成された。
私は、自然のバランスの中で、人類が比類のない成功を収めた鍵を
ようやく見つけたと信じている」（ウィリアム・H・マクニール）

［I巻］
序 章　ウェブと歴史
第1章　人類の始まり
第2章　食糧生産への移行
第3章　旧世界におけるウェブと文明
第4章　旧世界とアメリカにおけるウェブの発展
第5章　ウェブの濃密化

［II巻］
第6章　「世界規模のウェブ」の形成
第7章　古い鎖の破壊と新しいウェブの緊密化
第8章　ウェブへの圧力
第9章　全体像と長期的な見通し
読書案内／索引

好評既刊

歴史を変えた6つの飲物

ビール、ワイン、蒸留酒、コーヒー、茶、コーラが語る もうひとつの世界史

トム・スタンデージ著

定価（本体2700円＋税）

17カ国語で翻訳版刊行。読み出したら止まらない、世界的ベストセラー！

エジプトのピラミッド、ギリシャ哲学、ローマ帝国、アメリカ独立、フランス革命……。

歴史に残る文化・大事件の影には、つねに“飲物”の存在があった！

6つの飲料を主人公として描かれる、人と飲物の1万年史。

「こんなにも面白くて、しかも古代から現代まで、人類史を短時間で集中的に
説得力をもって教えてくれる本は、そうそうない」――ロサンゼルス・タイムズ紙